高职高专土建类“十二五”规划教材

建筑 CAD

主　编　刘　强

副主编　张晓云　郭玉霞　刘　放

李洪刚　李华磊

参　编　苏　洁　张丽丽

东南大学出版社

·南京·

内容简介

本书的编写，根据高等职业教育人才培养目标，采用“项目导入，任务驱动”的教学模式，依据课程对应的岗位工作任务进行了课程设计，将知识点转化成要完成的任务。主要以项目任务——绘制某宿舍楼平面图、立面图、剖面图、建筑施工总图，作为 AutoCAD 知识点学习的载体。结合 AutoCAD 软件在土建行业的实际应用，根据本课程的学习认知特点，以项目任务完成的工作过程顺序作为编排本书的章节顺序，对 AutoCAD 的知识点进行了重组。项目设计按照从简单到复杂、从单一到综合的思路进行编排，在各小节中又设计了实例，真正做到“学中做、做中学”的学习目的。

天正建筑已成为全国建筑设计 CAD 事实上的行业标准，本书编写中对天正建筑作了简要介绍，便于学习者选学相关内容。

本书可作为各高职高专建筑 CAD 授课教材，也可作为土木结构、建筑规划、房地产、工程施工等工程技术人员培训或自学的参考书，还可作为对建筑 CAD 软件感兴趣的读者的学习用书。

图书在版编目(CIP)数据

建筑 CAD / 刘强主编. —南京：东南大学出版社，2015.6（2023.1重印）

ISBN 978-7-5641-5739-5

Ⅰ.①建… Ⅱ.①刘… Ⅲ.①建筑设计—计算机辅助设计—AutoCAD 软件—高等职业教育—教材 Ⅳ.①TU201.4

中国版本图书馆 CIP 数据核字(2015)第 102592 号

建筑 CAD

出版发行：东南大学出版社
社　　址：南京市四牌楼 2 号　邮编：210096
出 版 人：江建中
责任编辑：史建农　戴坚敏
网　　址：http://www.seupress.com
电子邮箱：press@seupress.com
经　　销：全国各地新华书店
印　　刷：兴化印刷有限责任公司
开　　本：787mm×1092mm　1/16
印　　张：14.75
字　　数：378 千字
版　　次：2015 年 6 月第 1 版
印　　次：2023 年 1 月第 8 次印刷
书　　号：ISBN 978-7-5641-5739-5
印　　数：11501～13500 册
定　　价：39.00 元

前　言

AutoCAD是工程领域中应用最为广泛的计算机辅助绘图与设计软件，现已成为建筑专业从业人员必须掌握的基本技能之一。目前，以高等职业教育为代表的中国职业教育正面临新教学改革，“教、学、做”一体化已经成为高职教改的主流方向。在此背景下，编者根据多年的工程设计经验及AutoCAD教学经验，对建筑CAD课程教学进行了改革的尝试，编写了本书。

本书的编写，采用“项目导入，任务驱动”的教学模式，依据课程对应的岗位工作任务进行了课程设计，将知识点转化成要完成的任务，主要以项目任务——绘制某宿舍楼平面图、立面图、剖面图、建筑施工总图，作为AutoCAD的知识点学习的载体，以项目任务完成的工作过程顺序作为编排本书的章节顺序，对AutoCAD的知识点进行了重组。在各小节中又设计了实例，真正做到“学中做、做中学”的学习目的，教材的安排可以充分调动学习者的兴趣与主观能动性。

本书主要内容：项目一“认识AutoCAD”，主要介绍了AutoCAD的经典界面，AutoCAD文件操作及命令使用的一般方法以及视图控制的方法；项目二“绘制AutoCAD基本图形”，主要介绍了图形绘制命令的使用和方法；项目三“利用绘图辅助及信息查询”，主要介绍了对象捕捉、极轴追踪及对象捕捉的设定和使用方法；项目四“编辑与修改AutoCAD二维图形”，主要介绍了对象的选择、删除、恢复、复制、移动、旋转、缩放、修剪、拉伸、延伸、倒角、倒圆角等图形编辑操作，使学生能为以后的绘图奠定扎实的基础；项目五“运用AutoCAD高级应用”，主要介绍了图层及对象特性在绘图中的应用；项目六“绘制建筑图纸”，结合建筑制图标准，通过建筑图形的绘制，提高学习者使用CAD绘制建筑图形的能力；项目七“认识天正建筑软件”，对天正系列建筑软件进行简要介绍。最后附录给出了一些图例和常见命令，以方便学生练习和查阅。掌握这些都将为学生今后的深入学习和工作打下更加扎实的基础，教会学生以后在工作中用它去解决每一个实际问题。

本书在编写过程中参考了国内外大量的CAD图书，并考虑读者的实际情况，由浅入深、循序渐进，便于初学者快速入门及提高。力求语言生动、比喻形象，以使读者在轻松活泼的气氛中学习、精通建筑CAD。需要强调的是，对于初学者，对自己要有充分的信心。本书在内容安排上是从简单的操作着手，手把手地引导读者一步一步进行绘图的各种操作，使读者通过精心设计的实例，在实际操作中真正掌握每一个命令，轻轻松松全面系统地学习建筑 CAD。我们深信，通过学习，本书将带您进入一个全新的设计平台，从入门到掌握建筑 CAD，让设计的感觉更好，使您成为建筑设计高手。

本书既可作为高职高专相关专业的教材，也适合具备工程基础知识的工程技术人员以及对建筑 CAD 软件感兴趣的读者，只要具有中学文化基础，有一定计算机知识，都可用本书来学习掌握建筑 CAD。

本书由济南工程职业技术学院刘强担任主编；济南工程职业技术学院张晓云、郭玉霞、李洪刚，武汉船舶职业技术学院刘放，新乡职业技术学院李华磊担任副主编；济南工程职业技术学院苏洁、张丽丽等人参与了编写。具体编写分工如下：苏洁、李华磊负责项目一和项目三编写，张晓云负责项目二及附录部分编写，郭玉霞、刘放负责项目四和项目七编写，张丽丽负责项目五编写，刘强、李洪刚负责项目六编写。全书由刘强统稿审定。

本书在编写过程中得到了同行和部分老师的支持和帮助，在此表示衷心的感谢。

由于编写水平有限，不足之处在所难免，恳请广大读者和同行批评指正，并欢迎来信，编者深表感谢。

编　者

2015 年 5 月

目　录

项目一 认识 AutoCAD

能打开 AutoCAD 软件，能灵活进行识图控制，能打开、保存文件。

知识目标

了解 CAD 软件与 AutoCAD，了解 CAD 绘图设计软件的学习方法，熟悉 AutoCAD 的经典界面，掌握 AutoCAD 文件操作及命令使用的一般方法，熟练掌握视图控制的方法。

1.1 CAD 与 AutoCAD

CAD 即计算机辅助设计(Computer Aided Design)，指利用计算机及其图形设备帮助设计人员进行设计工作，简称 CAD。很多人在提起 CAD 时，往往把它理解为一个软件，事实上，CAD 是一个行业，即计算机辅助设计行业。CAD 行业中应用到的软件有很多，AutoCAD 是其中应用最广泛的一个软件。

CAD(Computer Aided Drafting)诞生于 20 世纪 60 年代，美国麻省理工学院提出了交互式图形学的研究计划，但由于当时的硬件设施非常昂贵，只有大型公司使用自行开发的交互式绘图系统。到了 70 年代，小型计算机费用下降，美国工业界才开始广泛使用绘图交互式系统。到了 80 年代，PC 机开始出现，这也推动了 CAD 的快速发展，出现了专业的 CAD 系统开发公司。当时 VersaCAD 是专业的 CAD 制作公司，所开发的 CAD 软件功能强大，但由于其价格昂贵，因此不能普遍应用。而当时的 Autodesk 公司是一个仅有员工数人的小公司，其开发的 CAD 系统虽然功能有限，但因其可免费拷贝，故在社会上得以广泛应用。同时，由于该系统的开放性，因此该 CAD 软件升级迅速。

AutoCAD 的发展至今可划分为五个阶段，在每个阶段的发展中都推出了不同的版本。从 2000 年开始，AutoCAD 每年都有新的版本推出，而新的版本都较前者完善或是功能有所增强。目前最新的 2012 版也已推出，AutoCAD 2012 系列产品提供多种全新的高效设计工具，帮助使用者显著提升草图绘制、详细设计和设计修订的速度；还新增了更多强而有力的 3D 建模工具，提升曲面和概念设计功能。此外，使用 AutoCAD 2012 系列产品和 Autodesk Design Suite 2012，使用者可直接存取 AutoCAD WS 网络和行动应用程序，并借助网络浏览器或行动设备随时随地查看、编辑和共享设计。AutoCAD WS 网络和行动应用程序现提供 AppleiOS 版本，可在 iPad 和 iPhone 等行动设备上运作。

在工程和产品设计中，计算机可以帮助设计人员担负计算、信息存储和制图等项工作。在设计中通常要用计算机对不同方案进行大量的计算、分析和比较，以决定最优方案；各种设计信息，不论是数字的、文字的或图形的，都能存放在计算机的内存或外存里，并能快速地检索；设计人员通常用草图开始设计，将草图变为工作图的繁重工作可以交给计算机完成；由计算机自动产生的设计结果，可以快速作出图形显示出来，使设计人员及时对设计作出判断和修改；利用计算机可以进行与图形的编辑、放大、缩小、平移和旋转等有关的图形数据加工工作。CAD 能够减轻设计人员的劳动，缩短设计周期和提高设计质量。

1.2 CAD 软件的学习方法

1.2.1 灵活应用 Windows 风格

Windows 操作系统目前在个人电脑的占有率达 95%以上，绝大多数用户已经适应和习惯了使用 Windows 操作系统及其菜单栏、工具栏、对话框等的工作模式。其他应用软件为了更好地适应用户的工作习惯，在开发软件时，采用了 Windows 的工作模式，这种操作习惯称为软件的“Windows 风格”。这些工作模式其实是常用软件的学习规律，具有一定通用性。因此我们在学会一个软件后，掌握其规律，并把这种规律应用到其他软件的学习中，往往会起到事半功倍的效果。

这些特征如下：

1）窗口特征

Windows 中各种应用程序都是以窗口的形式出现在用户面前的，窗口由标题栏、菜单栏、工具栏以及工作区等部分组成。一般的窗口都可以进行最大化、最小化和关闭。窗口是各种对象的宿主，也是各类软件展示的基础。

Windows 的窗口具有可定制性，即可设定打开的子窗口、工具栏甚至菜单栏上显示的内容。

2）工具栏特征

工具栏中都是一些比较常用的命令，不需要再到菜单中逐个寻找。Windows 风格的工具栏都可以被打开、关闭、定制、锁定和移动，即具有定制性。

工具栏只接受单击事件，即如果双击了工具栏，相当于输入了工具栏对应的命令 2 次。

工具栏往往是某些同类命令的集合，我们可以根据需要打开(或关闭)需要的工具栏。

3）菜单栏特征

一般位于标题栏下方，包含了很多菜单。每一个菜单都有下拉菜单，每个下拉菜单又包含了许多命令，有的还包含了一些子菜单。

Windows 下的大多数设计软件都包含如下菜单：文件、编辑、视图、插入、格式、工具、窗口、帮助等。这些是 Windows 软件的通用菜单，里面的内容也有很多相一致的，因此掌握这些菜单的通用功能是很有意义的。

4）右键菜单

右键菜单又称快捷菜单，它可以把可对某个对象进行的主要操作集成在右键菜单里，在选择对象之后点击右键，基本上就可以知道可以对这些对象进行哪些操作。很多时候，当我们需要完成某项特定功能的时候，或许我们并不知道该通过什么途径来实现，试一试分析一下针对的对象是什么，然后选中对象，在右键菜单里面看一看，这种做法至少能解决百分之七八十的问题。

5）通用快捷键

快捷键是 Windows 中的一大特色，对一些常用操作，定义为快捷键，利用这些快捷键，激活相应程序，实现相应功能。快捷键可以大大地提高操作效率。不同的软件根据需要都定义有自己的快捷键，并且许多软件中都提供有自定义快捷键功能，如宏、动作等，都可以自己定义并用快捷键来调用。

对于常用的快捷命令，在 Windows 下的应用程序中是相通的，譬如复制（Ctrl＋C）、粘贴（Ctrl＋V）、新建（Ctrl＋N）、查找（Ctrl＋F）、新建（F2）等等。所以我们平常一定要花一点时间搜索并练习一下 Windows 快捷键，有助于提高我们对软件的认识和操作水平。

6）环境设置

此项是许多初学者容易忽略的问题。在 Windows 下每个软件都会提供对软件环境进行设置的功能，一般存在于"选项"菜单里，该菜单在不同的软件里可能会存在于不同的主菜单下。了解该项功能有助于对软件本身的许多功能进行了解，并解决许多与环境有关的问题。

另外还有许多设置类的，如页面设置、打印设置等。

7）帮助的使用

前面提到过，计算机很多时候扮演"教师"的角色，强大的软件系统，亦会提供尽可能完善的帮助系统，一般我们所看到的教材里所提到的功能都远远不及软件本身所提供的帮助系统功能强大。很多软件的帮助系统都起到一个手册的作用，我们不会的知识可以通过查阅这个"手册"来获取。

大多数的软件里，提供的帮助功能都可以在软件环境里按 F1 功能键来打开，如图 1-1 所示。然后通过目录和索引功能来找寻我们需要的知识点。

同时，还需要留意计算机系统的反馈信息，它是我们进行下一步操作的指导。善于使用帮助，我们已经找到了通向成功的捷径。另外，Windows 软件下还有其他一些规律，需要我们不断发掘和掌握。

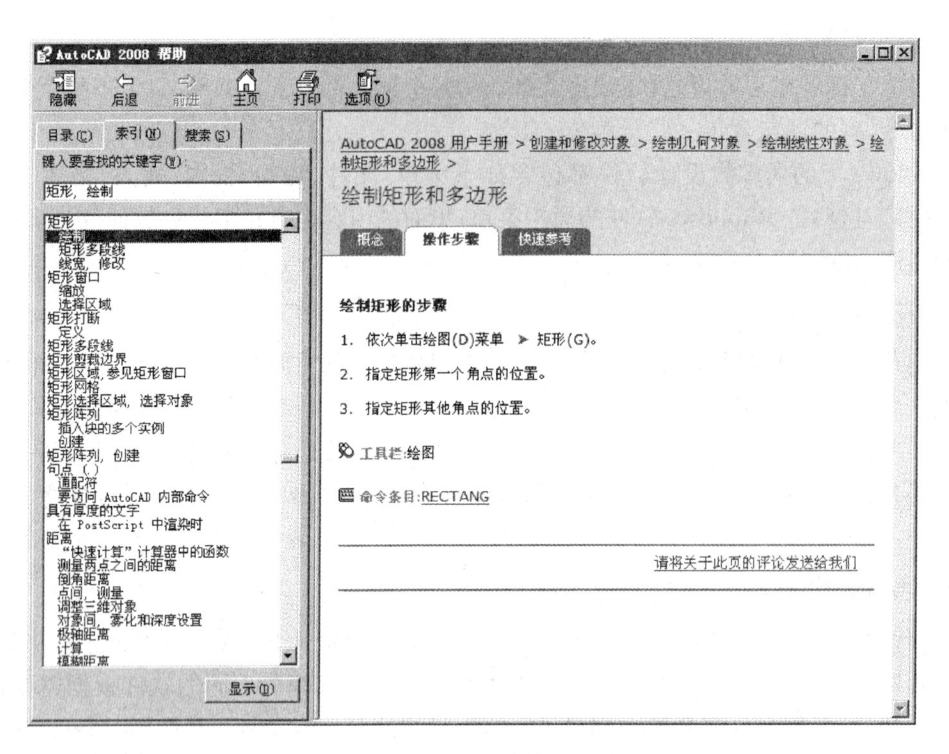

图 1-1 Windows 的帮助系统

1.2.2 设计类软件的学习思路

设计类软件一般都包含一个基本功能:从无到有地创建一些对象,并对其进行格式化,然后导出或保存成用户需要的格式文件,以达到用户的需求。因此,对设计类软件的学习往往包含以下环节:

打开软件→新建文件→设置页面及环境→添加对象→选择对象→修改对象属性→确认并输出保存。

流程中的各个环境在不同的设计软件中既有相通性,又有相异性。因此,对于不同的设计类软件的学习,首先是对通用技能的掌握,其次是对软件个性化部分的掌握。

每一部分都要完成一定的功能,设计软件也会有相应的菜单来实现这些功能。如:

文件菜单实现对文件的操作,譬如打开、保存、另存、导入、导出、打印等等。

设置类包括对整体环境的设置、页面的设置、工作环境的设置以及对象特性的设置等等。

添加对象技能一般需要我们在工作区域内添加上需要的各类对象或外部对象,可以通过鼠标或键盘来输入,也可以通过插入、导入等功能添加包括外部对象的各类对象,以便于使用。

添加完需要的各类对象或者素材之后,下一步工作就是对添加的对象进行格式化,使其能达到我们想要的效果。修改对象最直接的方法就是选中它,然后点右键,在右键菜单里修改其属性或对它进行其他编辑操作。

选择对象的技能在 Windows 中具有一定的通用性，操作方法为点击、框选或者配合 shift 键等。

对对象进行格式化工作完成后，设计工作基本也就完成了，下一步就是保存、导出或打印了。

以上提到的各种功能可能在不同的软件中分散在不同的地方，但是我们只要按照这个线索去有目的地学习，对我们掌握设计软件具有很大的意义。

1.3　AutoCAD 程序的启动和退出

AutoCAD 与其他应用程序一样，为用户提供了多种启动的快捷方式，通过这些快捷方式可以非常方便地进行绘图工作。

1）快捷方式

当我们在计算机上成功安装 AutoCAD 软件后，系统会自动在计算机的桌面上创建一个快捷方式图标，如图 1-2 所示。双击该图标，即可启动 AutoCAD。

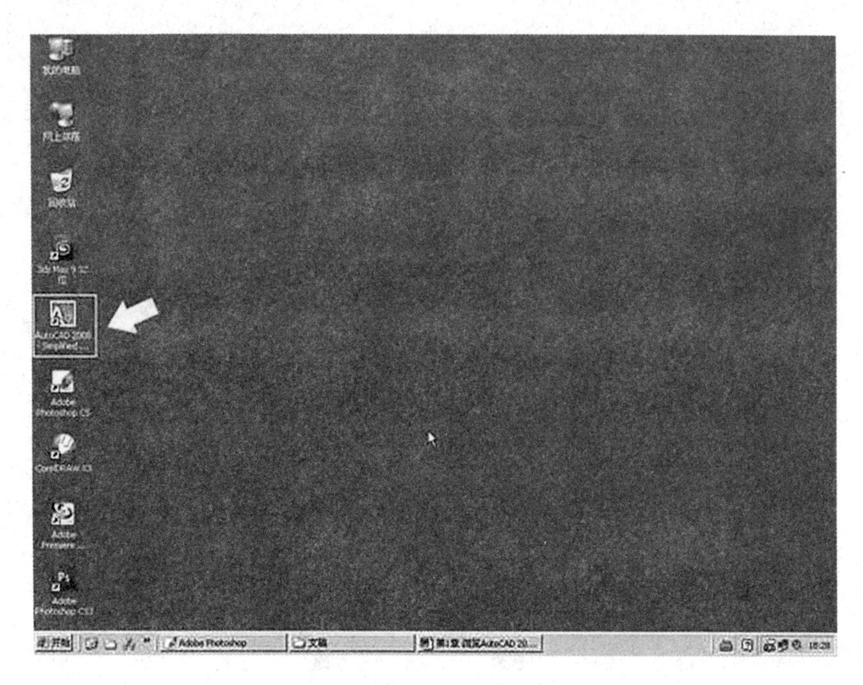

图 1-2　启动快捷图标

2）“开始”菜单

单击“开始”菜单，然后选择“程序”→“Autodesk”→“AutoCAD — Simplified Chinese”→“AutoCAD”选项，如图 1-3 所示，同样可以启动 AutoCAD。

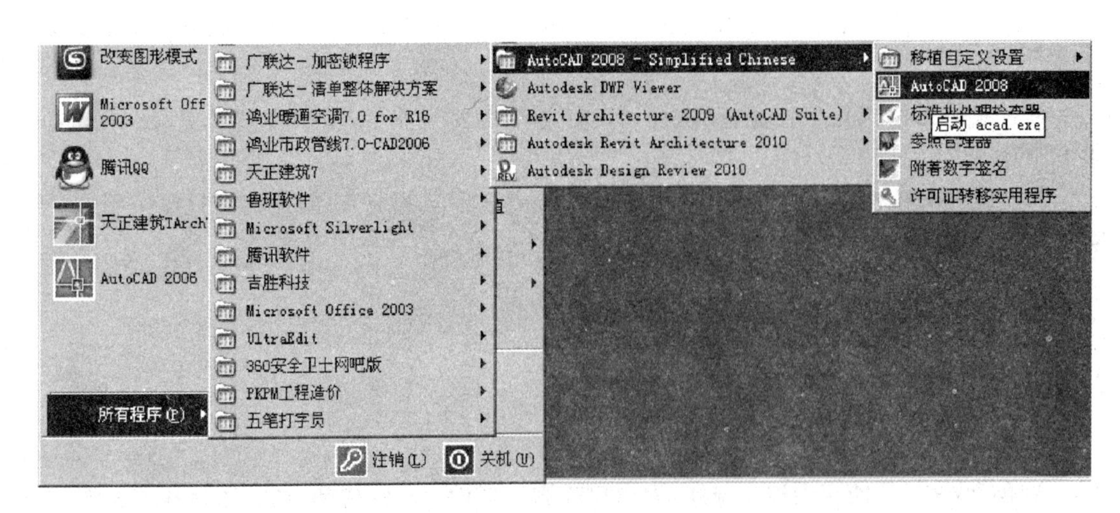

图 1-3 “开始”菜单

3）安装目录启动

在 Windows 资源管理器或“我的电脑”中 AutoCAD 的安装目录下双击“acad. exe”文件来启动 AutoCAD，如图 1-4 所示。

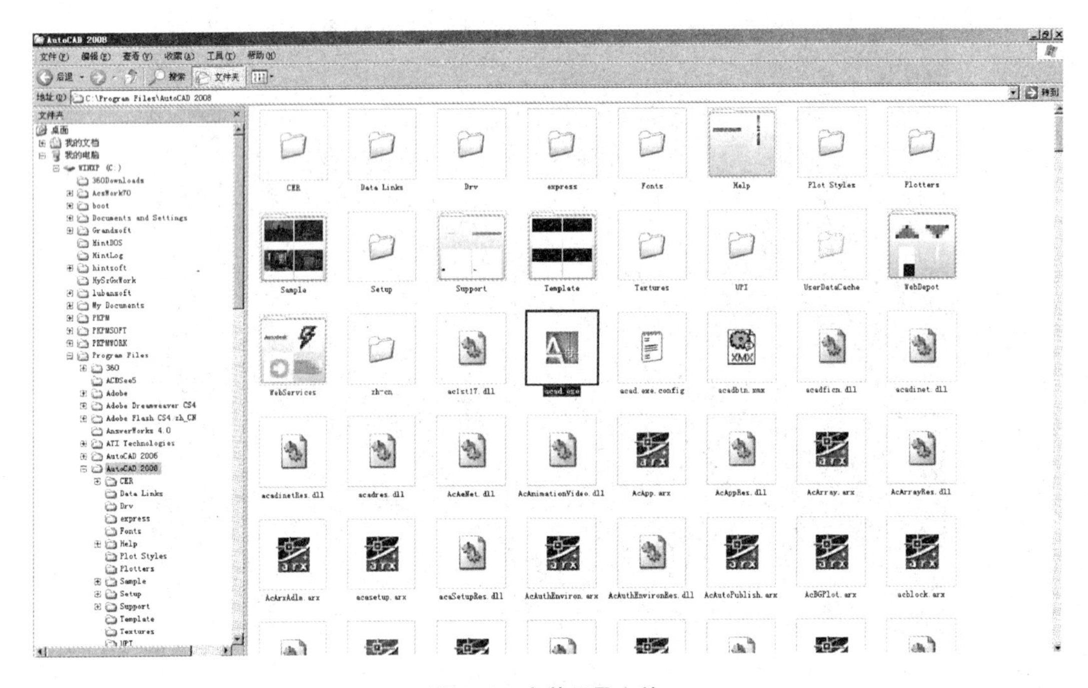

图 1-4 安装目录文件

启动 AutoCAD 后，系统将使用默认的设置创建出一个新图形，并进入 AutoCAD 初次启动时的工作界面，如图 1-5 所示。

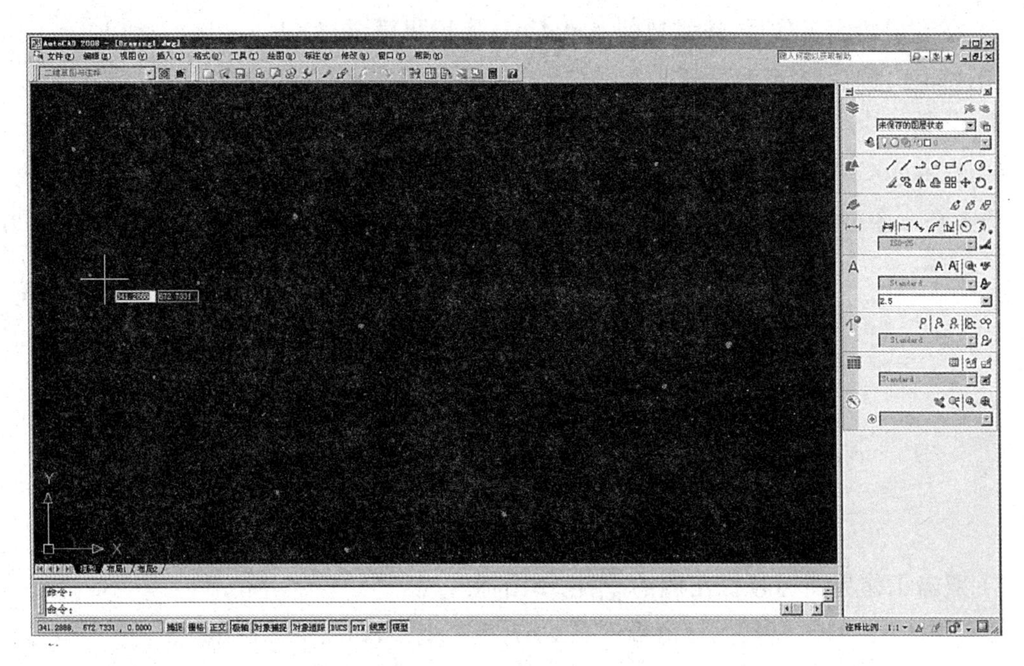

图 1-5　AutoCAD 的工作界面

4）通过 AutoCAD 文件启动

双击使用 AutoCAD 软件建立的后缀名为“. dwg”的图形文件，如图 1-6 所示，可以启动 AutoCAD 并打开该图形文件。

图 1-6　双击后缀名为“. dwg”的实例文件

5）在完成绘图工作后，还需要将 AutoCAD 应用程序退出

用户同样可通过多种方法退出 AutoCAD，执行“文件”→“退出”命令。

提示：按<Ctrl+Q>键，可快速退出 AutoCAD。

6）在 AutoCAD 的工作界面标题栏右侧，单击 “关闭”按钮

或者在命令行中输入 Quit 或者 Exit，然后按<Enter>键，可快速退出 AutoCAD，如图 1-7 所示。

图 1-7　通过快捷按钮或命令退出程序

7）双击工作界面标题栏左侧的 控制图标

或者按<Alt+F4>键，同样可将 AutoCAD 安全退出，如图 1-8 所示。

图 1-8　双击控制图标退出程序

1.4　AutoCAD 的经典界面

启动 AutoCAD 后，进入经典用户界面，如图 1-9 所示，主要由标题栏、菜单栏、工具栏、绘图窗口、模型布局选项卡、命令提示窗口和状态栏等部分组成。

1）标题栏

标题栏位于应用程序窗口的最上面，用于显示当前正在运行的程序名及文件名等信息，如果是 AutoCAD 默认的图形文件，其名称为 DrawingN. dwg（N 是数字）。单击标题栏右端的按钮，可以最小化、最大化或关闭应用程序窗口。标题栏最左边是应用程序的小图标，单击它将会弹出一个 AutoCAD 窗口控制下拉菜单，可以执行最小化或最大化窗口、恢复窗口、移动窗口、关闭 AutoCAD 等操作。

2）菜单栏与快捷菜单

中文版 AutoCAD 的菜单栏由“文件”、“编辑”、“视图”等菜单组成，几乎包括了 AutoCAD 中全部的功能和命令。

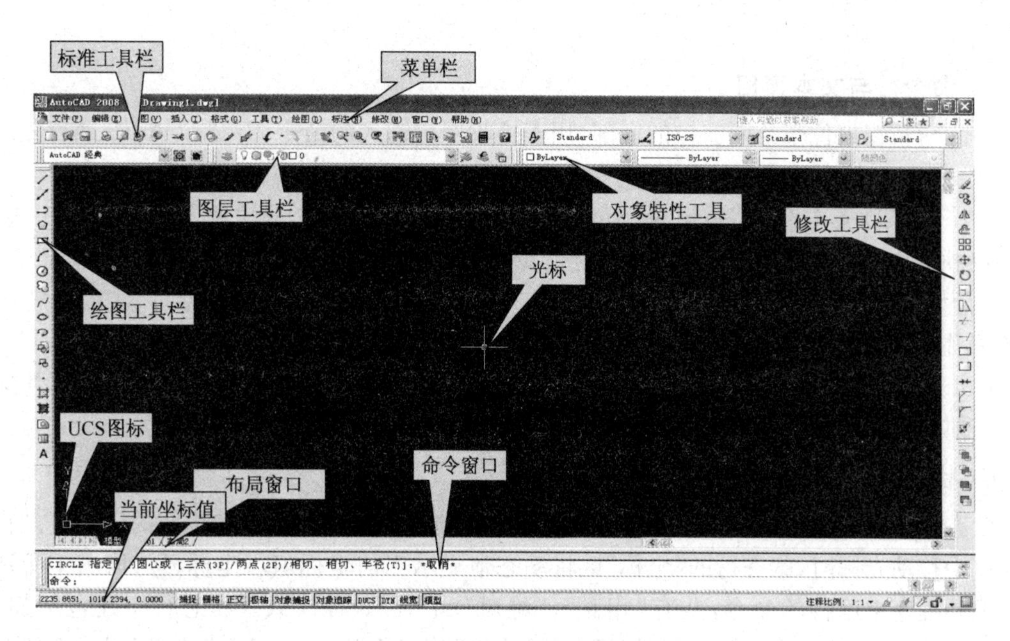

图 1-9　用户界面布局图

快捷菜单又称为上下文相关菜单。在绘图区域、工具栏、状态行、模型与布局选项卡以及一些对话框上右击时，将弹出一个快捷菜单，该菜单中的命令与 AutoCAD 当前状态相关。使用它们可以在不启动菜单栏的情况下快速、高效地完成某些操作。

3）工具栏

工具栏是应用程序调用命令的另一种方式，它包含许多由图标表示的命令按钮。在 AutoCAD 中，系统共提供了多个已命名的工具栏。默认情况下，“常用”、“块和参照”、“注释”、“工具”、“视图”和“输出”等工具栏处于打开模块状态。如果要显示当前隐藏的工具栏，可在任意工具栏上右击，此时将弹出一个快捷菜单，通过选择命令可以显示或关闭相应的工具栏。点击工具栏上向下小箭头标志，系统给出 3 种工具栏的缩放模式，方便大家使用和空间的扩展。在每个工具栏的每个常用模块的右下角有个小斜三角标志，点击后会自动缩放伸展开，显示出此模块内隐藏的常用选项。如工具栏常用模块中的绘图。

在每个大的模块中有很多详细的功能分类。如常用模块中有“绘图”、“修改”、“图层”、“注释”、“块”、“特性”和“使用程序”等，那么其他的如“块和参照”模块、“注释”模块内都有不同的详细分类，这里就不一一叙述了。

4）绘图窗口

在 AutoCAD 中，绘图窗口是用户绘图的工作区域，所有的绘图结果都反映在这个窗口中。可以根据需要关闭其周围和里面的各个工具栏，以增大绘图空间。如果图纸比较大，需要查看未显示部分时，可以单击窗口右边与下边滚动条上的箭头，或拖动滚动条上的滑块来移动图纸。

在绘图窗口中除了显示当前的绘图结果外，还显示了当前使用的坐标系类型以及坐标原点、X 轴、Y 轴、Z 轴的方向等。默认情况下，AutoCAD 坐标系为世界坐标系（WCS）。

绘图窗口的下方有“模型”和“布局”选项卡，单击其标签可以在模型空间或图纸空间之间来回切换。

5）命令行与文本窗口

“命令行”窗口位于绘图窗口的底部，用于接收用户输入的命令，并显示 AutoCAD 提示信息。在 AutoCAD 中，“命令行”窗口可以拖放为浮动窗口。

“AutoCAD 文本窗口”是记录 AutoCAD 命令的窗口，是放大的“命令行”窗口，它记录了已执行的命令，也可以用来输入新命令。可以选择“视图”|“显示”|“文本窗口”命令、执行 TEXTSCR 命令或按 F2 键来打开 AutoCAD 文本窗口，它记录了对文档进行的所有操作。

AutoCAD 还提供有快捷菜单，用于快速执行 AutoCAD 的常用操作。右击可打开快捷菜单。当前的操作不同或光标所处的位置不同，右击后打开的快捷菜单亦不同。

6）状态行

状态行用来显示 AutoCAD 当前的状态，如当前光标的坐标、命令和按钮的说明等。在绘图窗口中移动光标时，状态行的“坐标”区将动态地显示当前坐标值。坐标显示取决于所选择的模式和程序中运行的命令，共有“相对”、“绝对”和“无”3 种模式。状态行中还包括如“捕捉”、“栅格”、“正交”、“极轴”、“对象捕捉”、“对象追踪”、“DUCS”、“DYN”、“线宽”、“模型”（或“图纸”）等功能按钮。

1.5　AutoCAD 的基础操作

1.5.1　文件操作

AutoCAD 中的工作成果都是以文件的方式进行存放和管理的，所以学习使用 AutoCAD，首先接触的就是文件操作。

1）文件的新建与打开

(1) 初次进入文件

一般来说，当我们通过快捷方式或安装目录启动 AutoCAD 的同时，系统会自动新建一个默认文件名是 Drawing1. dwg 的 AutoCAD 空文档，并进入习惯的工作界面，如图 1-9 所示。

但如果通过双击 AutoCAD 图形文件启动程序，则会进入这个已有的文件。

(2) 在工作中进入文件

AutoCAD 是一个多任务的工作环境，在一个运行程序中可以同时处理多个文件，而不必再次打开新程序。

如果需要在工作中进入其他文件，可以使用文件下拉菜单或工具栏中的“新建”或“打开”。

“打开”可以进入一个已有的文件；而“新建”则会产生一个新的空文档，这时，会出现如图 1-10 所示的选择样板对话框。

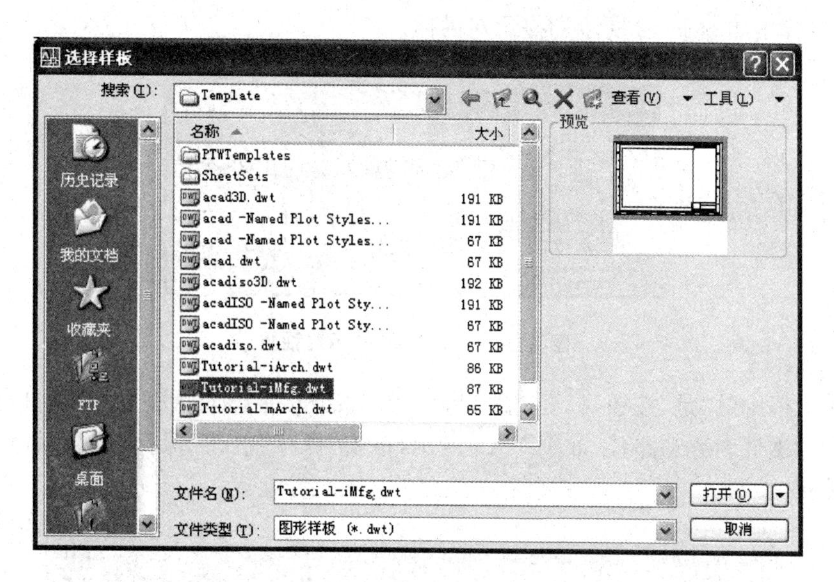

图 1-10　“选择样板”对话框

主界面里列出系统中预存的各种各样的样板，其后缀为“.dwt”。但是这些样板绝大多数并不适合我们的习惯，同时，如果选择了这些样板之后，还会有一些格式设置差异的副作用，如图 1-11 所示。

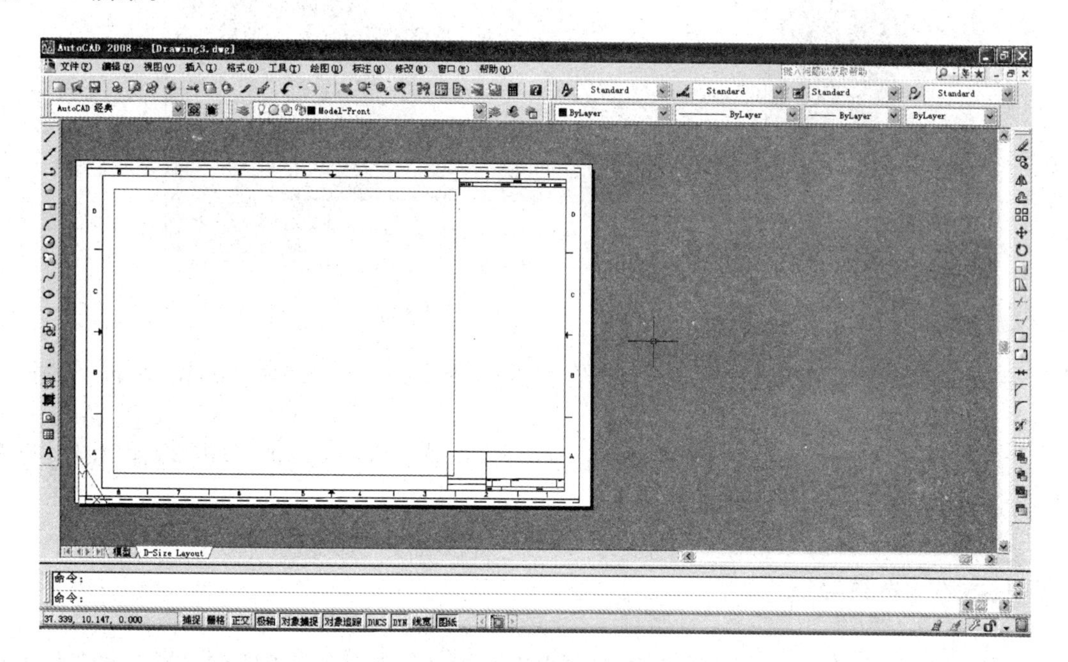

图 1-11　模板展示图

因此，对我们来说，除了选择自己定义的样板之外，一般情况下，都选择“打开”按钮旁的下拉箭头，选择“无样板打开一公制”。

2）文件的保存

在退出 AutoCAD 应用程序之前，系统首先会将各图形文件退出，如果有未保存的文件，

AutoCAD 将弹出如图 1-12 所示的提示对话框。

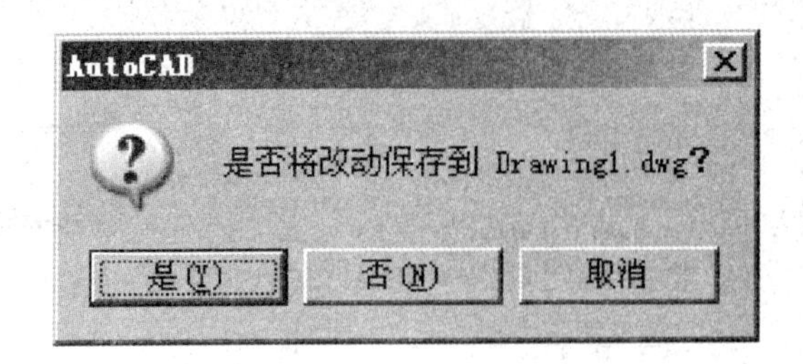

图 1-12 AutoCAD 提示对话框

单击对话框中的"是"按钮，打开"图形另存为"对话框，在该对话框中用户可以设置绘制图形所要保存的文件名称和路径，如图 1-13 所示，单击"保存"按钮，保存对图形所做的修改，并退出 AutoCAD。

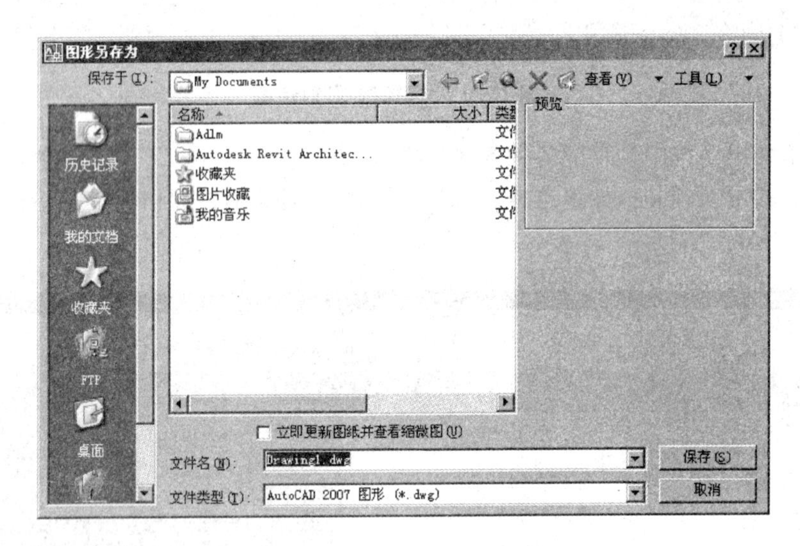

图 1-13 "图形另存为"对话框

提示：如果用户只是对先前保存过的图形进行了修改，而不是绘制的新图形，将不会弹出"图形另存为"对话框。

若在提示对话框中单击"否"按钮，将放弃存盘，并退出 AutoCAD。单击"取消"按钮，将返回到原 AutoCAD 的绘图界面。

1.5.2 环境设置

进入绘图环境之后，为了使绘图方便，需要对绘图环境进行各种必需的设置。此部分是各项工作的基础，绘制建筑专业图纸需要掌握的内容主要包括以下几个方面：

- 选项的设置
- 系统变量的设置
- 工作空间的设置
- 图形界限的设置

- 图层的设置
- 多线的设置
- 文字样式设置
- 标注样式设置

对于以上需要设置的内容，有一些属于整体环境的设置，如选项、系统变量和图形界限等的设置，需要我们在开始绘图前进行设置与定义(其中，选项一经设置对整个程序会始终有效，通常只需在安装 CAD 后设置一次)；有一部分可以在使用前随时进行定义，如图层、多线、文字、标注等的定义，因此把这部分放在后面进行讲解。

1）选项设置

在“命令”输入 options，如图 1-14 所示。

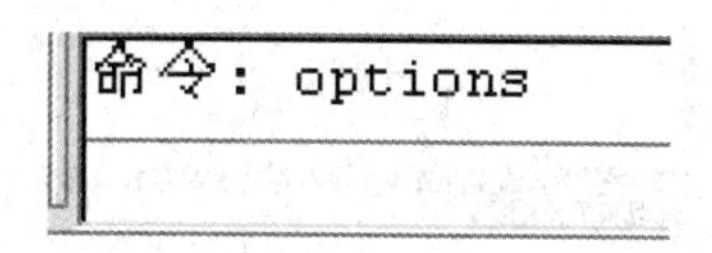

图 1-14

也可以选择“工具”-“选项”菜单命令，如图 1-15 所示。

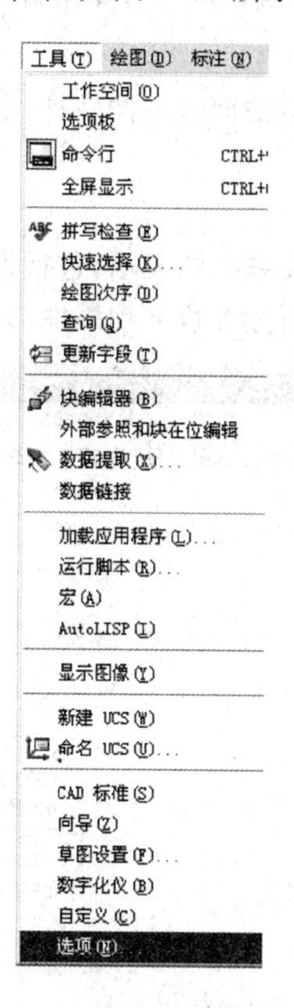

图 1-15

打开“选项”对话框，该对话框共有 10 个选项卡，如图 1-16 所示，通过这些选项卡就可以设置整个绘图的环境。

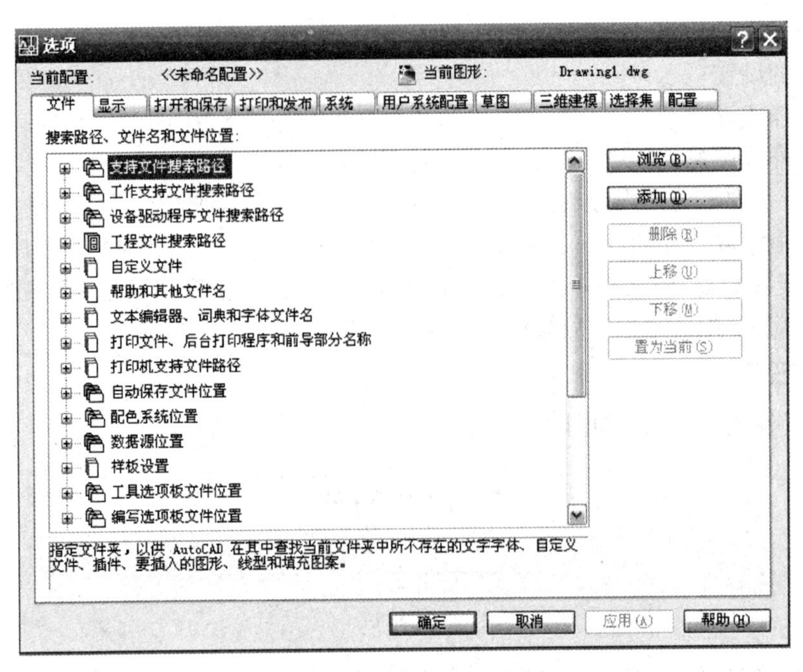

图 1-16 “选项”对话框

(1)“文件”选项卡

在“文件”选项卡中，可以进行系统搜索支持文件、驱动程序文件以及其他文件的搜索路径、文件名和文件的位置等。

(2)“显示”选项卡

在“显示”选项卡中，可以自定义系统的显示，包括设置窗口元素、显示性能、十字光标大小、参照编辑的褪色度、布局元素和显示精度 6 项属性，如图 1-17 所示。

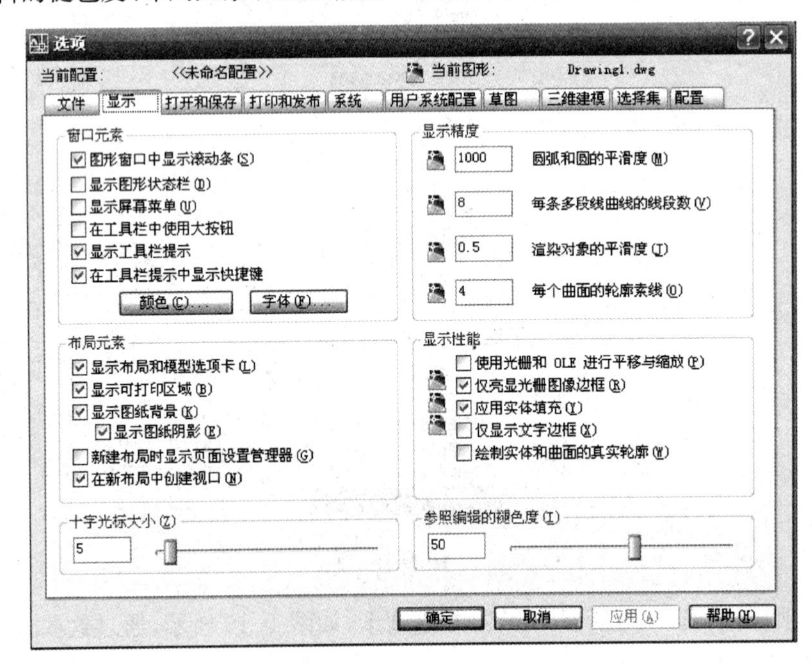

图 1-17 “显示”选项卡

若勾选“窗口元素”—“图形窗口中显示滚动条”复选框，在绘图窗口中就显示滚动条，否则就不会有滚动条显示。

(3)“打开和保存”选项卡

使用“打开和保存”选项卡可以设置打开和保存图形文件时的有关参数，包括文件保存、文件安全措施、文件打开、外部参照和 ObjectARX 应用程序 5 个属性，如图 1-18 所示。

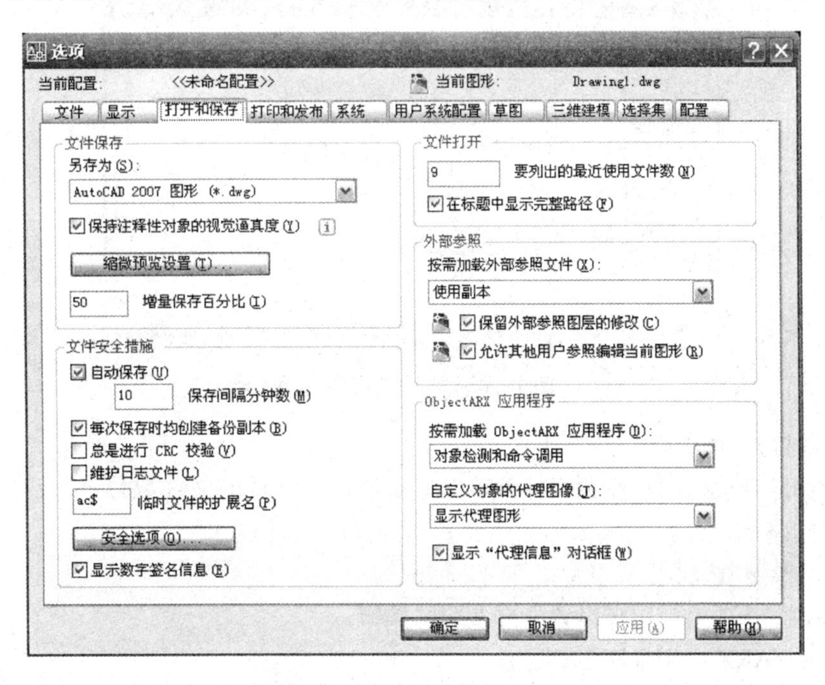

图 1-18　“打开和保存”选项卡

①“文件保存”选项组

使用保存图形文件选项组可以设置在保存文件时的文件格式、增量保存百分比以及保存缩微预览图像。单击“缩微预览设置”按钮，弹出“缩微预览设置”对话框，如图 1-19 所示。在该对话框中可以对“图形”和“图纸和视图”选项组进行修改。

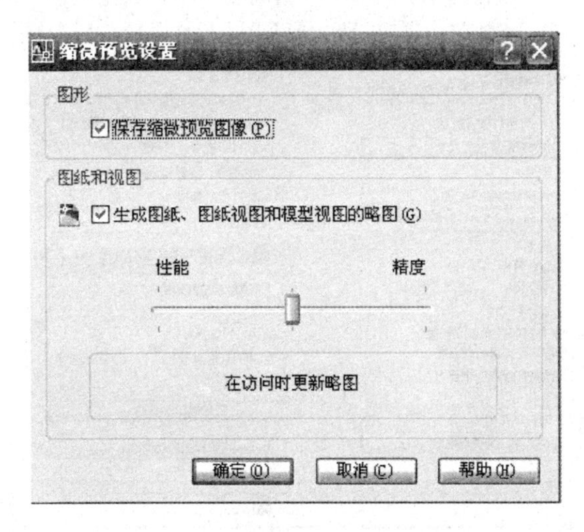

图 1-19　“缩微预览设置”对话框

② "文件安全措施"选项组

使用"文件安全措施"选项组可以设置是否自动保存文件，是否在每次保存时都创建备份，是否引进 CRC 校验，是否维护日志文件，设置临时文件的扩展名以及是否显示数字签名信息等。单击文件安全措施选项组中的"安全选项"按钮，弹出"安全选项"对话框，如图 1-20 所示。

图 1-20 "安全选项"对话框

③ "文件打开"选项组

"文件打开"选项组用来设置文件菜单上显示最近打开过的文件数量，以及是否在标题栏中显示完整的路径。

④ "外部参照"选项组

"外部参照"选项组是用来设置外部参照的操作。

⑤ "ObjectARX 应用程序"选项组

该选项组用来确定对象的全程扩展应用。

(4) "打印和发布"选项卡

"打印和发布"选项卡是用来设置打印设备、打印警告、打印质量、打印图样以及后台打印等项目，如图 1-21 所示。

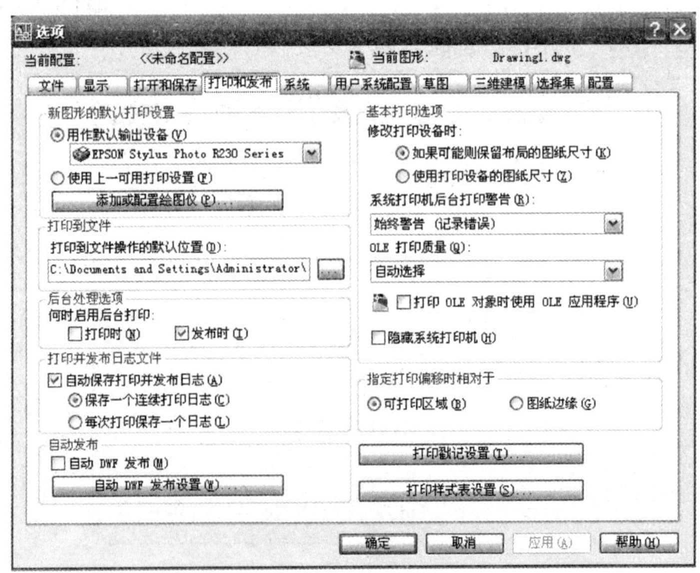

图 1-21 "打印和发布"选项卡

(5)“系统”选项卡

“系统”选项卡用来设置与系统有关的参数，如三维性能、当前定点设备、布局重生成选项、数据库连接选项、是否显示 OLE 特性对话框、是否显示所有警告信息、是否检查网络连接以及是否允许长符号名等，如图 1-22 所示。

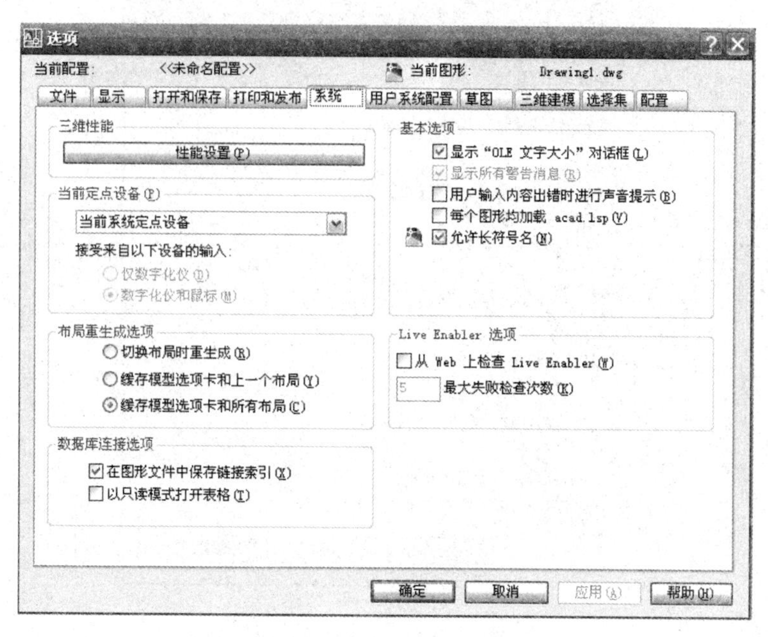

图 1-22　“系统”选项卡

(6)“用户系统配置”选项卡

“用户系统配置”选项卡用来设置快捷菜单、插入比例、超链接、坐标输入的优先级以及关联标注等，如图 1-23 所示。

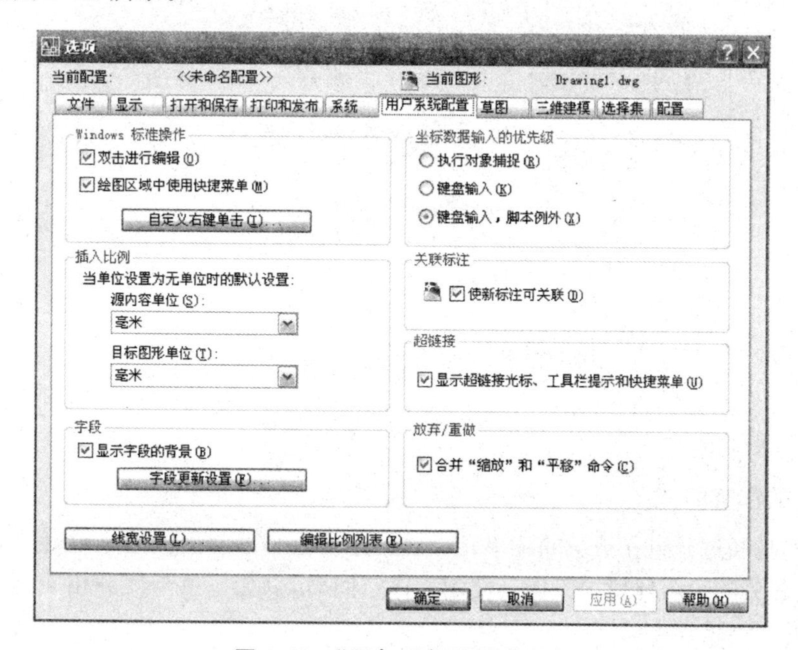

图 1-23　“用户系统配置”选项卡

系统默认的是选中“双击进行编辑”和“绘图区域中使用快捷菜单”复选框。

单击“Windows 标准”选项组的“自定义右键单击”按钮，弹出“自定义右键单击”对话框，在该对话框中可以设置右击鼠标的默认模式、编辑模式以及命令模式，如图 1-24 所示。

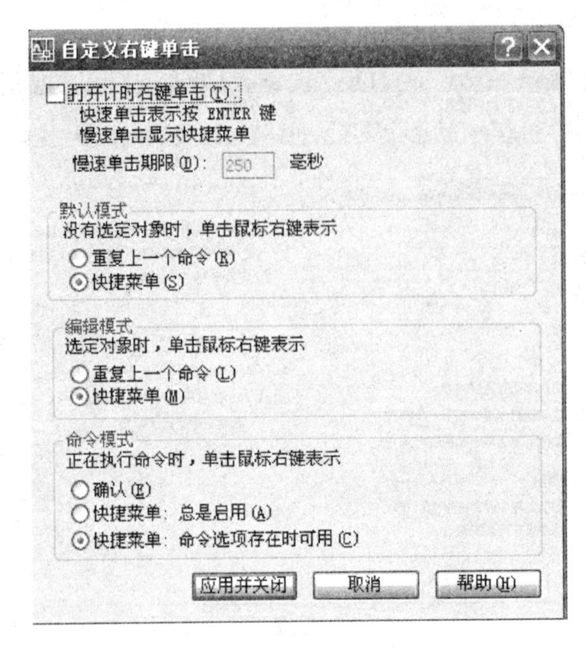

图 1-24 “自定义右键单击”对话框

单击图中的“线宽设置”按钮，弹出“线宽设置”对话框。在该对话框中，可以设置线的宽度、单位以及调整显示比例，如图 1-25 所示。

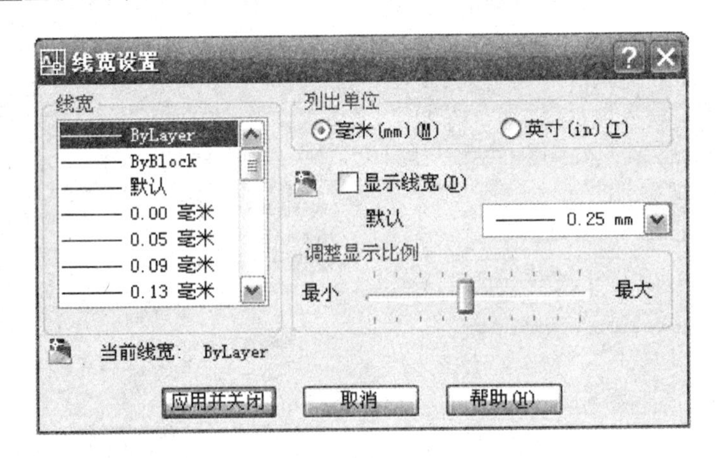

图 1-25 “线宽设置”选项卡

2）设置工作空间

工作空间是经过分组和组织的菜单、工具栏、选项板和控制面板的集合，使用户可以在自定义的、面向任务的绘图环境中工作。使用工作空间时，只会显示与任务相关的菜单、工具栏和选项板，如图 1-26 所示。

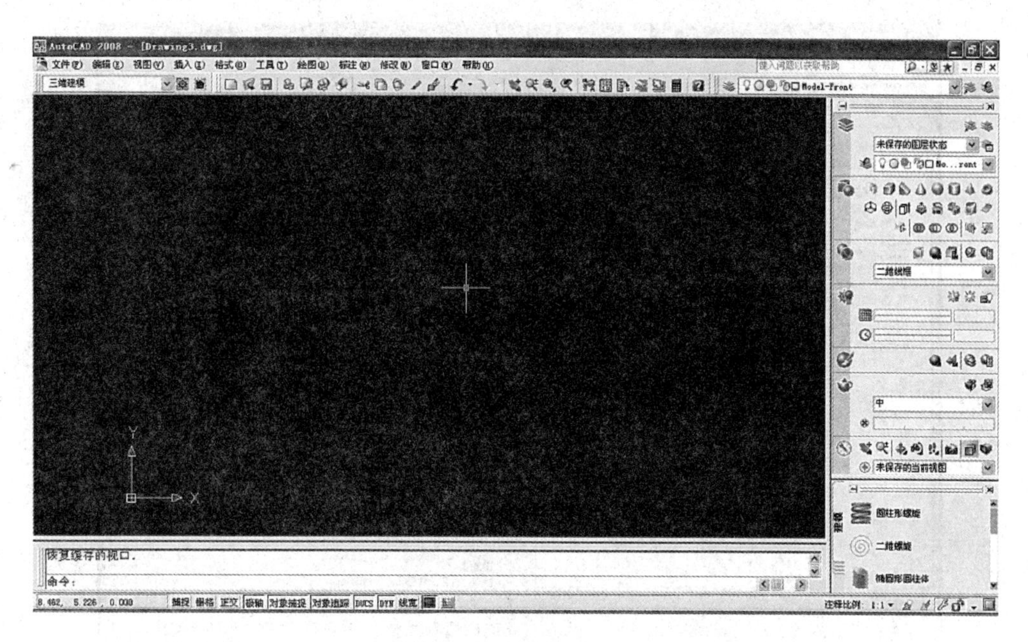

图 1-26　三维绘图界面

如何在 AutoCAD 中灵活设置工作空间，主要有以下几种方法：

(1) 在“工作空间”工具栏中的下拉列表栏内，选择“AutoCAD 经典”选项，如图 1-27 所示。

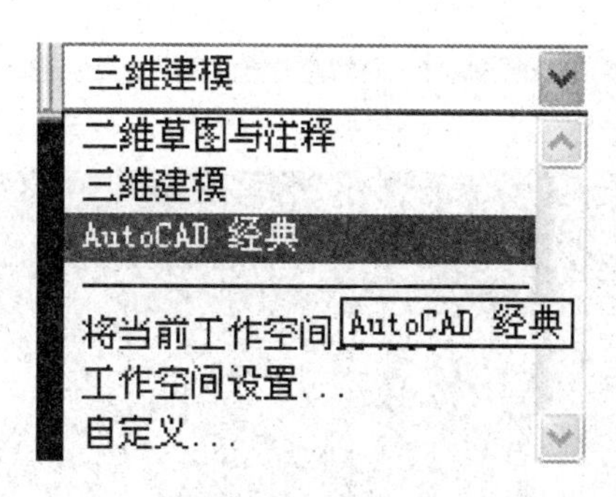

图 1-27　选择“AutoCAD 经典”选项

默认情况下，AutoCAD 为用户提供了定义好的 3 个基于任务的工作空间：二维草图与注释、三维建模和 AutoCAD 经典，用户可根据绘图需求，使用合适的工作空间来进行绘图工作。

(2) 通过自定义用户界面设置工作空间

通过“视图”菜单→“工具栏”或“toolbar”命令，可以打开“自定义用户界面”对话框，如图 1-28 所示，我们可以选择相应的工作空间，然后点右键将对应的工作空间设置为当前，以改变工作空间，同时也可以自定义工作空间。

工作空间设置的作用在于，某些时候，界面经过调整和修改之后(这种调整可能是无意的)，导致我们找不到需要的工具栏及菜单栏等工具之后，可以通过“自定义用户界面”来复制一个工作空间并设为当前，以达到还原原始工作环境的作用。

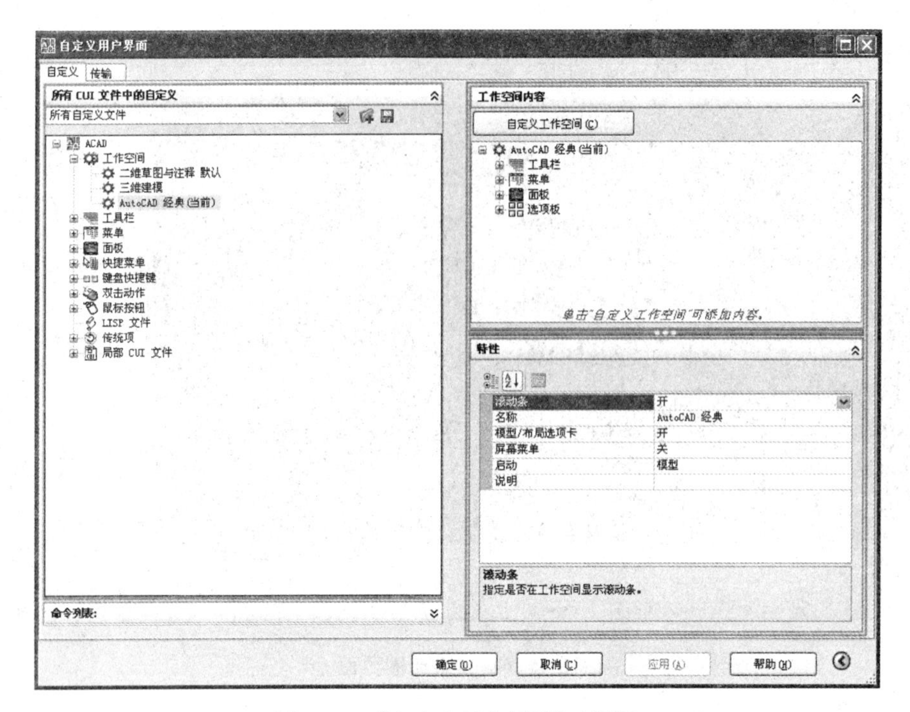

图 1-28 “自定义用户界面”对话框

经过样板的选择和工作空间的设置之后，可以进入习惯的工作环境，如图 1-29 所示，开始进行绘图工作。

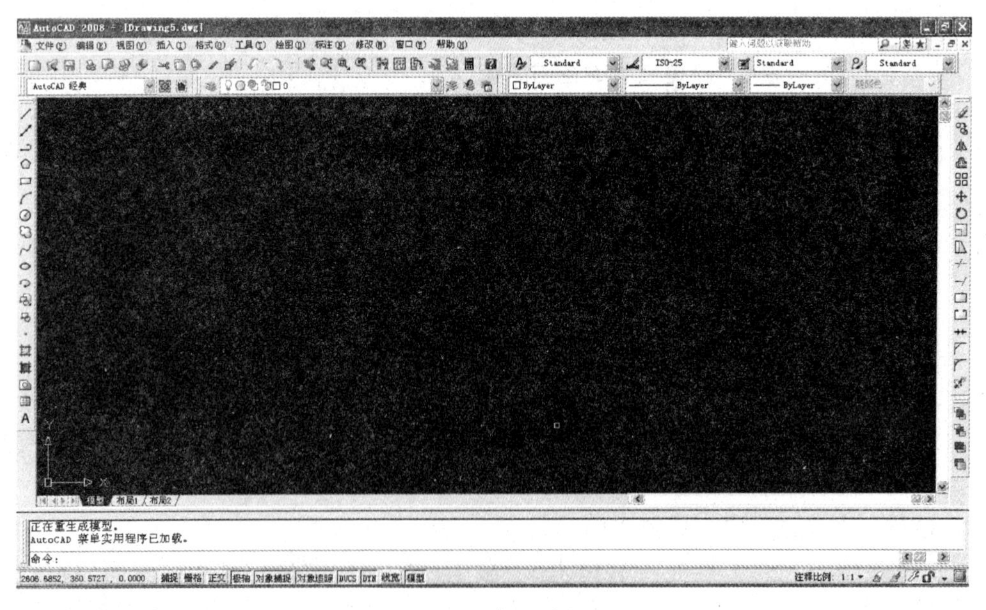

图 1-29 习惯工作界面

3）设置图形界限

在绘图之前，可以通过设置绘图界限明确绘图区域，以免出现所画的图形不能在屏幕显示或显示太小等问题。

通过菜单“格式”→“图形界限”或者在命令栏中输入“LIMITS”回车。如图 1-30 所示。

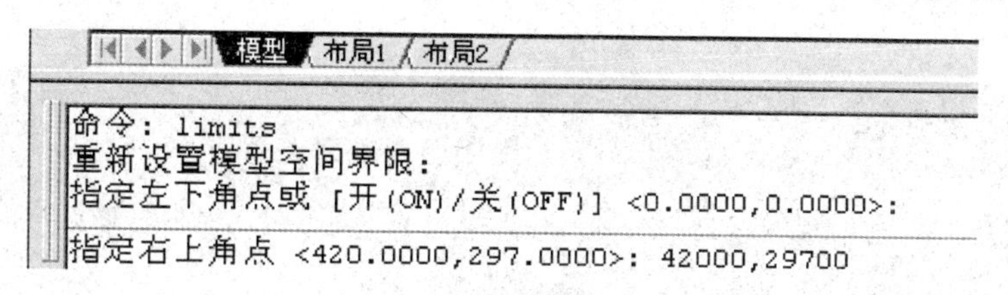

图 1-30 图形界限设置

指定“左下角点”时直接回车取默认的 0,0(当然也可以直接输入绝对坐标值),指定“右上角点”时输入右上角点坐标值(如:42000,29700),回车即可完成图形界限的确定。

4)设置状态栏

在 AutoCAD 的状态栏上有一行按钮,这些按钮是单选按钮,如图 1-31 所示,有打开和关闭两种状态。除“正交”和“DUCS”外,在其他按钮上点击右键,都可以对其进行相应的设置。每一项都有其不同的作用,我们可以有选择性地打开和关闭它们。

图 1-31 状态栏

捕捉:激活后,十字光标移动时,会自动按照设定的捕捉间距进行捕捉,但在实际应用中,我们往往很少有按照固定间距进行绘图的,而如果打开的话,会感觉在移动鼠标时,光标因为不停地捕捉离它最近的栅格点而出现“跳跃”现象,因此此项功能建议关闭。

栅格:激活后,屏幕上会出现一些排列整齐的点,像格子一样,方便我们大致把握绘制图形的尺度,如图 1-31 所示。栅格间距可以进行设置。当我们想通过栅格明确绘图范围或者想捕捉栅格时,需要通过右击状态栏上的“栅格”按钮,打开“草图设置”对话框来设置栅格间距。如图 1-32 所示。

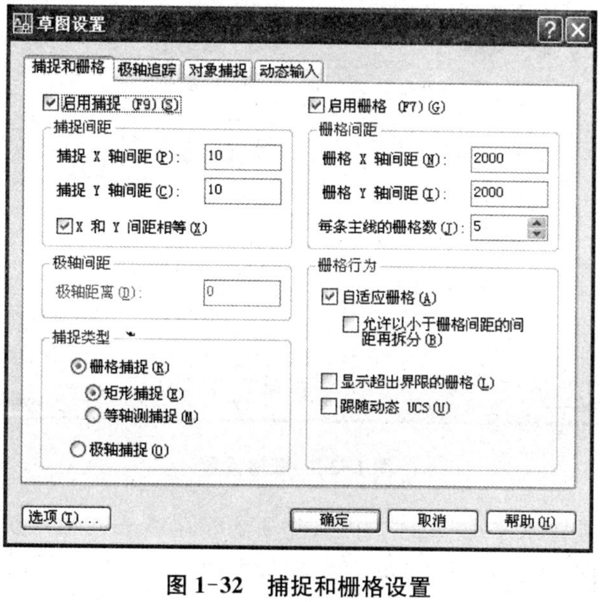

图 1-32 捕捉和栅格设置

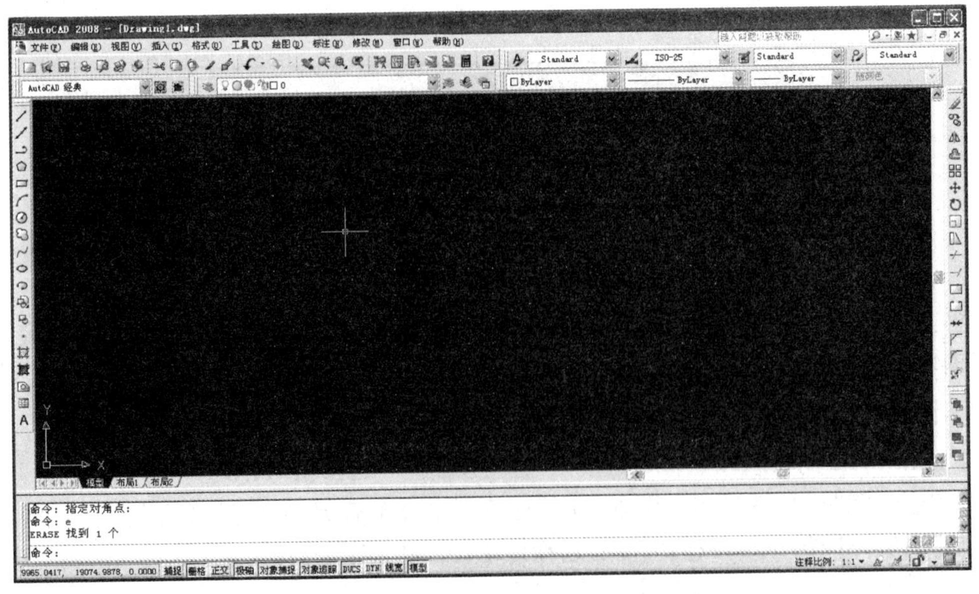

图 1-33　栅格打开后显示的效果

有时，我们在打开栅格时，会出现“栅格太密，无法显示”的提示信息，原因是 AutoCAD 2007 之前的版本默认的栅格间距是 10，假如图形界限为 42000，29700，要想全部显示图形区域则需要显示 4000 多个点，因此栅格太密，无法显示。

AutoCAD 2007 及其以后的版本中栅格具有“自适应栅格”功能。如图 1-34“自适应栅格”选项所示。如果去掉了“自适应栅格”选项，也会出现“栅格太密，无法显示”的情况。

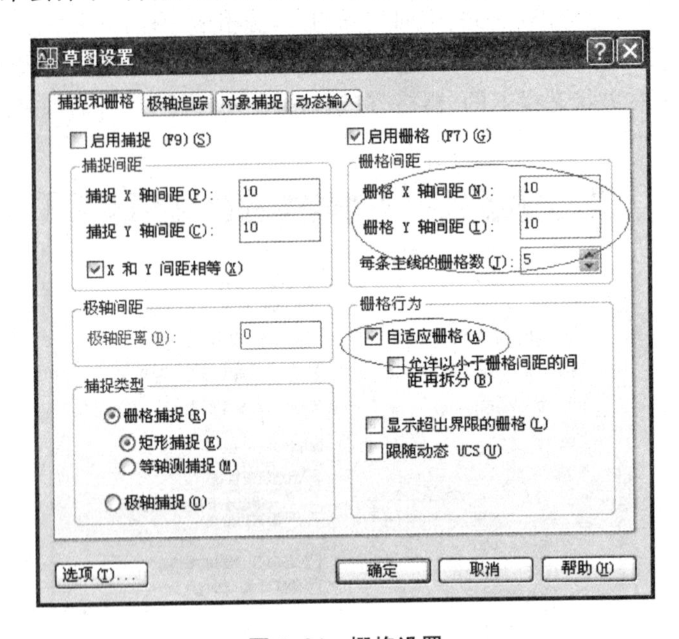

图 1-34　栅格设置

正交：激活后，只能画水平和竖直的直线，此项功能在 AutoCAD 2000 以前的版本中应用较广，主要用于画轴线。AutoCAD 2000 以后的版本中，由于引入了极轴功能，极轴和追踪的配合使用，可以完全取代正交的作用，并且比正交功能更方便。

极轴：激活后，设置完增量角及“对象捕捉追踪设置”选项之后，可以追踪任意方向的角度。此项一般在绘图过程中根据绘图需要进行设置。如图 1-35 所示。

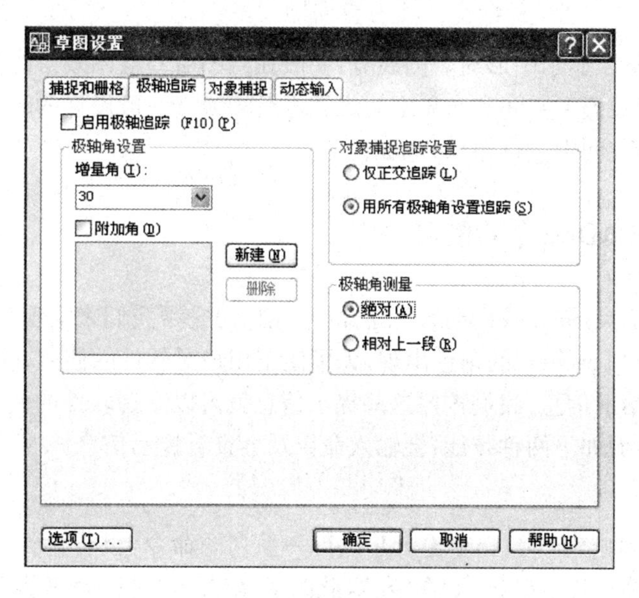

图 1-35　极轴追踪设置

对象捕捉：激活后，光标移动到对象附近，会准确地找到端点、中点、垂直点等等，可以自定义设置需要捕捉的关键点。如图 1-36 所示。

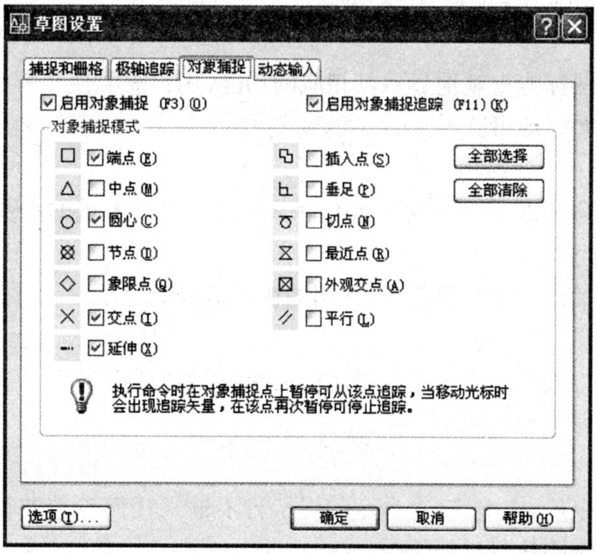

图 1-36　对象捕捉设置

对象追踪：对象追踪也称为对象跟踪，在绘图过程中应用非常广泛。对象追踪功能往往和对象捕捉功能、极轴追踪功能配合使用，可以非常方便地找到需要的点。

DUCS:是动态坐标系,一般在绘图中较少用到。

DYN:动态输入功能,开启后,输入的坐标信息及参数等都出现在光标附近,避免目光在光标和命令行之间来回移动。但是由于命令行上的提示信息更完整,因此此项根据个人爱好打开和关闭。

线宽:打开后,可以显示图形对象的线宽,一般在绘图后看绘图效果时把它打开。

模型:点击后可在模型空间和布局空间之间进行切换。一般设计的时候,是在模型空间中进行操作的,在布局空间中进行布局并输出。

1.5.3 AutoCAD 命令的使用

计算机是一种工具,需要我们向它下达命令,然后由它帮我们来实现各种绘图的操作。同时,计算机还会作为“Teacher”的角色出现,为了便于用户对软件的使用,软件厂商会尽量给予详尽的提示信息或帮助信息,我们按照这些提示信息就可以掌握软件的使用。

绘图时,需要掌握如下两种技能:会输入命令及会查看提示信息。

1)输入命令

用 AutoCAD 绘制图形时,必须输入并执行一系列的命令,以告诉计算机我们要做什么。AutoCAD 启动后,命令提示区提示“命令:”,此时表示 AutoCAD 处于接受命令状态,用户可以根据需求选用以下几种命令输入方法:

- 菜单输入

使用菜单输入,移动鼠标选中一项,便出现该项的下拉式菜单,点击相应的选项,可以快速执行该选项对应的 AutoCAD 的命令和功能。

- 工具栏输入

工具栏中的每个图标能直观地显示其相应的功能,用户需要使用哪些功能,只要用鼠标直接点击代表该功能的图标即可。

- 键盘输入

在命令提示区的命令提示行中直接键入命令名或提示行要求的参数或符号,注意在英文输入法下输入,不区分大小写。

键盘输入方式包括命令和快捷命令,常用的快捷命令见附录一。

- 命令的确认

当使用键盘输入方式键入命令名或提示行要求的参数或符号后,需要按回车键或空格键以确认执行该项操作。

- 命令的重复

当执行完一个命令后,空响应(在命令的提示行不输入任何参数或符号,直接按回车或空格键),可以重复执行刚刚执行过的命令。

- 命令的中断

在命令执行过程中需要对命令进行终止操作,可以使用 Esc 键随时退出。

- 命令的放弃和重做

如果用户不小心执行了错误的操作,可以选择【编辑】/【放弃】命令,或 ↶ 按钮,撤销刚才的错误操作，回到之前的状态。而选择【编辑】/【重做】命令，则是其逆操作。

- 透明命令

AutoCAD 的一些命令允许在执行某一条命令的过程中运行此命令，这种命令称为透明命令，执行透明命令时要在命令前加一“'”。

对于命令的输入，我们对其的使用一般需要经过菜单栏→工具栏→命令行→快捷命令这几个熟悉的过程。不管用哪种命令方式输入命令后，命令行都会给出相应的英文命令提示，我们可以很方便地通过它来记住命令。最终对于熟练的绘图员来说，需要掌握常用命令的快捷命令，左手鼠标，右手不离键盘，可以很方便地提高绘图效率。

对快捷命令的掌握，一是通过命令找规律，很多快捷命令都是绘图命令的前一个或几个字母；二是通过配置文件来定义自己喜欢的快捷键。快捷命令的定义是放在 acad. pgp 这个文件里的，可以通过菜单栏的“工具”→“自定义”→“编辑程序参数”(acad. pgp)这个菜单项进行查看和修改。

不管通过哪种方式输入命令，我们的主要目的就是告诉计算机我们要做什么。计算机接受到相关命令后，会按照既定程序往下进行，给我们反馈回来一些信息，因此我们还要学会如何看提示信息。

2）查看提示信息

提示信息是软件和用户的直接交流，是对用户命令的反馈，在此扮演的是“Teacher”的角色，依据软件反馈回来的提示信息，我们就会知道我们下一步应该怎么做，必须怎么做。提示信息形式有多种，如对话框，命令行提示信息、状态栏信息等。提示信息看起来比较复杂，但是经过总结归纳后，不外乎如下几种：输入点、选择对象或输入其他选项。

如输入画圆命令后，出现信息如图 1-37 所示。

```
命令:
命令: _line 指定第一点: *取消*
命令:
命令: _circle 指定圆的圆心或 [三点(3P)/两点(2P)/相切、相切、半径(T)]:
```

图 1-37　画圆时提示信息

提示信息中就要求输入点，或者输入其他参数。其中中括号内的部分包括选项及其快捷键，如果默认选项不能满足要求，我们可以通过输入选项中小括号内的数字或者字母来指定对应的选项。譬如，如果需要通过“相切、相切、半径”来画圆，则需要输入“T”。此时提示信息又变为图 1-38 所示。即要求我们输入切点，信息又变为指定关键点。因此绘图过程一定要学会看提示信息，学会对症下药，找对应的参数。最终提示信息都会反映 3 个基本内容：输入关键点，或者选择对象，或者根据需要输入数值。

```
命令: _line 指定第一点: *取消*
命令:
命令: _circle 指定圆的圆心或 [三点(3P)/两点(2P)/相切、相切、半径(T)]: t
指定对象与圆的第一个切点:
```

图 1-38　输入其他参数后提示信息

1.5.4 视图控制

1）视图平移

当需要观察的部分没有显现在视口中心的方位，这时就要运用平移工具移动视口，以便观察和制作图形的其他部分。有 4 种办法可以实现平移操作：

（1）在视图中单击右侧的“平移”工具，即可启用平移工具。

（2）在命令窗口输入 PAN 后按空格键，也可启用平移工具，如图 1-39。

图 1-39

（3）在绘图窗口中单击鼠标右键，从弹出的菜单中选择“平移”。如图 1-40。

图 1-40

（4）在顶部菜单栏选择切换至“视图”，从打开的工具栏中选择“平移”。

经过以上任意一种办法，实现平移后，AutoCAD 绘图窗口中的十字光标成为手形图标，此刻在绘图窗口中按住鼠标左键并拖动鼠标，视口中的图形即可跟着移动，松开鼠标，按空格键，即可退出平移操作。

2）视图缩放

视图缩放即缩放屏幕，在屏幕中显示全部区域。通过缩放视图功能可以更快速、更准确、更细致地绘制图形。该功能可以帮助用户观察图形的大小，也可以观察局部图形，还可以放大和缩小图形，而且原图形的尺寸不会发生改变。启动视图缩放命令的方法如下：

（1）在命令行输入 Zoom 或 Z，然后在提示行后选择相应选项并回车。

（2）在视图菜单上单击缩放子菜单中的相应命令选项（如图 1-41 所示）。

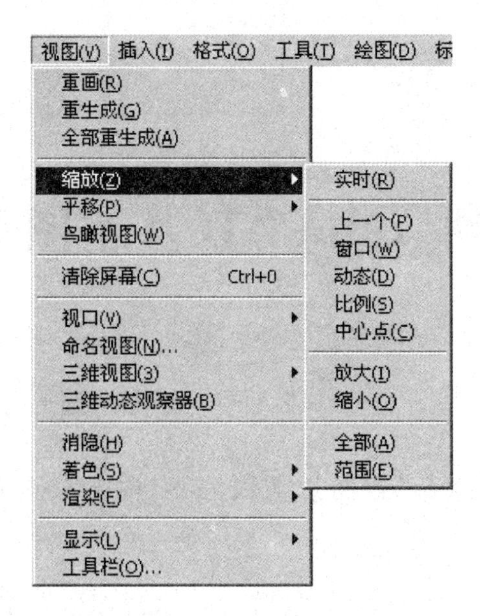

图 1-41　缩放子菜单各命令选项

(3) 在标准工具栏上单击相应缩放图标，然后在缩放工具栏上单击相应缩放图标（如图 1-42所示）。

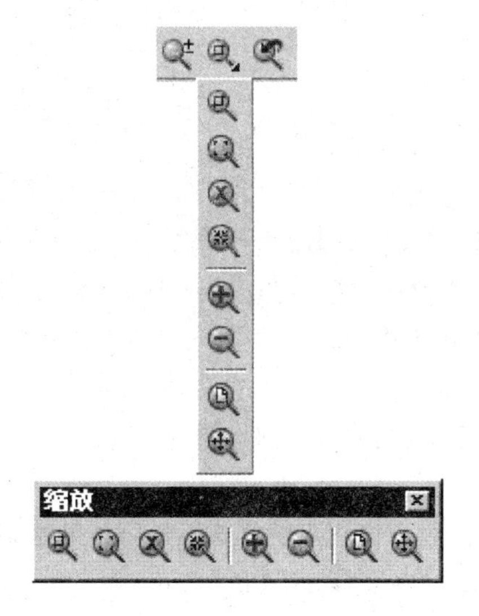

图 1-42　标准工具栏和缩放工具栏上缩放图标

3）使用滚轮鼠标进行视图控制

在 CAD 的操作过程中，看细节的时候需要放大视图，看整体的时候又需要缩小视图，有时位置不好，需要平移视图，这时如果充分利用鼠标滚轮就能达到快速操作的目的。

放大视图：鼠标中键向前滚动（现在的鼠标都是三键鼠标，中键就是滚轮）。

缩小视图：鼠标中键向后滚动。

上面的放大缩小视图并没有改变对象的大小，而是看起来大了或小了。

平移视图：按着中键不放移动鼠标。

项目二 绘制 AutoCAD 基本图形

能够使用 AutoCAD 相关命令绘制点、直线、多线、构造线、多边形、圆、椭圆和圆弧、椭圆弧等基本图形。

知识目标

掌握图形绘制命令的使用和方法。

2.1 点(Point)

调用“单点”的方法有以下 3 种：

(1) 菜单：选择【绘图】/【点】/【单点】命令 单点(S)。

(2) 命令行：输入 Point(或 PO)，然后按 Enter 键，在绘图区创建一个“单点”。

(3) 工具栏：单击【点】/【单点】按钮。

调用“多点”的方法如下：

菜单：选择【绘图】/【点】/【多点】命令 · 多点(P)。

➢ 点的样式

有时点可以做到标记等分，可以设置点的样式等进行辅助绘制图形。命令的调用方式如下：

菜单：选择【格式】/【点样式】命令 点样式(P)。

命令行：输入 DDPTYPE，然后按 Enter 键结束。提供 20 种点样式可供用户选择。

点大小：设置点的显示大小。可以相对于屏幕设置点的大小，也可以用绝对单位设置点的大小。

相对于屏幕设置大小：按屏幕尺寸的百分比设置点的显示大小。当进行缩放时，点的显示大小并不改变。

按绝对单位设置大小：按“点大小”下指定的实际单位设置点显示的大小。当进行缩放时，显示的点大小随之改变。

➢ 定距等分(Measure)

定距等分是将指定对象按照距离进行等分，等分点可以被图块替代，也可以作为辅助绘制图形的点。

菜单：选择【绘图】/【点】/【定距等分】命令 定距等分(M)。

命令行：输入 MEASURE(或 ME)并按 Enter 键结束后，出现如下命令：

选择要定距等分的对象：

鼠标变为“□”后在绘图区拾取对象，出现如下命令：

指定线段长度或[块(B)]：

输入数值“N”，然后按 Enter 键结束，将该对象等分。

“定距等分”的特点：

将对象进行 N 等分后线段上出现 N 个点，对象变为 $N+1$ 段。

被定距等分的对象最后一段的距离长度与指定的等分距离相等。

➢ 定数等分(Divide)

定数等分是将指定对象按照距离进行平均等分，等分点可以被图块替代，也可以作为辅助绘制图形的点。

菜单：选择【绘图】/【点】/【定数等分】命令 定数等分(D)。

命令行：输入 DIVIDE(或 DIV)并按 Enter 键结束后，出现如下命令：

选择要定数等分的对象：

鼠标变为“□”后在绘图区拾取对象，出现如下命令：

输入线段数目或[块(B)]：

输入数值“N”，按 Enter 键结束后，将该对象等分。

定数等分的特点：

将对象进行 N 等分后线段上出现 $N-1$ 个点，对象变为 N 段。

被定数等分的对象最后一段的距离长度与指定的等分距离相等。

2.2　点坐标

图形中最基本的元素是点，点构成线，线构成面，面构成体。在绘制图形时，有一半的工作都是指定各种各样的关键点，因此精确地指定各个点是绘图的重要基本技能，而最基本的方法就是使用坐标来指定点。

以下为 AutoCAD 中使用的 4 种坐标格式：

绝对直角坐标，格式为(x,y)，如输入图形界限时的 0,0 和 42000,29700。

相对直角坐标，格式为(@x,y)，表示相对于上一点时的坐标，如@42000,29700。

绝对极坐标，格式为(L<A)，L 表示长度(Length)，A 表示角度(Angle)，如 3000<30，表示 30°角上长为 3000 的点。

相对极坐标，格式为(@L<A)。同上，@表示相对于上一点，L 表示长度，A 表示角度。如(@3000<30)表示指定一个相对于上一点距离为 3000、角度为 30°的点。

2.3 直线(Line)

直线是最简单、最常用的图形。

命令调用方式:

◆ 菜单:选择【绘图】/【直线】命令 直线(L)。

◆ 工具栏:单击面板中的 图标。

◆ 命令行:输入 LINE 或 L 并按 Enter 键,在命令行出现如下命令:

LINE 指定第一点:(可以用上述直线绘制方法,以输入坐标或输入距离的方式,在绘图区确定第一点)。输入后按 Enter 键结束。在命令行中出现如下命令:

指定下一点或[放弃(U)]:

指定下一点或[闭合(C)/放弃(U)]:

指定下一点:以输入坐标的方式或输入距离的方式来确定直线下一点的位置。

放弃(U):单击键盘 U,表示放弃和取消前一点的坐标设置。

闭合(C):单击键盘 U,表示将直线闭合。

任务一　绘制被剖的门

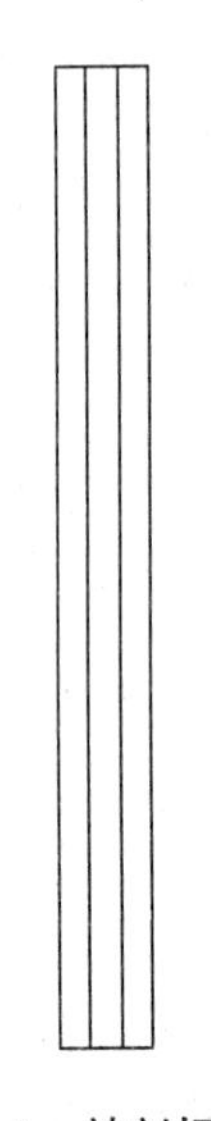
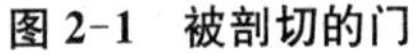

图 2-1　被剖切的门

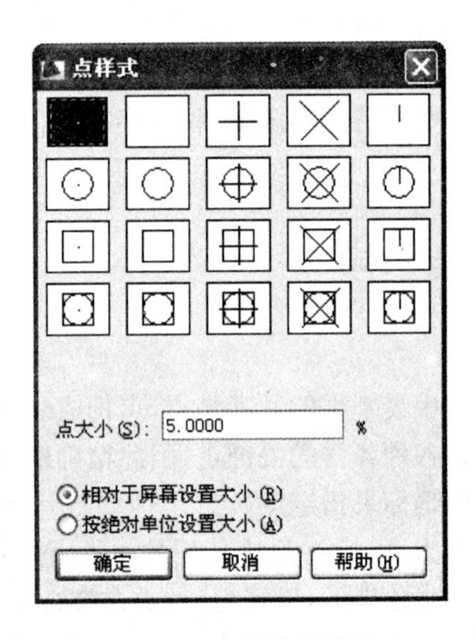

图 2-2　点样式的显示

建筑剖面图中,经常用到被剖切的门,如图 2-1 所示。

实施步骤:

(1) 打开状态栏"正交模式",单击面板中的 图标,指定第一点:(可以用上述直线绘制方法,以输入坐标或输入距离的方式,在绘图区确定第一点 A),提示如下:

指定下一点或[闭合(C)/放弃(U)]:@200,0(标记为 B 点)

指定下一点或[闭合(C)/放弃(U)]:@0,2000　　　(标记为 C 点)
指定下一点或[闭合(C)/放弃(U)]:@0,2000　　　(标记为 D 点)
指定下一点或[闭合(C)/放弃(U)]:C
(2) 选择【绘图】/【点】/【定距等分】命令;鼠标在绘图区拾取对象边 CD
输入线段数目或[块(B)]:3
同理,在 AB 做同样的等分点,用直线连接相应的等分点即可。

2.4　射线(Ray)

射线是将一端点固定后,另一端进行无限延伸的直线,在制图中经常用来作为辅助线。
命令调用方式:

- 菜单:选择【绘图】/【射线】命令 射线(R)。
- "常用"选项卡:在【绘图】面板中单击 图标。
- 命令行:输入 RAY 并按 Enter 键结束。

在命令行出现如下命令:
指定起点:以坐标输入或捕捉确定初始端点。
指定通过点:可以在不同方向指定无数个另一端点。
结束射线绘制方法:单击鼠标右键或键盘上 Esc 键。

2.5　构造线(Xline)

构造线是一条无限延伸的直线,在绘制图形时经常用来作为辅助线。
命令调用方式:

- 菜单:选择【绘图】/【构造线】命令 构造线(T)。
- "常用"选项卡:在【绘图】面板中单击 图标。
- 命令行:输入 XLINE 或 XL 后按 Enter 键结束。

调用该命令,在命令行出现如下命令:
XLINE 指定点或[水平(H)/垂直(V)/角度(A)/二等分(B)/偏移(O)]:
各命令选项作用如下:
水平(H):创建一条通过指定点的水平构造线。
垂直(V):创建一条通过指定点的垂直构造线。
角度(A):以指定的角度创建一条构造线。

任务二　绘制简单几何图形

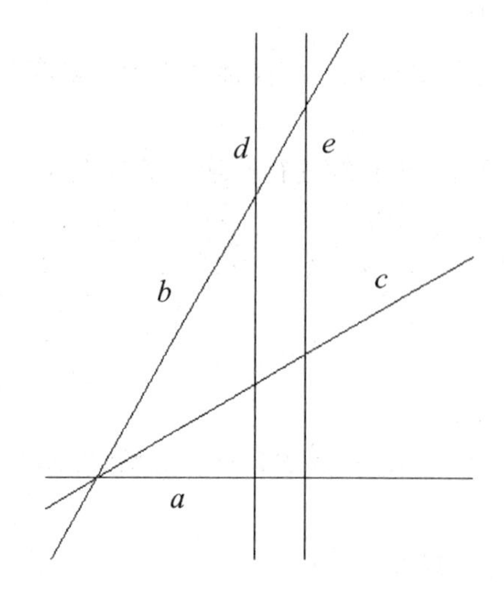

图 2-3　构造线绘制几何图形

实施步骤：

(1) 打开状态栏“正交模式”，单击【绘图】面板中的 构造线(T) 图标，绘制线 a。

(2) 关闭状态栏“正交模式”，单击 构造线(T) 图标，提示如下：

XLINE 指定点或[水平(H)/垂直(V)/角度(A)/二等分(B)/偏移(O)]：A

输入构造线的角度(0)或[参照(R)]：60

指定通过点：(在 a 上任意一点，绘制线 b)

(3) 单击 构造线(T) 图标，XLINE 指定点或[水平(H)/垂直(V)/角度(A)/二等分(B)/偏移(O)]：B

指定角的顶点：(点 a 与 b 的交点)

指定角的起点：(点右侧 a 线上一点)

指定角的端点：(点上侧 b 线上一点)(绘制线 c)

(4) 打开状态栏“正交模式”，单击 构造线(T) 图标，在点 a 与 b 的交点绘制辅助构造线 L。

再次单击 构造线(T) 图标

XLINE 指定点或[水平(H)/垂直(V)/角度(A)/二等分(B)/偏移(O)]：o

指定偏移距离或[通过(T)]<通过>：300

选择直线对象：单击构造线 L，复制出线 d

再次单击 构造线(T) 图标

XLINE 指定点或[水平(H)/垂直(V)/角度(A)/二等分(B)/偏移(O)]：o

指定偏移距离或[通过(T)]<通过>：100

选择直线对象：单击构造线 d，复制出线 e，然后选择线 L，删除即可。

2.6　多段线(Pline)

多段线是由许多连续的线和弧组成的,由于这些线和弧组成的是一个整体对象,因此,选取多段线时会将所有线和弧都选中,在绘图时注意多段线可以设置线宽。

命令调用方式:

- 菜单:选择【绘图】/【多段线】命令 多段线(P)。
- "常用"选项卡:在【绘图】面板中单击 图标。
- 命令行:输入 PLINE 或 PL 后按 Enter 键。

当使用上述命令创建矩形时,在命令行中显示如下选项:

指定下一点或[圆弧(A)/闭合(C)/半宽(H)/长度(L)/放弃(U)/宽度(W)]:

[角度(A)/圆心(CE)/闭合(CL)/方向(D)/半宽(H)/直线(L)/半径(R)/第二个点(S)/放弃(U)/宽度(W)]:

命令行各选项含义如下:

圆弧(A):在多段线中绘制圆弧,并将其作为多段线的组成部分。

闭合(C):连续画 2 条以上线段时,在选项命令行中输入 C,可将多段线的起点与终点连接起来产生闭合线段。

半宽(H):在选项命令行中输入 H,设置多段线的半宽值,如果设置为 0.5,则实际的宽度为 1。

长度(L):在选项命令行中输入 L,设置多段线的长度,使其方向与前一段线段的方向相同,如果前一线段是圆弧,则多段线的方向与圆弧端点的切线方向相同。

放弃(U):在选项命令行中输入 U,取消上一步线段或圆弧的操作。

宽度(W):在选项命令行中输入 W,设置多段线的起点和终点的宽度。

绘弧功能如下:

角度(A):在选项命令行中输入 H,设置弧的中心角,接着输入弧的角度、弦长或终点。

圆心(CE):在选项命令行中输入 CE,输入弧的圆心,再输入弧的角度、弦长或终点来完成弧的绘制。

闭合(CL):在选项命令行中输入 CL,顺着圆弧端点的切线方向连接多段线起点,形成闭合线。

方向(D):在选项命令行中输入 D,输入圆弧起点方向和圆弧终点方向来完成圆弧的绘制。

半宽(H):在选项命令行中输入 H,设置多段线的半宽值。

直线(L):在选项命令行中输入 L,将绘制圆弧的方法切换到画线方法。

半径(R):在选项命令行中输入 R,输入弧的半径,再输入弧的角度或终点,完成弧的绘制。

第二个点(S):在选项命令行中输入 S,输入弧通过的第二点,再输入弧的终点,最终完成弧的绘制。

放弃(U):取消上一步绘制弧的操作。

宽度(W):在选项命令行中输入 W,设置多段线的起点和终点的宽度。

任务三　绘制弧形指示箭头

实施步骤:

打开状态栏“正交模式”,单击图标。具体提示如下:

指定下一点或[圆弧(A)/闭合(C)/半宽(H)/长度(L)/放弃(U)/宽度(W)]:(任意点击一点)

指定下一点或[圆弧(A)/闭合(C)/半宽(H)/长度(L)/放弃(U)/宽度(W)]:@0,400

指定下一点或[圆弧(A)/闭合(C)/半宽(H)/长度(L)/放弃(U)/宽度(W)]:A

指定圆弧的端点或[角度(A)/圆心(CE)/闭合(CL)/方向(D)/半宽(H)/直线(L)/半径(R)/第二个点(S)/放弃(U)/宽度(W)]:@300,0

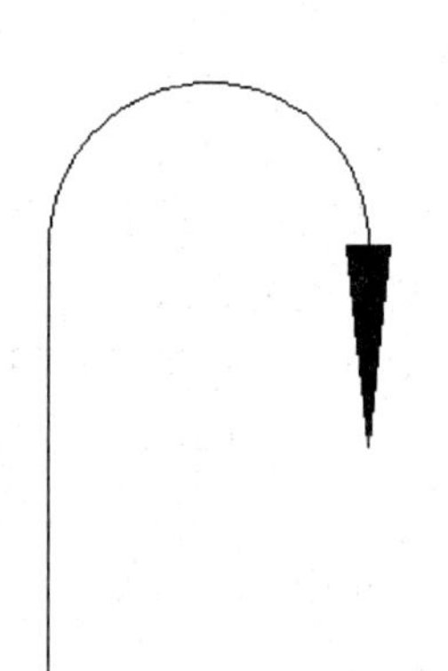

图 2-4　用构造线绘制指示箭头

指定圆弧的端点或[角度(A)/圆心(CE)/闭合(CL)/方向(D)/半宽(H)/直线(L)/半径(R)/第二个点(S)/放弃(U)/宽度(W)]:L

指定下一点或[圆弧(A)/闭合(C)/半宽(H)/长度(L)/放弃(U)/宽度(W)]:W

指定起点宽度＜0.0000＞:30

指定端点宽度＜30.0000＞:0

指定下一点或[圆弧(A)/闭合(C)/半宽(H)/长度(L)/放弃(U)/宽度(W)]:@0,−100

(完成图形绘制)

2.7　多线(Mline)

多线是由平行的多条平行直线组成的对象,并且平行直线间的距离、数目以及每条线的线型、颜色等样式可以进行编辑。多线主要应用于建筑中的墙体、窗户图等的绘制。默认状态由两条平行线组成。

命令调用方式:

- 菜单:选择【绘图】/【多线】命令,如图 多线(U) 所示。
- 命令行:输入 MLINE 或 ML 后按 Enter 键。

当在使用上述命令来创建“多线”时,在命令行中显示如下选项:

指定起点或[对正(J)/比例(S)/样式(ST)]:

对正(J):设置多线对正方式,即多线线段起点的位置。

调用该命令后出现如下提示选项:

输入对正类型[上(T)/无(Z)/下(B)]＜上＞:

含义如下:

上(T)：多线上方线段与捕捉点对齐；
无(Z)：多线中间位置与捕捉点对齐；
下(B)：多线下方线段与捕捉点对齐；
比例(S)：将平行线间的距离进行比例缩放。
调用该命令后出现如下提示选项：
输入多线比例<0.00>：
当比例值为 0 时多段线为一条直线。
样式(ST)：选择多线的样式。
调用该命令后出现如下提示选项：
输入多线样式名或[?]：输入系统提供的样式名称的命令。具体操作参考实例。

2.8　多线编辑

用户可以根据需要使用多线编辑命令来设置多线相交的不同方式。
命令的调用方式：
- 菜单：选择【修改】/【对象】/【多线】命令，如图 2-5 所示。
- 命令行：输入 MLEDIT 后按 Enter 键。

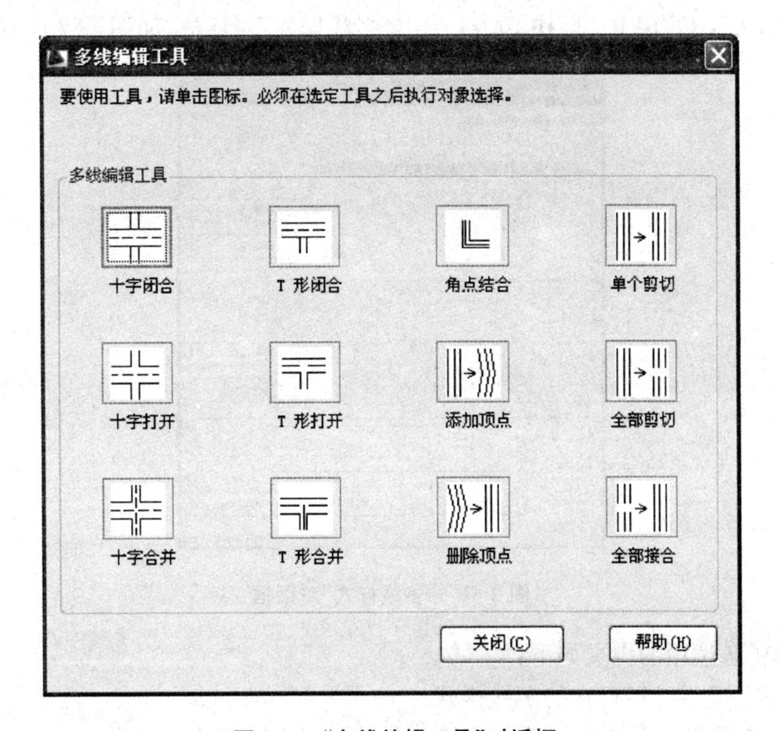

图 2-5　“多线编辑工具”对话框

任务四　用多线绘制窗户

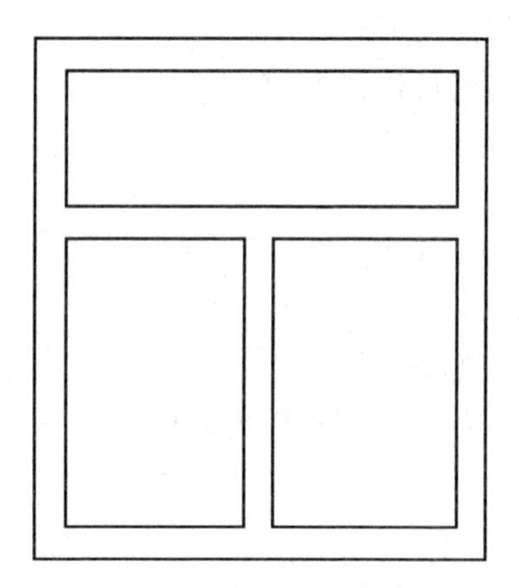

图 2-6　用多线绘制窗户

实施步骤：

(1) 创建多线样式

创建多线时，用户需按指定的要求来创建多线的样式，如设置不同宽度、不同样式的多线。下面将介绍“多线样式”的创建方法。

菜单：选择【格式】/【多线样式】命令 多线样式(M)... 。

命令行：输入 MLSTYLE 后按 Enter 弹出“多线样式”对话框，如图 2-7 所示。

图 2-7　“多线样式”对话框

该对话框中各选项的含义如下：

“样式”列表：显示已经存在的多线样式。

“置为当前”按钮：将在“样式”列表中选中的多线样式设置为当前样式。

“新建”按钮：创建新的多线样式。

“修改”按钮：修改在“样式”列表中选定的样式。

“重命名”按钮:为选定的多线样式重命名。

“删除”按钮:将选定的自定义多线样式删除。

“加载”按钮:将保存在计算机其他位置的多线样式添加到软件中。

“保存”按钮:将多线样式保存到文件。

“说明”选项区:显示选定样式的说明性文字。

“预览”选项区:显示所选多线样式的外观。

在打开的“多线样式”对话框中单击“新建”按钮,打开“创建新的多线样式”对话框,如图 2-8 所示。

图 2-8　“创建新的多线样式”对话框

在该对话框的“新样式名”文本框中输入该样式的名称“窗”,单击“继续”按钮,将打开如图 2-9 所示的“新建多线样式:窗”对话框。

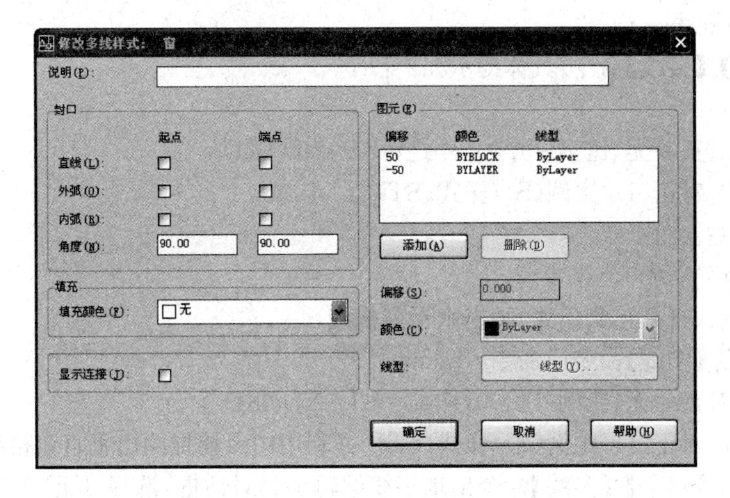

图 2-9　“新建多线样式:窗”对话框

在“图元”选项区,用户可分别设置组成多线的各条平行线的特性,如偏移、颜色和线型等。各选项的含义如下:

“添加”:在多线中增加一条平行线。

“删除”:删除指定的元素。

“偏移”:指定所选图元的偏移量。

“颜色”:在下拉列表框中为图元选择颜色,可单击“线型”按钮来设置图元的线型。

“封口”:用户可设置多线的封口。

“封口”各选项含义如下:

直线:在多线的起始和终止位置添加横线。当选中“起点”复选框时,将在多线的起点添加横线;选中“端点”复选框时,可在多线的终点添加横线;也可以同时选中“起点”和“端点”复选项。

外弧:为多线设置圆弧状端点,选中“起点”和“端点”复选框后,位于多线最外边的两条线将在端点处形成弧状图形。

内弧:是否将处于多线两端点内部并成偶数的线设置为弧形。如果多线由奇数条线组成时,则位于中心处的线将独立存在。

按照图示设置好后,确定即可。

(2) 绘制外框线

先设定图形界限左下角点为(0,0),右上角点为(42000,29700),并将视图调整为全部。

选择【绘图】/【多线】命令,具体提示如下:

命令:_mline

当前设置:对正=无,比例=1.00,样式=STANDARD

指定起点或[对正(J)/比例(S)/样式(ST)]:(在合适位置点一下)

指定下一点: @1400,0

指定下一点或[放弃(U)]: @0,1600

指定下一点或[闭合(C)/放弃(U)]: 1400

指定下一点或[闭合(C)/放弃(U)]:C

(3) 绘制内框线

选择【绘图】/【多线】命令,具体提示如下:

命令:_mline

当前设置:对正=无,比例=1.00,样式=STANDARD

指定起点或[对正(J)/比例(S)/样式(ST)]: from

(单击窗户左上角点)

基点:<偏移>:@0,-600

指定下一点:(打开正交模式)画出水平窗格线

选择【绘图】/【多线】命令或命令:_mline

当前设置:对正=无,比例=1.00,样式=STANDARD

指定起点或[对正(J)/比例(S)/样式(ST)]:(利用中点捕捉画出垂直窗格线)

选择【修改】/【对象】/【多线】命令出现多线编辑工具对话框,选择 T 形打开进行图形编辑即可。

2.9 样条曲线

样条曲线是两个控制点之间产生一条光滑的曲线,常用来在建筑图样中绘制小路、不规则图案等。

命令的调用方式如下:

• 菜单：选择【绘图】/【样条曲线】命令 样条曲线(S)。

• “常用”选项卡：【绘图】面板 绘图，在下拉菜单中单击绘制样条曲线的按钮。

• 命令行：输入 SPLINE 后按 Enter 键。

任务五　用样条曲线绘制曲状小路

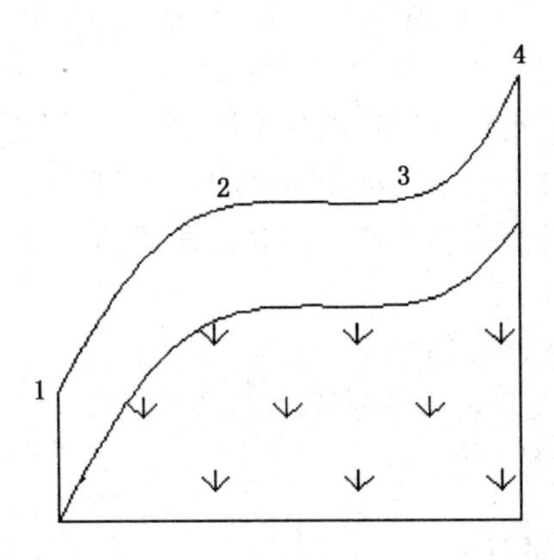

图 2-10　用样条曲线绘制曲状小路

实施步骤：

利用直线和样条曲线绘制，提示如下：

命令：_line

指定第一点：(在合适的位置单击)

指定下一点或[放弃(U)]：@0，－300

指定下一点或[放弃(U)]：@1000，0

指定下一点或[闭合(C)/放弃(U)]：@0，1000

命令：_spline

指定第一个点或[对象(O)]：(单击点 1)

指定下一点：(单击点 2)

指定下一点或[闭合(C)/拟合公差(F)]<起点切向>：(单击点 3)

指定下一点或[闭合(C)/拟合公差(F)]<起点切向>：(单击点 4)

指定下一点或[闭合(C)/拟合公差(F)]<起点切向>：终止取点。

同理绘制另一条曲线，其他填充参看图案填充内容。

2.10　矩形(Rectang)

矩形是绘制二维平面图形时常用的简单闭合图形元素之一，可以通过指定矩形的交点或通过命令行的选项命令来创建，而矩形工具自身内部还可以对于设置倒角、圆交、标高和宽度。

命令调用方式：

- 菜单：选择【绘图】/【矩形】命令 矩形(G)。
- “常用”选项卡：在【绘图】面板中单击 图标。
- 命令行：输入 RECTANG 后按 Enter 键。

矩形的绘制：

当在使用上述命令来创建矩形时，在命令行中显示如下选项：

指定第一个角点或[倒角(C)/标高(E)/圆角(F)/厚度(T)/宽度(W)]：

指定另一个角点或[面积(A)/尺寸(D)/旋转(R)]：

根据命令行选项命令指定角点的方式进行绘制，角点可以直接运用坐标值输入方式或鼠标直接拖动方式来确定。在命令行中各选项命令的含义如下：

倒角(C)：确定矩形第一个倒角与第二个倒角的距离值，画出具有倒角的矩形。

标高(E)：确定矩形的标高。

圆角(F)：确定矩形的圆角半径值。

厚度(T)：确定矩形在三维空间的厚度值。

线宽(W)：确定矩形的线型宽度。

任务六　用矩形绘制阳台门

图 2-11　用矩形绘制阳台门

实施步骤：

绘制门外框线，提示如下：

命令：_rectang

指定第一个角点或[倒角(C)/标高(E)/圆角(F)/厚度(T)/宽度(W)]：(在合适的位置单击)

指定另一个角点或[面积(A)/尺寸(D)/旋转(R)]：@1400,2000

命令：_line 指定第一点：（捕捉门上边线中点）

指定下一点或[放弃(U)]：(捕捉门下边线中点)

绘制门内框线，提示如下：

命令:_rectang

指定第一个角点或[倒角(C)/标高(E)/圆角(F)/厚度(T)/宽度(W)]:from

(单击点 1)

基点:<偏移>:@120,120

指定另一个角点或[面积(A)/尺寸(D)/旋转(R)]:@46,600

命令:_rectang

指定第一个角点或[倒角(C)/标高(E)/圆角(F)/厚度(T)/宽度(W)]:from

(单击点 2)

基点:<偏移>:@120,−120

指定另一个角点或[面积(A)/尺寸(D)/旋转(R)]:@460,−1040(完成左侧门绘制)

同理可重复以上步骤或利用镜像绘制右半侧门。

2.11　正多边形(Polygon)

正多边形是二维绘制图形中使用频率较多的一种简单的图形。边数由 3～1024 之间的整数组成。

命令调用方式:

- 菜单:选择【绘图】/【正多边形】命令 正多边形(Y)。
- “常用”选项卡:在【绘图】面板中单击图标。
- 命令行:输入 polygon 后按 Enter 键。

正多边形的绘制:

➢ 运用“中心点”的方式绘制

命令行:输入 polygon

输入边的数目<4>:6

指定正多边形的中心点或[边(E)]:指定正多边形的中心

输入选项[内接于圆(I)/外切于圆(C)]<I>:默认为内接于圆,也可以选择外切于圆的方式

指定圆的半径:输入指定半径按 Enter 键

➢ 运用“边”的方式绘制

命令行:输入 polygon

输入边的数目<4>:6

指定正多边形的中心点或[边(E)]:输入 E 按 Enter 键

输入选项[内接于圆(I)/外切于圆(C)]<I>:默认为内接于圆,也可以选择外切于圆方式

指定边的第一个端点:指定 A 点(可以用坐标输入方式或对象捕捉方式确定边的端点)

指定边的第二个端点:指定 B 点(可以用坐标输入方式或对象捕捉方式确定边的端点)

任务七　用正多边形绘制五角星

图 2-12　用正多边形绘制五角星

实施步骤：

使用正多边形和直线命令绘制图形，提示如下：

命令：_polygon 输入边的数目<4>：5

指定正多边形的中心点或[边(E)]：(在合适的位置点击)

输入选项[内接于圆(I)/外切于圆(C)]<I>：按 Enter 键

指定圆的半径：　<正交开>

命令：_line 指定第一点：（单击正五边形的一个角点）

指定下一点或[放弃(U)]：　<正交关>(单击正五边形的另一个角点)

指定下一点或[放弃(U)]：(重复以上步骤 5 次)

指定下一点或[闭合(C)/放弃(U)]：

命令：_. erase 找到 1 个　（单击五边形删除即可）

2.12　圆(Circle)

圆是常见的图形对象，可以在建筑制图中表示轴线编号、详图编号等。AutoCAD 提供了 6 种绘制圆的方法，包括“圆心、半径”、“圆心、直径”、“两点”、“三点”、“相切、相切、半径”及“相切、相切、相切”。

命令调用方式：

- 菜单：选择【绘图】/【圆】命令，从下拉菜单中选择一种绘制圆的按钮。
- “常用”选项卡：单击【绘图】面板中的 图标，从下拉菜单中选择一种绘制圆的按钮。
- 命令行：输入 CIRCLE 或单击键盘上的 C 键，然后按 Enter 结束。

6 种绘制圆的方法意义如下：

➢ 圆心、半径

该命令是通过指定圆的圆心和半径来绘制圆。

➢ 圆心、直径

该命令是通过指定圆的圆心和直径来绘制圆。

➢ 2 点

该命令是通过指定圆直径上的两个端点来绘制圆，且两点距离为圆的半径。

➢ 3 点

该命令是通过指定 3 个点来绘制圆。

➢ 相切、相切、半径

该命令是通过指定圆的半径，绘制一个与 2 个对象相切的圆。在绘制过程中，需要先指定相切的 2 个对象，再指定所绘制圆的半径。

➢ 相切、相切、相切

该命令是通过指定与圆相切的 3 个对象，可以确定相切于这 3 个对象的圆。

任务八　用圆、正多边形等知识绘制图形

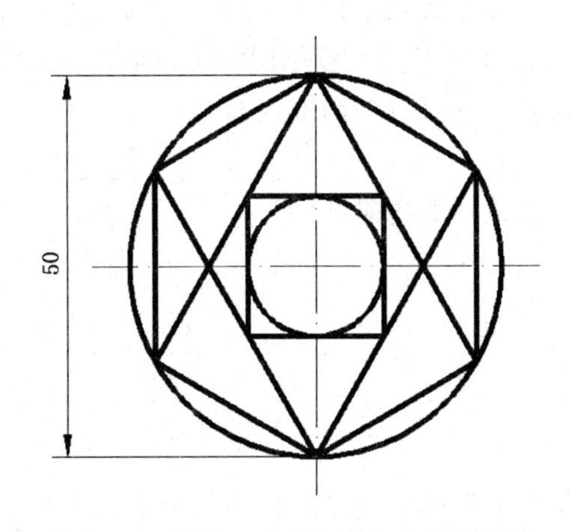

图 2-13　用圆、正多边形等知识绘制图形

实施步骤：

(1) 绘制辅助线

命令：<正交开>

命令：_xline 指定点或[水平(H)/垂直(V)/角度(A)/二等分(B)/偏移(O)]：(绘制水平辅助线)

指定通过点：(单击合适位置)

命令：_xline 指定点或[水平(H)/垂直(V)/角度(A)/二等分(B)/偏移(O)]：(绘制垂直辅助线)

指定通过点：(单击合适位置)

(2) 绘制正六边形的连线

命令：_circle 指定圆的圆心或[三点(3P)/两点(2P)/相切、相切、半径(T)]：(点击中心点)

指定圆的半径或[直径(D)]:25

命令:_polygon 输入边的数目<4>:6

指定正多边形的中心点或[边(E)]:(点击中心点)

输入选项[内接于圆(I)/外切于圆(C)]<I>:(按 Enter)

指定圆的半径:(捕捉象限点单击)

命令:<正交关>

命令:_line 指定第一点:

指定下一点或[放弃(U)]:(重复用直线连接图上各点)

(3) 绘制正方形和圆

命令:_xline 指定点或[水平(H)/垂直(V)/角度(A)/二等分(B)/偏移(O)]:a

输入构造线的角度(0)或[参照(R)]: 45

指定通过点:(点击中心点)

命令:_polygon 输入边的数目<6>:4

指定正多边形的中心点或[边(E)]:(点击中心点)

输入选项[内接于圆(I)/外切于圆(C)]<I>:(按 Enter)

指定圆的半径:(捕捉右上角交点单击)

命令:_circle 指定圆的圆心或[三点(3P)/两点(2P)/相切、相切、半径(T)]:2p

指定圆直径的第一个端点:(选择直径两端点即可)

指定圆直径的第二个端点:

命令:_erase 找到 1 个(删除辅助线即可)

2.13 圆弧(Arc)

圆弧是圆的一部分,具有与圆相同的属性,它属于重要的曲线类图形,下面将介绍具体使用方法。

命令调用方式:

- 菜单:选择【绘图】/【圆弧】命令 圆弧(A)。
- “常用”选项卡:单击【绘图】面板中的【圆弧】按钮。
- 命令行:在命令行中输入 ARC 后按 Enter 键。

AutoCAD 提供了 11 种绘制圆弧的方法,具体使用方法如下:

- 三点:通过指定的 3 个点绘制一个圆弧,使用此命令可以指定圆弧的起点、通过的两个点和端点。可以指定 A、B、C 三点来绘制。
- 起点、圆心、端点:指定圆弧的起点、圆心和端点来绘制圆弧。
- 起点、圆心、角度:指定圆弧的起点、圆心和角度来绘制圆弧。

注意:当使用“起点、圆心、角度”命令时将出现“指定包含角”命令,其中输入数值正负对圆弧的方向有影响。

• 起点、圆心、长度：指定圆弧的起点、圆心和长度来绘制圆弧。

注意：当使用“起点、圆心、长度”命令时弦长不得超过起点到圆心的 2 倍，并且在命令行的命令：“指定弦长”。如输入负值将使用该值的绝对值作为对应的整圆空缺部分的弦长。

• 起点、端点、角度：指定圆弧的起点、端点和角度来绘制圆弧。

• 起点、端点、方向：指定圆弧的起点、端点和方向来绘制圆弧。

• 注意：当使用“起点、端点、方向”命令时，出现“指定圆弧的起点切向”命令，通过移动鼠标来确定起始点的切线方向。

• 起点、端点、半径：指定圆弧的起点、端点和半径来绘制圆弧。

注意：当使用“起点、端点、方向”命令时，半径长度要大于或等于起点与端点间连线长度的一半。当输入半径值为负时，绘制圆弧为大于 180°；反之，输入半径值为正时，绘制圆弧为小于 180°。

• 圆心、起点、端点：指定圆弧的圆心、起点和端点来绘制圆弧。

• 圆心、起点、角度：指定圆弧的圆心、起点和角度来绘制圆弧。

• 圆心、起点、长度：指定圆弧的圆心、起点和长度来绘制圆弧。

• 继续：使用该命令将出现如下选项命令：“指定圆弧的起点或[圆心(C)]”。如果单击 Enter 键将以最后绘制的圆弧端点作为新圆弧的起点，以最后绘制的圆弧端点的切线方向为新圆弧的切线方向。

任务九　用圆弧等知识绘制图形

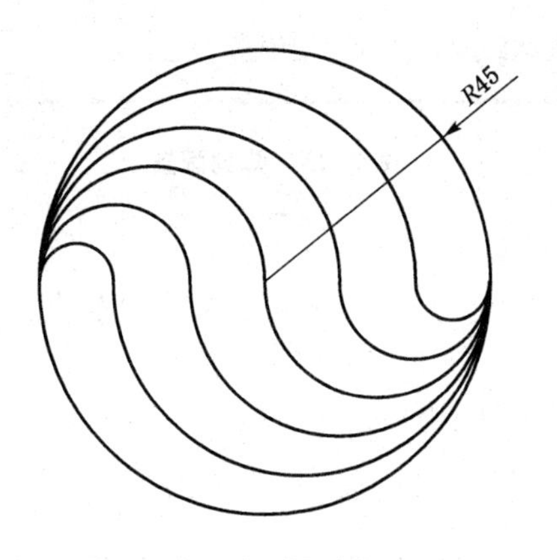

图 2-14　利用圆弧绘制图形

实施步骤：

使用直线中定数等分、圆弧、阵列绘制图形，提示如下：

命令：_line 指定第一点：　<正交开>(在合适的位置点击)

指定下一点或[放弃(U)]：90　(按 Enter)

命令：_divide

定义点样式(参考前面相关内容)

选择要定数等分的对象：(单击绘制的直线)

输入线段数目或[块(B)]:6(等分直线)

命令:_arc 指定圆弧的起点或[圆心(C)]:

指定圆弧的第二个点或[圆心(C)/端点(E)]: e

指定圆弧的端点:(单击圆弧的另一端点)

指定圆弧的圆心或[角度(A)/方向(D)/半径(R)]:_d 指定圆弧的起点切向:(指定垂直向上的方向)

(重复以上步骤 6 次)

命令:_array

指定阵列中心点:点击直线的中点

选择对象:指定对角点:找到 6 个

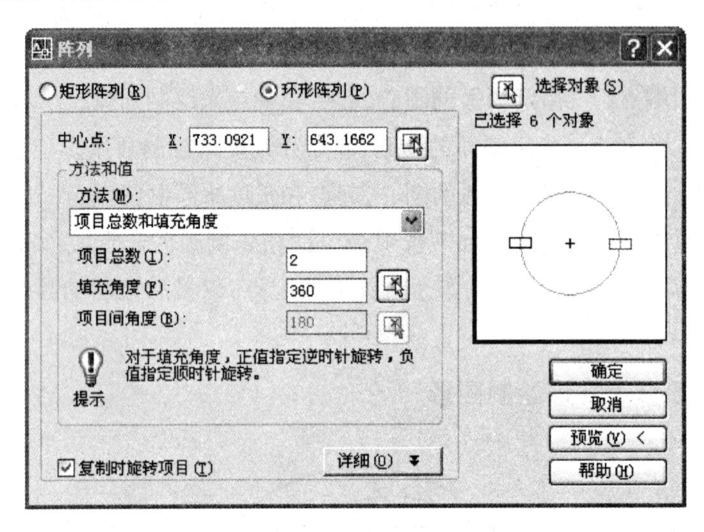

图 2-15　阵列配置

按 Enter 键,删除直线即可。

2.14　椭圆和椭圆弧(Ellipse)

在建筑图中会运用椭圆和椭圆弧进行绘制卫生洁具、镜子等图形,并且椭圆弧是椭圆的一部分。本节将介绍椭圆与椭圆弧的使用方法。

椭圆命令调用方式:

- 菜单:选择【绘图】/【椭圆】命令,从下拉菜单中选择一种绘制椭圆的选项,如图 3-15 所示。
- “常用”选项卡:单击【绘图】面板中的图标,从下拉菜单中选择一种绘制椭圆的选项,命令行:输入 ELLIPSE 后按 Enter 键。

椭圆弧命令调用方式:

- 菜单:单击【绘图】/【椭圆】/【圆弧】菜单中的 圆弧(A) 按钮。

• “常用”选项卡：在【绘图】面板中单击图标，从下拉菜单中选择绘制椭圆弧的选项，命令行：输入 ellipse 后按 Enter 键。

➢ 椭圆的绘制

椭圆被认为不是倾斜角度的圆，经常在制图中使用。

下面首先介绍椭圆的绘制方法。

绘制椭圆的方法有两种。

(1) 圆心(中心点)：指定椭圆中心、一个轴的端点以及另一个轴的半轴长度绘制椭圆。

(2) 轴、端点：指定一个轴的两个端点和另一个轴的半轴长度绘制椭圆。

下面根据不同选项来介绍绘制椭圆的过程。

在命令行输入 ellipse 后按 Enter 键，命令的执行分以下几种情况：

(1) 用“轴、端点”方式绘制椭圆。

命令执行过程如下：

在命令中输入 ellipse，然后按 Enter 键。

指定椭圆的轴端点或[圆弧(A)中心点(C)]：指定椭圆第一条轴的第一个端点

指定轴的另一个端点：指定该轴的第二个端点。

指定另一条半轴长度或[旋转(R)]：指定另一条半轴长度，拾取短轴的端点

在上述命令提示中若不拾取点，而输入 R，则 AutoCAD 提示：

指定另一条半轴长度或[旋转(R)]：R

指定绕长轴旋转的角度：(输入角度值)

旋转(R)：输入旋转角度。根据系统提示输入角度后，可得到以指定中心为圆心，轴线端点与中线的连线为半径的圆，此圆指定轴线旋转输入角度后，在平面上绘制出椭圆。

(2) 用“圆心”(中心点)方式绘制椭圆。

选择菜单【绘图】/【椭圆】/【圆心】命令，或在命令行中输入 ellipse，然后按 Enter 键，出现如下选项命令：

指定椭圆的中心点：指定椭圆的中心点

指定轴的端点：指定轴的端点

指定另一条半轴长度或[旋转(R)]：指定另一条半轴长度

(3) “椭圆弧”的绘制过程可通过具体实例参考。

任务十 用椭圆、椭圆弧等知识绘制图形

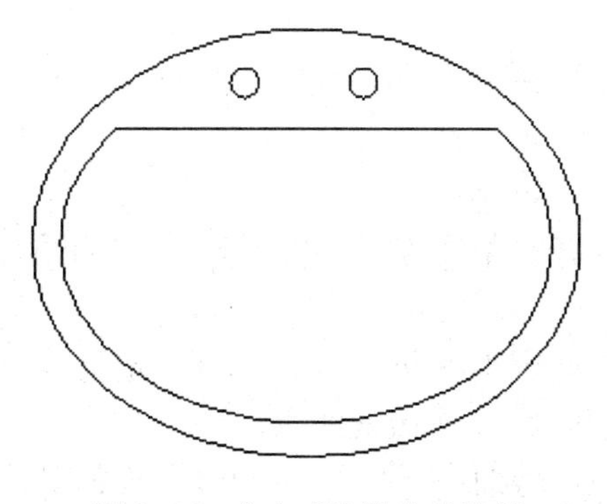

图 2-16 台上式洗脸盆的绘制

实施步骤：

使用椭圆、直线、圆、镜像绘制图形，提示如下：

命令：_ellipse

指定椭圆的轴端点或[圆弧(A)/中心点(C)]：(指定椭圆第一条轴的第一个端点)

指定轴的另一个端点：(指定该轴的第二个端点)

指定另一条半轴长度或[旋转(R)]：(指定另一条半轴长度，拾取短轴的端点)

命令：_ellipse

指定椭圆弧的轴端点或[中心点(C)]：c

指定椭圆弧的中心点：(单击椭圆的中心点)

指定轴的端点：(在靠近椭圆的右侧处单击)

指定另一条半轴长度或[旋转(R)]：(在靠近椭圆的上方处单击)

指定起始角度或[参数(P)]：150

指定终止角度或[参数(P)/包含角度(I)]：390

命令：_line 指定第一点：

指定下一点或[放弃(U)]：(连接椭圆弧两个端点)

指定下一点或[放弃(U)]：

命令：_circle 指定圆的圆心或[三点(3P)/两点(2P)/相切、相切、半径(T)]： <正交关>

指定圆的半径或[直径(D)]<11>：

命令：_mirror

选择对象：找到 1 个

选择对象：(选定小圆)

指定镜像线的第一点：指定镜像线的第二点：

要删除源对象吗？[是(Y)/否(N)]<N>：按 Enter 键即可。

习　题

一、选择题

1. 直线的起点为(50，50)，如果要画出与 X 轴正方向成 45°夹角、长度为 80 的直线段，应输入(　　)。

A. @80，45　　B. @80<45　　C. 80<45　　D. 30，45

2. 多行文字的命令是(　　)。

A. TT　　B. DT　　C. MT　　D. QT

3. 在绘图时，如果要想将屏幕上的某一个点参照为最近一个原点来作图，需先在命令行介入(　　)。

A. FROM　　B. FOR　　C. @　　D. Q

4. (　　)是将指定对象按照距离进行平均等分，等分点可以被图块替代，也可以作为辅助绘制图形的点。

A. 定数等分　　B. 定距等分　　C. 定量等分　　D. 平分

5. 在画多段线时，可以用(　　)来改变线宽。

A. 宽度　　B. 方向　　C. 半径　　D. 长度

6. 以下各选项除了(　　)不行以外，其余各项都可以绘制圆弧。

A. 起点、圆心、终点　　　　B. 起点、圆心、方向

C. 圆心、起点、长度　　　　D. 起点、终点、半径

7. AutoCAD 中用于绘制圆弧和直线结合体的命令是(　　)。

A. 圆弧　　B. 构造线　　C. 多段线　　D. 样条曲线

二、操作题

使用 AutoCAD 绘制如下图形。

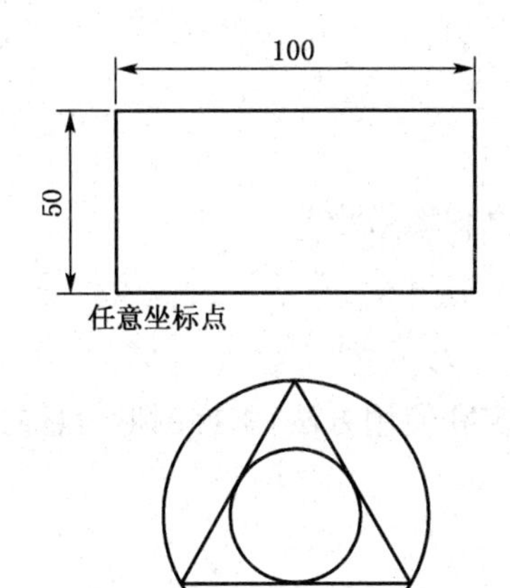

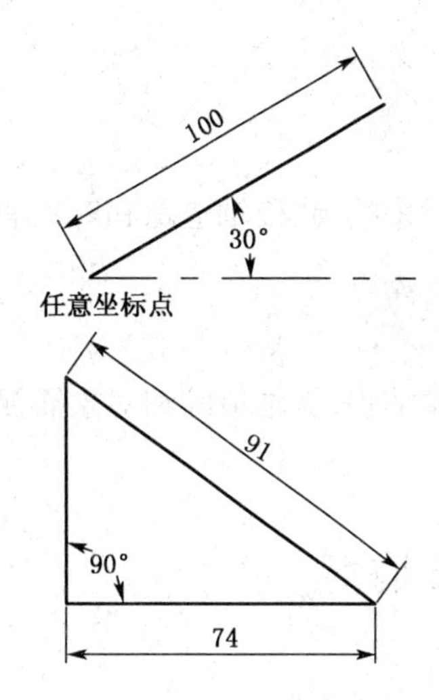

项目三 利用绘图辅助及信息查询

能运用对象捕捉、极轴追踪和对象捕捉追踪提高作图效率。

掌握对象捕捉、极轴追踪和对象捕捉追踪的设定和使用方法，掌握图形信息的查询。

3.1 对象捕捉

在绘图过程中，经常要指定一些对象上已有的点，例如端点、圆心和两个对象的交点等。如果只凭观察来拾取，不可能非常准确地找到这些点。可以通过“对象捕捉”迅速、准确地捕捉到某些特殊点，从而精确地绘制图形。

3.1.1 “对象捕捉”工具栏

在绘图过程中，当要求指定点时，单击“对象捕捉”工具栏中相应的特征点按钮，再把光标移到要捕捉对象上的特征点附近，即可捕捉到相应的对象特征点。

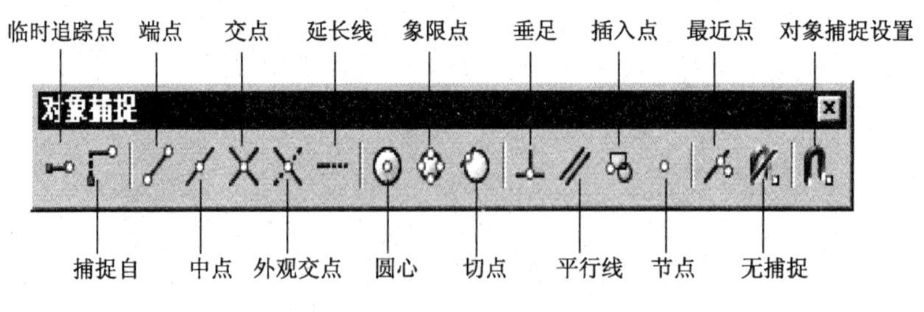

图 3-1 对象捕捉工具栏

3.1.2 使用自动捕捉功能

绘图过程中，使用对象捕捉的频率非常高。为此，AutoCAD 又提供了一种自动对象捕捉模式。

自动捕捉就是当把光标放在一个对象上时，系统自动捕捉到对象上所有符合条件的几何特征点，并显示相应的标记。如果把光标放在捕捉点上多停留一会儿，系统还会显示捕捉的提示。这样，在选点之前，就可以预览和确认捕捉点。

要打开对象捕捉模式，可在“草图设置”对话框的“对象捕捉”选项卡中，选中“启用对象捕捉”复选框，然后在“对象捕捉模式”选项组中选中相应复选。

3.1.3　对象捕捉快捷菜单

当要求指定点时，可以按下 Shift 键或者 Ctrl 键，右击打开对象捕捉快捷菜单。选择需要的子命令，再把光标移到要捕捉对象的特征点附近，即可捕捉到相应的对象特征点。

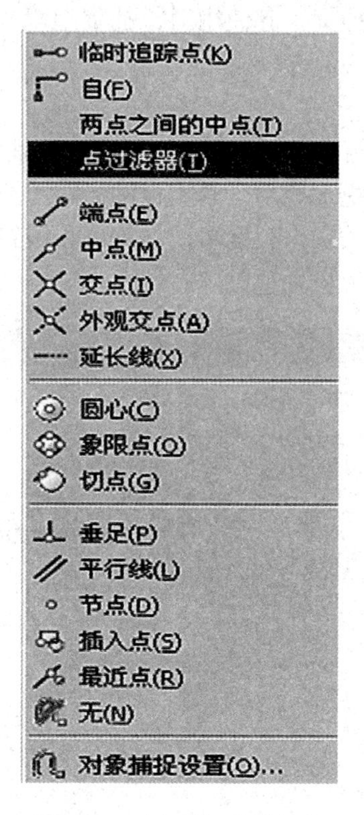

图 3-2　对象捕捉快捷菜单

3.1.4　运行和覆盖捕捉模式

在 AutoCAD 中，对象捕捉模式又可以分为运行捕捉模式和覆盖捕捉模式。

在“草图设置”对话框的“对象捕捉”选项卡中，设置的对象捕捉模式始终处于运行状态，直到关闭为止，称为运行捕捉模式。

如果在点的命令行提示下，单击“对象捕捉”工具栏中的工具或在对象捕捉快捷菜单中选择相应命令，只临时打开捕捉模式，称为覆盖捕捉模式，仅对本次捕捉点有效，在命令行中显示一个“于”标记。

要打开或关闭运行捕捉模式，可单击状态栏上的“对象捕捉”按钮。设置覆盖捕捉模式后，系统将暂时覆盖运行捕捉模式。

3.2　自动追踪

AutoCAD 中的“自动追踪”有助于按指定角度或与其他对象的指定关系绘制对象。当“自动追踪”打开时，临时对齐路径有助于以精确的位置和角度创建对象。“自动追踪”包括两种追踪选项：“极轴追踪”和“对象捕捉追踪”。可以通过状态栏上的“极轴”或“对象追踪”按钮打开或关闭“自动追踪”，与对象捕捉一起使用对象捕捉追踪，必须设置对象捕捉，才能从对象的捕捉点进行追踪。

◆ 极轴追踪

在 AutoCAD 中，正交的功能我们经常用，自从 AutoCAD 2000 版本以来就增加了一个极轴追踪的功能，使一些绘图工作更加容易。其实极轴追踪与正交的作用有些类似，也是为要绘制的直线临时对齐路径，然后输入一个长度单位就可以在该路径上绘制一条指定长度的直线。理解了正交的功能后，就不难理解极轴追踪了。

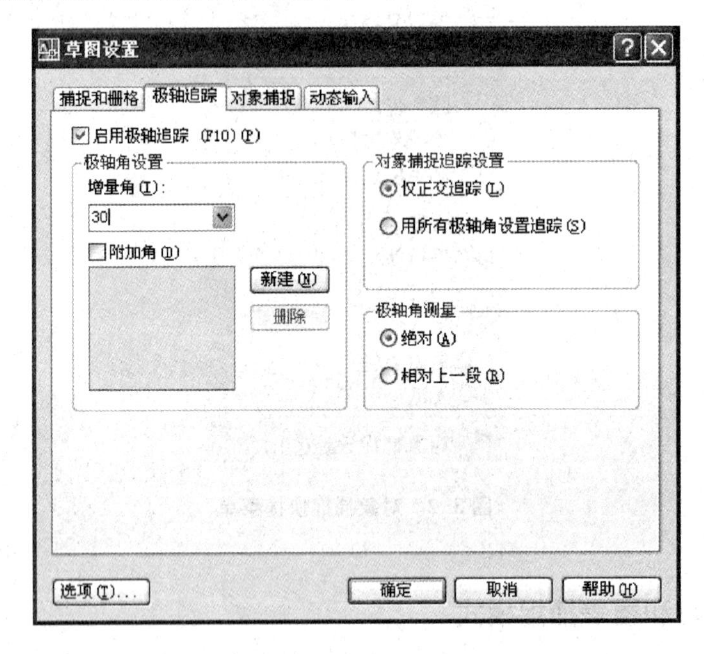

图 3-3　“极轴追踪”设置

在 AutoCAD 2000 版本以前，如果要绘制一条与 X 轴方向成 30°且长为 10 个单位的直线，一般情况下需要 2 个步骤完成，第一步打开正交，水平画一条长度为 10 个单位的直线，再用旋转的命令把直线旋转 30°的角而完成。而在 AutoCAD 2000 以后，有了极轴追踪的功能就方便多了。下面仍以绘制一条长度为 10 个单位，与 X 轴成 30°的直线为例说明极轴追踪的一个简单应用，具体步骤如下。

在任务栏的“极轴追踪”上点击右键弹出其如图 3-3 所示的菜单，如黑色框线里的选项，选中“启用极轴追踪”并调节“增量角”为 30。点击“确定”，关闭对话框。如图 3-3 所示。

输入直线命令“Line”后回车，在屏幕上点击第一点，慢慢地移动鼠标，当光标跨过 0°或者 30°角时，AutoCAD 将显示对齐路径和工具栏提示，如图 3-4，虚线为对齐的路径，黑底白字的为工具栏提示。当显示提示的时候，输入线段的长度 10 后按回车键，那么 AutoCAD 就在屏幕上绘出了与 X 轴成 30°角且长度为 10 的一段直线。当光标从该角度移开时，对齐路径和工具栏提示消失。

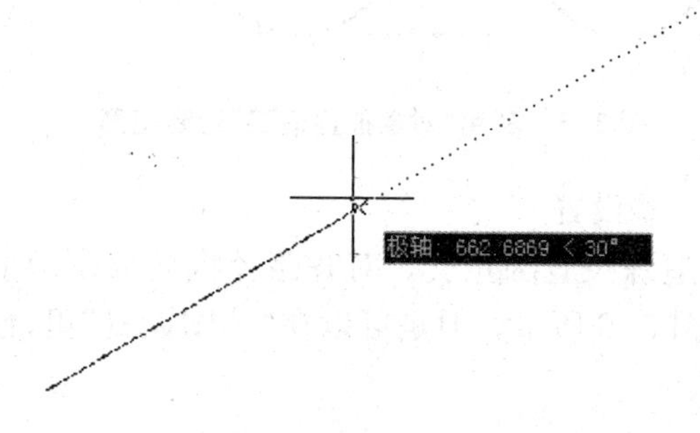

图 3-4　“增量角为 30”追踪效果

◆ 对象捕捉追踪

使用对象捕捉追踪沿着对齐路径进行追踪，对齐路径是基于对象捕捉点的。已获取的点将显示一个小加号(＋)，一次最多可以获取 7 个追踪点。获取了点之后，当在绘图路径上移动光标时，相对于获取点的水平、垂直或极轴对齐路径将显示出来。例如，可以基于对象端点、中点或者对象的交点，沿着某个路径选择一点。如图 3-5 所示，如果要在 5 个圆外画一个外接矩形，则需要打开对象捕捉追踪的切点，然后追踪两个切点的交点作为矩形的对角点，切点不是我们需要的矩形端点，因此不能按下，只需要把鼠标放到切点上，然后往正交方向移动，则会出现追踪角度，两个角度相交的点就是我们需要的矩形端点。出现交点后，点击鼠标左键即可。

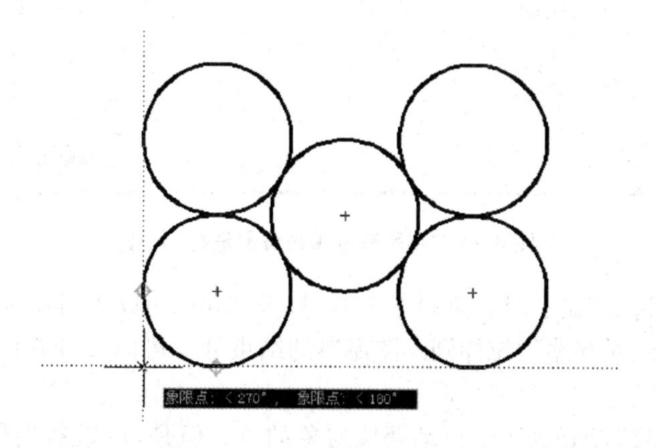

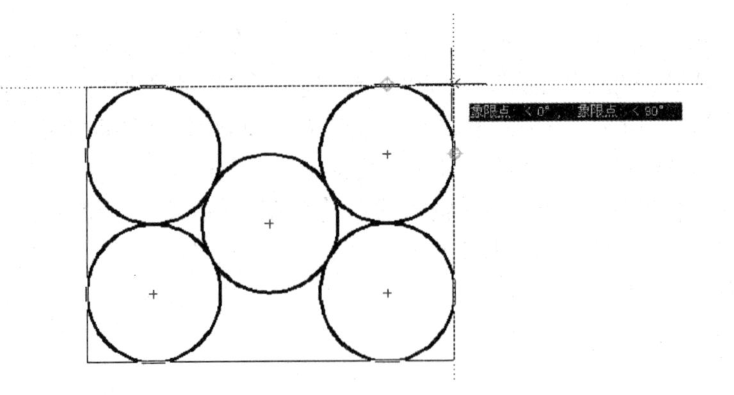

图 3-5　利用“对象捕捉追踪”绘制矩形

◆ 改变自动追踪中的一些设置

默认情况下，对象捕捉追踪设置为正交。对齐路径将显示在始于已获取的对象点的 0°、90°、180°和 270°方向上，如图 3-6 所示。但是可以在“草图设置”里，使用“用所有极轴角设置追踪”。

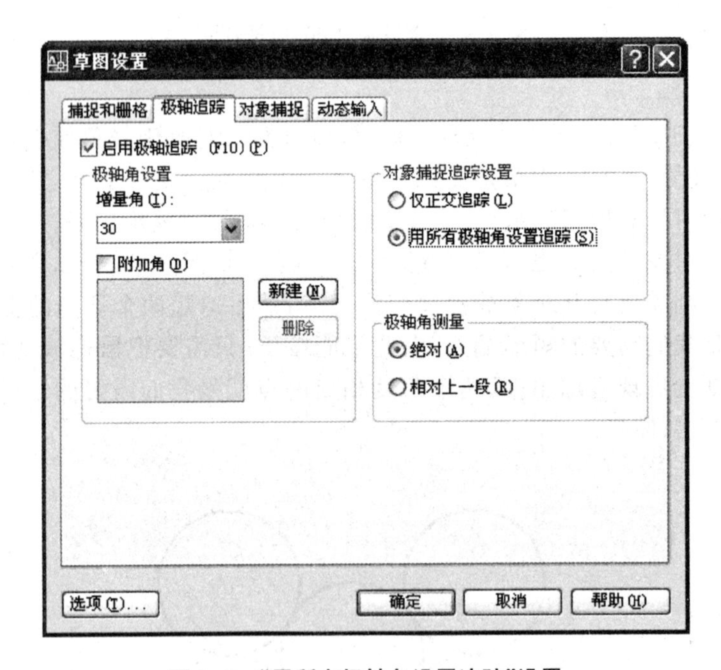

图 3-6　“用所有极轴角设置追踪”设置

可以改变“自动追踪”显示对齐路径的方式，以及 AutoCAD 为对象捕捉追踪获取对象点的方式。默认情况下，对齐路径拉伸到绘图窗口的结束处。可以改变它们的显示方式以缩短长度，或使之没有长度。

对于对象捕捉追踪，AutoCAD 自动获取对象的点。但是，可以选择仅在按 Shift 键时才获取点。如图 3-7 所示。

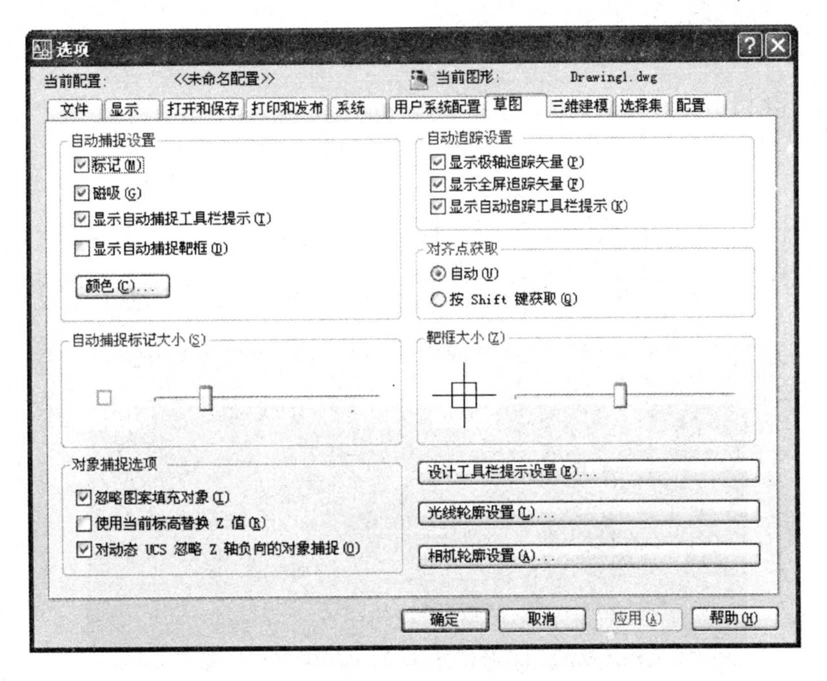

图 3-7　“草图”设置

◆ 使用中的技巧

使用自动追踪(极轴捕捉追踪和对象捕捉追踪)时,将会有一些实战时的技巧使绘图变得更容易。

(1) 和对象捕捉追踪一起使用“垂足”、“端点”和“中点”对象捕捉,以绘制到垂直于对象端点或中点的点。

(2) 与临时追踪点一起使用对象捕捉追踪。在输入点的提示下,输入 tt,然后指定一个临时追踪点。该点上将出现一个小的加号(+)。移动光标时,将相对于这个临时点显示自动追踪对齐路径。要将这点删除,请将光标移回到加号(+)上面。

(3) 获取对象捕捉点之后,使用直接距离沿对齐路径(始于已获取的对象捕捉点)在精确距离处指定点。具体步骤,要在提示下指定点,先选择对象捕捉,移动光标显示对齐路径,然后在命令提示下输入距离即可。

(4) 使用“选项”对话框的“草图”选项卡中设置的“自动”和“用 Shift 键获取”选项管理点的获取方式。点的获取方式默认设置为“自动”。当光标距要获取的点非常近时,按下 Shift 键将暂时不获取对象点。

(5) 鼠标配合键盘指定点

这种方法指定点,主要是通过鼠标指定点的位置,然后利用极轴追踪功能指定方向,在指定的方向上,通过键盘输入距离来确定关键点。相当于相对极坐标方式的另一种形式,但是要更方便和更灵活一些。如图 3-8 所示。

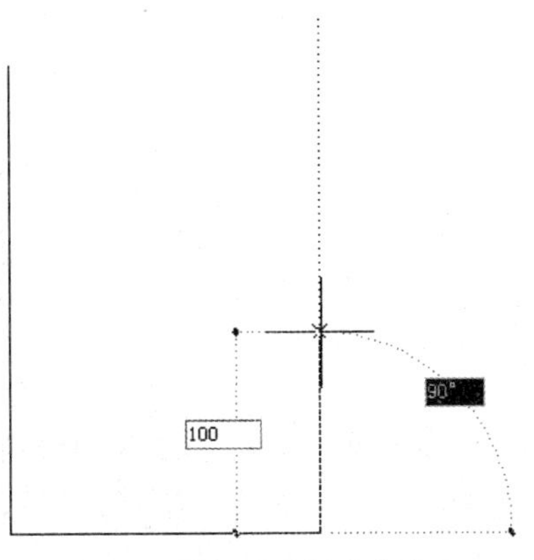

图 3-8　鼠标配合键盘指定点

3.3 信息查询

在 CAD 中，有时会用到信息查询功能，比方说如何知道一条直线的长度呢？在 AutoCAD 2014 中有以下几种方式可以实现：

(1) 使用标注，柱注是工程制图中必不可少的步骤，同时使用标注也可以知道直线的长度。主要使用线性标注及对齐标注。这是我们知道直线长度的常见方法。

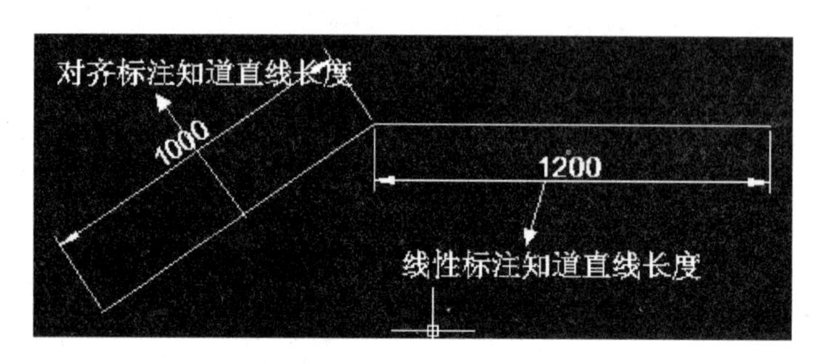

图 3-9　通过标注获得直线长度

(2) 使用 LIST 命令(即列表命令)，如图 3-10 所示。

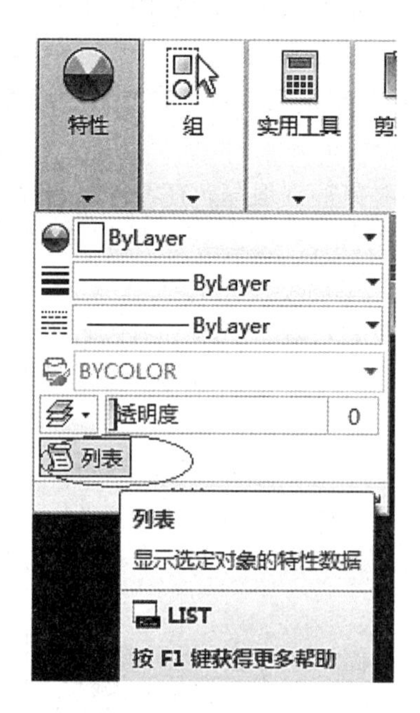

图 3-10　列表命令

然后仍然选择图 3-10 上面的对象，可以得到如图 3-11 所示的数据，结果与上面测量的是一样的。这个命令一次可以显示多个对象。

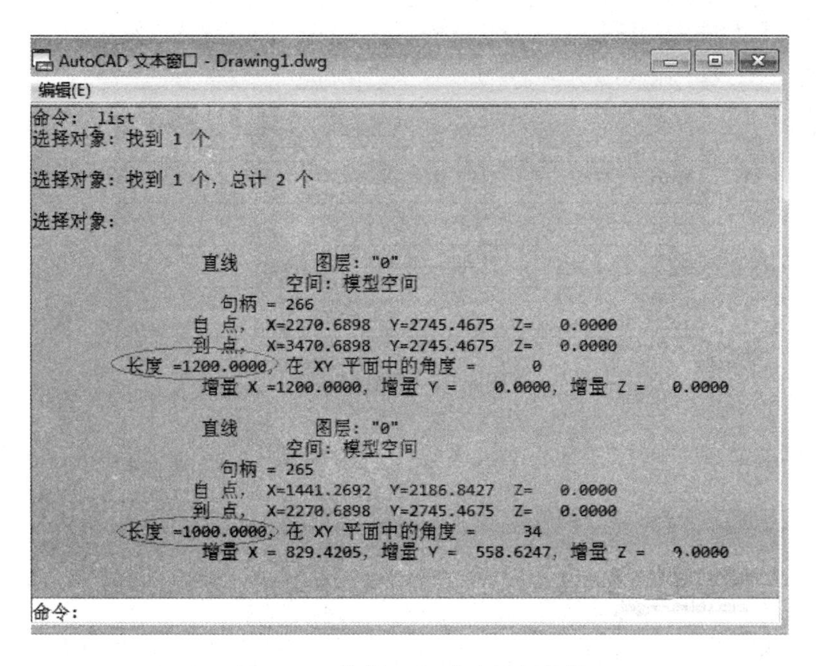

图 3-11　执行 LIST 命令显示结果

(3) 使用特性(快捷键 Ctrl+1)。选择 1 个或多个对象后选特性，这种方式也只能一个一个对象的选择。

图 3-12　特性功能

还可以开启快捷特性。如图 3-13 中画圈部分所示。然后我们点任一对象，就会出现相应的特性。比如直线。

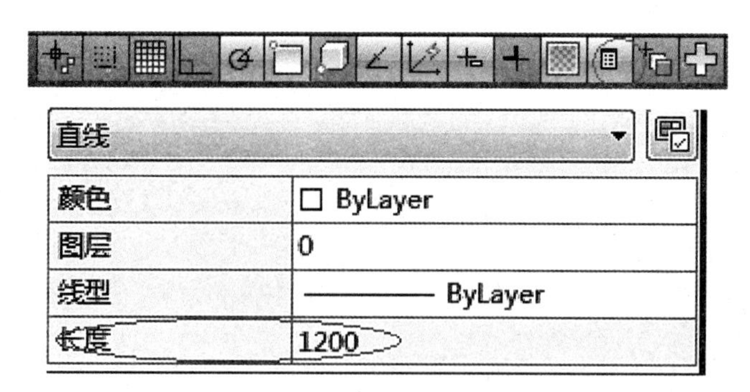

图 3-13 直线特性

(4) 使用 DIST 命令。

项目四 编辑与修改 AutoCAD 二维图形

能够正确应用命令对 AutoCAD 二维图形进行修改

知识目标

掌握对象的选择、删除、恢复、复制、移动、旋转、缩放、修剪、拉伸、延伸、倒角、圆角和分解等。

重点掌握命令的快速输入、命令行操作的相关选项设置以及图像的修改。

4.1 对象的选择

图形的修改主要包括对图形的编辑及对图形属性的修改。对图形的修改功能主要集中在"修改"菜单中。不管是对图形进行编辑还是修改其属性，都需要先选择对象，因此掌握修改技能，首先需要掌握选择对象的技能。最快捷、方便地利用 AutoCAD 所提供的选择工具选中物体是快速编辑图形的基础。

通常在输入编辑命令之后，系统提示："选择对象"。当选择对象后，AutoCAD 将亮显选择的对象(即用虚线显示)，表示这些对象已加入到选择集。在选择对象的过程中，拾取框将代替十字光标。

在 AutoCAD 中，选择对象的方法很多，例如，通过单击对象逐个拾取，也可利用矩形窗口或交叉窗口选取；可以选择最近创建的对象、前面的选择集或图形中的所有对象，也可以向选择集中添加对象或从中删除对象。

利用 AutoCAD 提供的选择命令，即在命令行键入"Select"后回车，可看到各种选择实体的方法选项，主要包括直接选择、窗口(W)方式、窗交(C)方式、栏选(F)方式、全选(ALL)方式、圈围(WP)方式、圈交(CP)方式。其中有一些是常用的，有一些是不常用的，在此进行一个比较详细的说明，以便于有选择地使用。

1) 点选方式(默认)

通过鼠标或其他输入设备直接点取实体后实体呈高亮度显示，表示该实体已被选中，就可以对其进行编辑。大家可以在 AutoCAD 的"Tools"菜单中调用"Options?"弹出"Options"对话框，选择"Selection"选项卡来设置选择框的大小(读者可以自己根据情况尝试修改，以达到满意的效果)。如果在"选择实体:"的提示下输入 AU(Auto)，效果就等同于"直接点取方式"。

2）框选方式

当命令行出现"选择对象:"提示时，如果将点取框移到图中空白地方并按住鼠标左键，AutoCAD 会提示:另一角。此时如果将点取框移到另一位置后按鼠标左健，AutoCAD 会自动以这两个点取点作为矩形的对顶点，确定一默认的矩形窗口。如果窗口是从左向右定义的，框内的实体全被选中，而位于窗口外部以及与窗口相交的实体均未被选中；若矩形框窗口是从右向左定义的，那么不仅位于窗口内部的对象被选中，而且与窗口边界相交的对象也被选中。事实上，从左向右定义的框是实线框，从右向左定义的框是虚线框(大家不妨注意观察一下)。对于窗口方式，也可以在"选择对象:"的提示下直接输入 W(Windows)，则进入窗口选择方式。不过，在此情况下，无论定义窗口是从左向右还是从右向左，均为实线框。如果在"选择对象:"提示下输入 BOX，然后再选择实体，则会出现与默认的窗口选择方式完全一样。

3）窗选方式

当提示"选择对象:"时，键入 C(Crossing)，则无论从哪个方向定义矩形框，均为虚线框，均为交×选择实体方式，只要虚线框经过的地方，实体无论与其相交还是包含在框内，均被选中。

4）组方式

将若干个对象编组，当提示"选择对象:"时，键入 G(Group)后回车，接着命令行出现"输入组名:"，在此提示下输入组名后回车，那么所对应的图形均被选取，这种方式适用于那些需要频繁进行操作的对象。另外，如果在"选择对象:"提示下直接选取某一个对象，则此对象所属组中的物体将全部被选中。

5）前一方式

利用此功能，可以将前一次编辑操作的选择对象作为当前选择集。"选择对象:在"提示下键入 P(Previous)后回车，则将执行当前编辑命令以前最后一次构造的选择集作为当前选择集。

6）最后方式

利用此功能可将前一次所绘制的对象作为当前的选择集。在"选择对象:"提示下键入 L(Last)后回车，AutoCAD 则自动选择最后绘出的那一个对象。

7）全选方式

利用此功能可将当前图形中所有对象作为当前选择集。在"选择对象:"提示下键入 ALL(注意:不可以只键入"A")后回车，AutoCAD 则自动选择所有对象。

8）不规则框选方式

在:"选择对象:"提示下输入 WP(Wpolygon)后回车，则可以构造一任意闭合不规则多边形，在此多边形内的对象均被选中(读者可能会注意到，此时的多边形框是实线框，其类似于从左向右定义的矩形窗口的选择方法)。

9）不规则窗选方式

在"选择对象:"提示下键入 CP(Cpolygon 交叉多边形)并回车，则可以构造一任意不规则多边形，在此多边形内的对象以及一切与多边形相交的对象均被选中（此时的多边形框是虚线框，其类似于从右向左定义的矩形窗口的选择方法）。

10）栏选方式

该方式与不规则交×窗口方式相类似（虚线），但它不用围成一封闭的多边形，执行该方式时，与围线相交的图形均被选中。在“选择对象：”提示下输入 F(Fence)后即可进入此方式。

11）减选方式

在此模式下，可以让一个或一部分对象退出选择集。在“选择对象：”提示下键入 R(remove)即可进入此模式。

12）加选方式

在扣除模式下，即“删除对象：”提示下键入 A(Add)并回车，AutoCAD 会再提示：“选择对象：”则返回到加入模式。

13）多选方式

同样，要求选择实体时，输入 M(Multiple)，指定多次选择而不高亮显示对象，从而加快对复杂对象的选择过程。如果两次指定相交对象的交点，“多选”也将选中这两个相交对象。

14）单选方式

在要求选择实体的情况下，如果只想编辑一个实体（或对象），可以输入 SI(Single)来选择要编辑的对象，则每次只可以编辑一个对象。

15）交替选择对象

当在“选择对象：”提示下选取某对象时，如果该对象与其他一些对象相距很近，那么就很难准确地点取到此对象。但是可以使用“交替对象选择法”。在“选择对象：”提示下，按下 Ctrl 键，将点取框压住要点取的对象，然后单击鼠标左键，这时点取框所压住的对象之一被选中，并且光标也随之变成十字状。如果该选中对象不是所要对象，松开 Ctrl 键，继续单击鼠标左键。随着每一次鼠标的单击，AutoCAD 会变换选中点取框所压住的对象，这样，用户就可以方便地选择某一对象了。

16）快速选择

这是 AutoCAD 2000 及其以后版本的新增功能，通过它可得到一个按过滤条件构造的选择集。输入命令 QSELECT 或者通过菜单“工具”→“快速选择”输入命令后，弹出“快速选择”对话框，就可以按指定的过滤对象的类型和指定对象欲过滤的特性、过滤范围等进行选择。如图 4-1 所示，得用此功能可以快速地根据已知条件进行匹配。对于比较复杂的图形，可以大大提高选择效率。

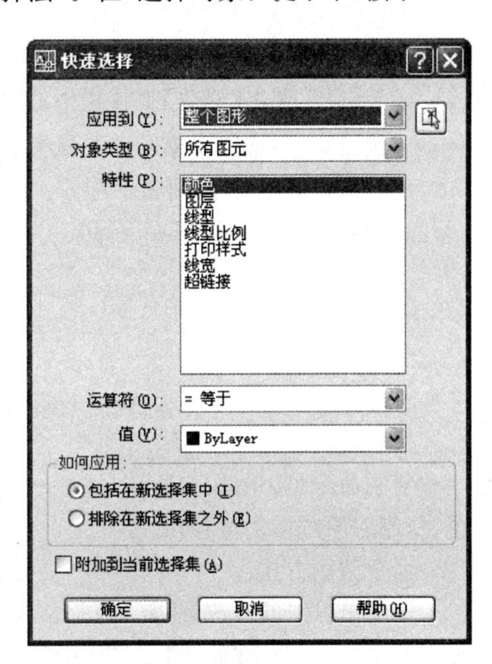

图 4-1

也可以在 AutoCAD 2000 的绘图窗口中按鼠标右键，菜单中含有“QUICKSELECT”选项。不过，需要注意的是，如果所设定的选择对象特性是“随层”的话，将不能使用这项功能。

17）用选择过滤器选择(FILTER)

在 AutoCAD 2000 及以后版本中，新增加了根据对象的特性构造选择集的功能。在命令行输入 FILTER 后，将弹出“对象选择过滤器”对话框，我们就可以构造一定的过滤器并且将其存盘，以后可以直接调用，就像调用“块”一样方便。注意以下几点：

➢ 可先用选择过滤器选择对象，然后直接使用编辑命令，或在使用编辑命令提示选择对象时输入 P，即前一次选择来响应。

➢ 在过滤条件中，颜色和线型不是指对象特性因为“随层”而具有的颜色和线型，而是用 COLOUR、LINTYPE 等命令特别指定给它的颜色和线型。

➢ 已命名的过滤器不仅可以使用在定义它的图形中，还可用于其他图形中对于条件的选择方式，使用者可以使用颜色、线宽、线型等各种条件进行选择。以上内容，只是我们在日常使用 AutoCAD 的过程中所摸索得到的一点体会，只要大家在使用时多加注意并不断积累，AutoCAD 的强大功能会使复杂的设计变得简单。

4.2 删除

删除命令可以在图形中删除用户所选择的一个或多个对象。对于一个已删除的对象，虽然用户在屏幕上看不到它，但在图形文件还没有被关闭之前该对象仍保留在图形数据库中，用户可利用“undo”或“oops”命令进行恢复。当图形文件被关闭后，该对象将被永久性地删除。

命令调用方式：

- 菜单：选择【修改】/【删除】命令。
- 工具栏：单击【修改】工具栏中的按钮。
- 快捷菜单：选定对象后单击鼠标右键，弹出快捷菜单，选择“删除”项。

命令行：ERASE(或别名 E)。

选择对象后，直接按 Delete 键。

4.3 复制

复制命令可以将用户所选择的一个或多个对象生成一个副本，并将该副本放置到其他位置，复制后原图形仍然存在。

命令调用方式：

- 菜单：选择【修改】/【复制】命令。
- 工具栏：单击【修改】工具栏中的按钮。
- 快捷菜单：选定对象后单击鼠标右键，弹出快捷菜单，选择“复制”项。

• 命令行：COPY（或别名 CO、CP）。

调用该命令后，系统将提示用户选择对象：

选择对象：

用户可在此提示下构造要复制的对象的选择集，并按 Enter 键确定，系统将提示：

当前设置：复制模式＝当前值

指定基点或［位移（D）/模式（O）/多个（M）］＜位移＞：//指定基点或输入选项

在上述命令中各项的意义如下。

【指定基点】输入对象复制的基点。选中该选项后，系统继续出现如下提示信息：

指定基点或［位移（D）/模式（O）/多个（M）］＜位移＞：//指定基点或＜使用第一个点作为位移＞

复制后将所选对象指定的两点所确定的位移量复制到新的位置。

【位移】通过指定的位移量来复制选中的对象。

【模式】输入复制模式选项“单个”或“多个”。

任务一　绘制五环图

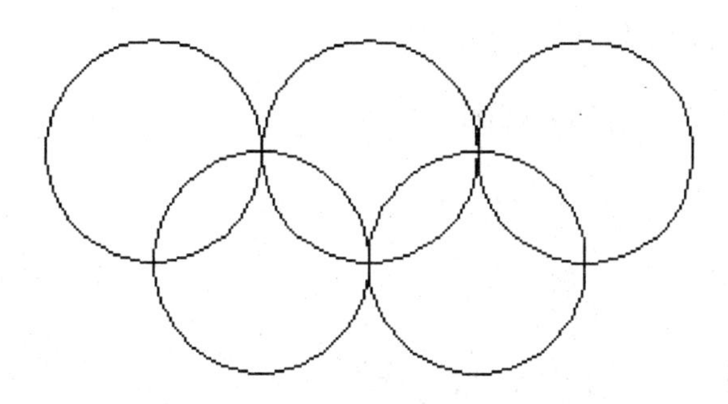

图 4-2　复制效果图

实施步骤：

利用圆和复制命令绘制图形，提示如下：

命令：_circle 指定圆的圆心或［三点（3P）/两点（2P）/相切、相切、半径（T）］：

指定圆的半径或［直径（D）］：30

命令：_copy

选择对象：找到 1 个

指定基点或［位移（D）］＜位移＞：　指定第二个点或＜使用第一个点作为位移＞：

指定第二个点或［退出（E）/放弃（U）］＜退出＞：

指定第二个点或［退出（E）/放弃（U）］＜退出＞：

指定第二个点或［退出（E）/放弃（U）］＜退出＞：

指定第二个点或［退出（E）/放弃（U）］＜退出＞：（依次选择象限点作为基点进行复制）

4.4 镜像

在 AutoCAD 中,可以使用“镜像”命令,将对象以镜像线对称复制。

命令调用方式:

- 菜单:选择【修改】/【镜像】命令。
- 工具栏:单击【修改】工具栏中的 按钮。
- 命令行:MIRROR(或别名 MI)。

执行该命令时,需要选择要镜像的对象,然后依次指定镜像线上的两个端点,命令行将显示“删除源对象吗? [是(Y)/否(N)]<N>:”提示信息。如果直接按 Enter 键,则镜像复制对象,并保留原来的对象;如果输入 Y,则在镜像复制对象的同时删除原对象。

注意:在 AutoCAD 中,使用系统变量 MIRRTEXT 可以控制文字对象的镜像方向。如果 MIRRTEXT 的值为 1,则文字对象完全镜像,镜像出来的文字变得不可读;如果 MIRRTEXT 的值为 0,则文字对象方向不镜像。

任务二　绘制正六边形蜂窝状图

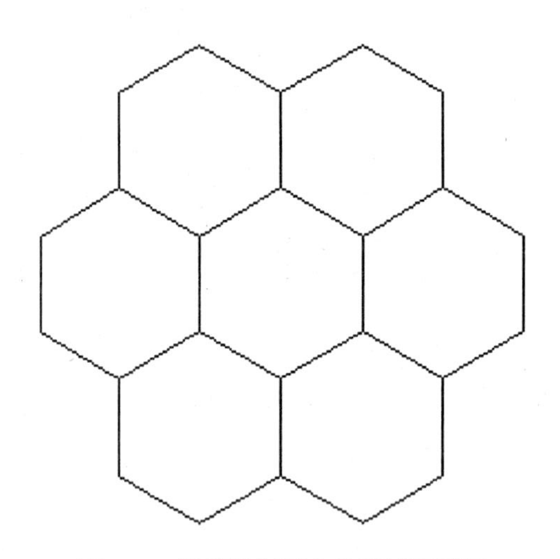

图 4-3　镜像绘制正六边形蜂窝状图

实施步骤:

利用正多边形和镜像进行绘制,提示如下:

命令:_polygon 输入边的数目<4>:6

指定正多边形的中心点或[边(E)]:(在合适位置单击)

输入选项[内接于圆(I)/外切于圆(C)]<I>:(回车)

指定圆的半径: <正交开>　30

命令:_mirror

选择对象:找到 1 个(选择正六边形)

选择对象：
指定镜像线的第一点：指定镜像线的第二点：（选择垂直边两端点）
要删除源对象吗？［是(Y)/否(N)］<N>：
命令：_mirror
选择对象：找到 1 个
选择对象：
指定镜像线的第一点：指定镜像线的第二点：<正交关>（选择正六边形边长作为镜像线）
要删除源对象吗？［是(Y)/否(N)］<N>：
（重复以上动作，完成蜂状图的绘制）

4.5　阵列

在 AutoCAD 中，还可以通过“阵列”命令多重复制对象。阵列命令复制呈规则分布的图形，创建按指定方式排列的多个对象副本，使用矩形阵列选项创建由选定对象副本的行和列数所定义的阵列，使用环形阵列选项通过围绕圆心复制选定对象来创建阵列。

命令调用方式：

- 工具栏：选择【修改】/【阵列】命令。
- 工具栏：单击【修改】工具栏中的 按钮。
- 命令行：ARRAY(或别名 AR)。

操作过程：单击“修改”工具栏中的阵列命令，将弹出如图 3-4 所示的对话框。

对话框中各项的意义如下。

【矩形阵列】指按照网格行列的方式复制实体对象。用户必须告知将实体复制成几行、几列，行距、列距分别为多少。

【环形阵列】通过围绕圆心复制选定对象来创建阵列。

【选择对象】选择阵列的对象。

【中心点】选中环形矩形后输入环形的中心点 X 坐标值和 Y 坐标值。

【行偏移】选中矩形阵列时输入行距。

【列偏移】选中矩形阵列时输入列距。

【阵列角度】选中环形阵列输入复制对象之间的角度值。

注意：行距、列距和阵列角度的值的正负性将影响将来的阵列方向：行距和列距为正值将使阵列沿 x 轴或 y 轴正方向阵列复制对象；阵列角度为正值则沿逆时针方向阵列复制对象，负值则相反。如果是通过单击按钮在绘图窗口设置偏移距离和方向，则给定点的前后顺序将确定偏移的方向。

任务三　绘制环形圆图

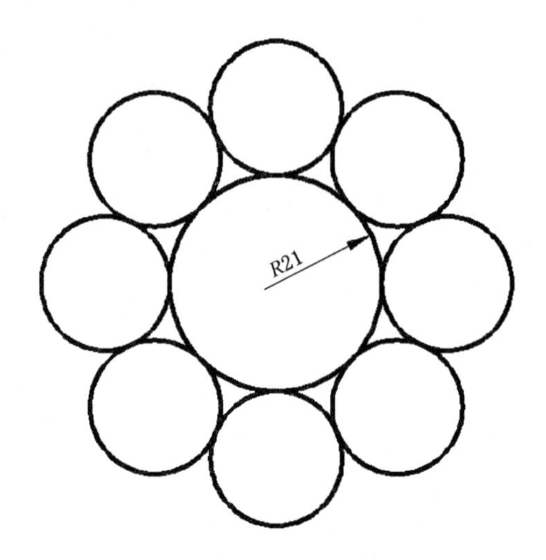

图 4-4　用阵列绘制图形

实施步骤：

利用圆、构造线和阵列绘制图形，提示如下：

命令：_circle 指定圆的圆心或[三点(3P)/两点(2P)/相切、相切、半径(T)]：

指定圆的半径或[直径(D)]<95.8177>：21

命令：_xline 指定点或[水平(H)/垂直(V)/角度(A)/二等分(B)/偏移(O)]：

指定通过点：(绘制水平构造线)

命令：_array(选择环形阵列)

指定阵列中心点：(选择圆心)

选择对象：找到 1 个(选择构造线，项目填写 8 个，如图 4-5)

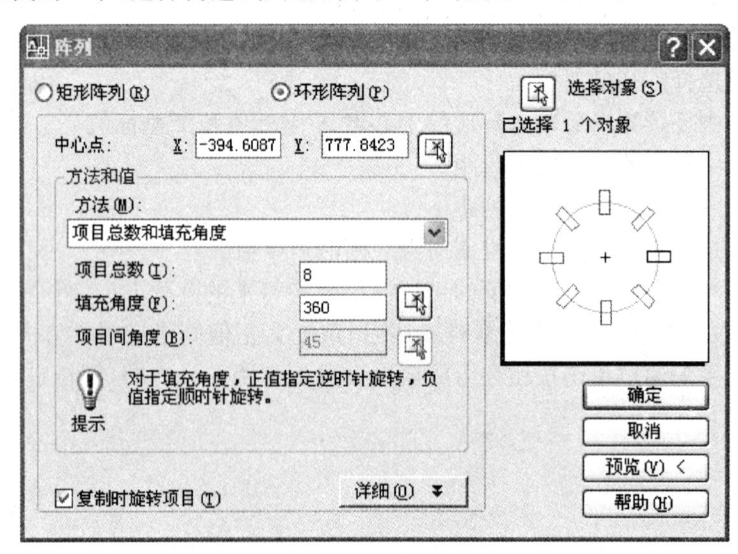

图 4-5　阵列对话框

命令：_circle 指定圆的圆心或[三点(3P)/两点(2P)/相切、相切、半径(T)]：_3p 指定圆上的第一个点：_tan 到

指定圆上的第二个点：_tan 到

指定圆上的第三个点：_tan 到(选择绘制圆的相切、相切、相切命令)

命令：_. erase 找到 4 个(删除 4 条构造线)

命令：_array

选择对象：找到 1 个(选择小圆，对话框其他填写不变，回车即可)

4.6　偏移命令

"偏移"就是可以将对象复制，并且将复制对象偏移到给定的距离。可利用两种方式对选中对象进行偏移操作，从而创建新的对象。一种是按指定的距离进行偏移，另一种则是通过指定点来进行偏移。该命令常用于创建同心圆、平行线和平行曲线等。

命令调用方式：

- 菜单：选择【修改】/【偏移】命令。
- 工具栏：单击【修改】工具栏中的 按钮。
- 命令行：OFFSET(或别名 O)。

调用该命令后，系统首先要求用户指定偏移的距离或选择"通过"选项指定"通过点"方式。

当前设置：删除源＝当前值图层＝当前值 OFFSETGAPTYPE＝当前值

指定偏移距离或[通过(T)/删除(E)/图层(L)]＜当前＞：//指定距离、输入选项或按Enter 键

然后系统提示用户选择需要进行偏移操作的对象或选择"exit"项结束命令：

选择要偏移的对象或＜退出＞：选择一个对象或按 Enter 键结束命令

选择对象后，如果是按距离偏移，系统提示用户指定偏移的方向(在进行偏移的一侧任选一点即可)。

指定要偏移的那一侧上的点，或[退出(E)/多个(M)/放弃(U)]＜退出或下一个对象＞：//指定对象上要偏移的那一侧上的点(1)或输入选项。

而如果是按"通过点"方式进行偏移，则系统将提示用户指定"通过点"方式。

指定通过点或[退出(E)/多个(M)/放弃(U)]＜退出或下一个对象＞：指定偏移对象要通过的点(1)或输入距离。

任务四　绘制圆形跑道

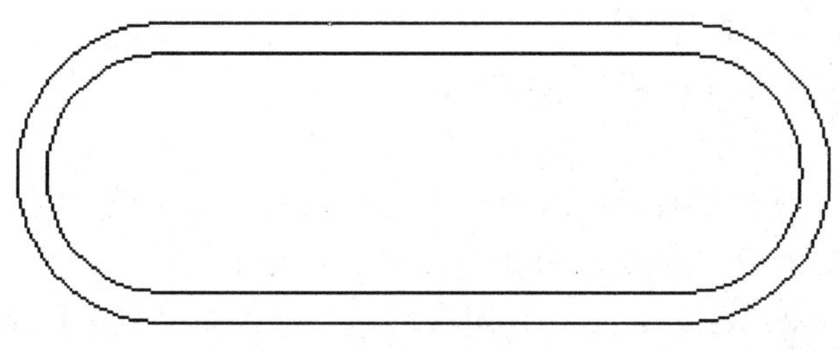

图 4-6　绘制跑道

实施步骤：

利用多段线和偏移绘制图形，提示如下：

命令：_pline

指定起点：(正交开)

当前线宽为 0.0000

指定下一个点或[圆弧(A)/半宽(H)/长度(L)/放弃(U)/宽度(W)]：90(鼠标指引方向)

指定下一点或[圆弧(A)/闭合(C)/半宽(H)/长度(L)/放弃(U)/宽度(W)]：a

指定圆弧的端点或[角度(A)/圆心(CE)/闭合(CL)/方向(D)/半宽(H)/直线(L)/半径(R)/第二个点(S)/放弃(U)/宽度(W)]：50

指定圆弧的端点或[角度(A)/圆心(CE)/闭合(CL)/方向(D)/半宽(H)/直线(L)/半径(R)/第二个点(S)/放弃(U)/宽度(W)]：L

指定下一点或[圆弧(A)/闭合(C)/半宽(H)/长度(L)/放弃(U)/宽度(W)]：90

指定下一点或[圆弧(A)/闭合(C)/半宽(H)/长度(L)/放弃(U)/宽度(W)]：a

指定圆弧的端点或[角度(A)/圆心(CE)/闭合(CL)/方向(D)/半宽(H)/直线(L)/半径(R)/第二个点(S)/放弃(U)/宽度(W)]：CL

命令：_offset

当前设置：删除源＝否　图层＝源　OFFSETGAPTYPE＝0

指定偏移距离或[通过(T)/删除(E)/图层(L)]＜5.0000＞：5

选择要偏移的对象，或[退出(E)/放弃(U)]＜退出＞：(单击画好的图形)

指定要偏移的那一侧上的点，或[退出(E)/多个(M)/放弃(U)]＜退出＞：(单击内侧即可)

4.7　移动

移动命令可以将用户所选择的一个或多个对象平移到其他位置，但不改变对象的方向和大小。

命令调用方式：

- 菜单：选择【修改】/【移动】命令。
- 工具栏：单击【修改】工具栏中的 按钮。
- 快捷菜单：选定对象后单击鼠标右键，弹出快捷菜单，选择“移动”项。
- 命令行：MOVE(或别名 M)。

调用该命令后，系统将提示用户选择对象：

选择对象：

用户可在此提示下构造要移动的对象的选择集，并按 Enter 键确定，系统将提示：

指定基点或[位移(D)]＜位移＞：//指定基点或输入 d

要求用户指定一个基点(base point)，用户可通过键盘输入或鼠标选择来确定基点，此时系统提示为：

指定基点或[位移(D)]＜位移＞：指定第二点或＜使用第一点作为位移＞：

这时用户有两种选择：

指定第二点：系统将根据基点到第二点之间的距离和方向来确定选中对象的移动距离和移动方向。在这种情况下，移动的效果只与两个点之间的相对位置有关，而与点的绝对坐标无关。

直接回车：系统将基点的坐标值作为相对的 X、Y、Z 位移值。在这种情况下，基点的坐标确定了位移矢量(即原点到基点之间的距离和方向)，因此，基点不能随意确定。

任务五　绘制小房子

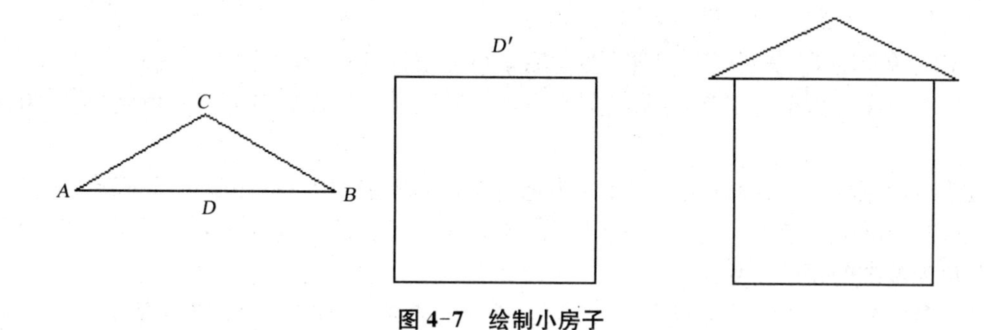

图 4-7　绘制小房子

实施步骤：

利用正多边形、直线、移动命令绘制图形，提示如下：

命令：_polygon 输入边的数目＜3＞：4

指定正多边形的中心点或[边(E)]：e

指定边的第一个端点：指定边的第二个端点：＜正交开＞80

命令：_line 指定第一点：(在 A 的位置点击)

指定下一点或[放弃(U)]：@60＜30(绘制 AC)

命令：_line 指定第一点：

指定下一点或[放弃(U)]：@60＜－30(绘制 CB)

命令：_line 指定第一点：

指定下一点或[放弃(U)]：(连接 AB)

命令：_move

选择对象：指定对角点：找到 3 个(回车)

指定基点或[位移(D)]＜位移＞：(单击中点 D)

指定第二个点或＜使用第一个点作为位移＞：(移动到中点 D′)

4.8　旋转

旋转命令可以改变用户所选择的一个或多个对象的方向(位置)。用户可通过指定一个基点和一个相对或绝对的旋转角来对选择对象进行旋转。

命令调用方式：

- 菜单：选择【修改】/【旋转】命令。
- 工具栏：单击【修改】工具栏中的 按钮。
- 快捷菜单：选定对象后单击鼠标右键，弹出快捷菜单，选择“旋转”项。
- 命令行：ROTATE(或别名 RO)。

调用该命令后，系统首先提示 UCS 当前的正角方向，并提示用户选择对象：

UCS 当前的正角方向：ANGDIR＝当前值 ANGBASE＝当前值

选择对象：

用户可在此提示下构造要旋转的对象的选择集，并按 Enter 键确定，系统将提示：

指定基点：//指定一个基准点

指定旋转角度或[复制(C)/参照(R)]：输入角度或指定点，或者输入 c 或 r

用户首先需要指定一个基点，即旋转对象时的中心点，然后指定旋转的角度，这时有两种方式可供选择。

直接指定旋转角度：即以当前的正角方向为基准，按用户指定的角度进行旋转。

选择“Reference(参照)”：选择该选项后，系统首先提示用户指定一个参照角，然后再指定以参照角为基准的新的角度。

指定参照角度＜上一个参照角度＞：//通过输入值或指定两点来指定角度

指定新角度或[点(P)]＜上一个新角度＞：//通过输入值或指定两点来指定新的绝对角度

任务六　绘制梭形花

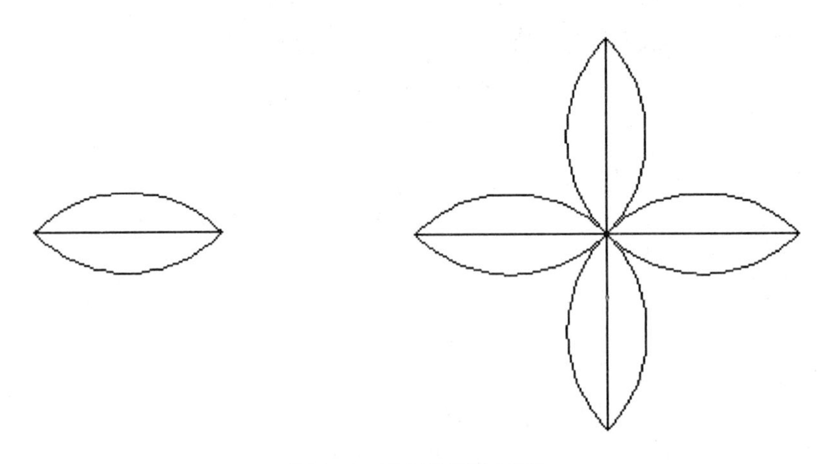

图 4-8　绘制梭形花图形

实施步骤：

利用直线、圆弧、镜像、旋转命令绘制图形，提示如下：

命令：_line 指定第一点：(正交开)

指定下一点或[放弃(U)]：100

指定下一点或[放弃(U)]：
命令：_arc 指定圆弧的起点或[圆心(C)]：
指定圆弧的第二个点或[圆心(C)/端点(E)]：_e
指定圆弧的端点：(利用起点\端点\半径画弧)
指定圆弧的圆心或[角度(A)/方向(D)/半径(R)]：_r 指定圆弧的半径：80
命令：_mirror
选择对象：指定对角点：找到 2 个
指定镜像线的第一点：指定镜像线的第二点：(选择镜像线)
要删除源对象吗？[是(Y)/否(N)]<N>：按 Enter 键
命令：_rotate
UCS 当前的正角方向：　ANGDIR＝逆时针　ANGBASE＝0
选择对象：指定对角点：找到 3 个
指定基点：(选择右侧交点)
指定旋转角度，或[复制(C)/参照(R)]<90>：c
旋转一组选定对象。
指定旋转角度，或[复制(C)/参照(R)]<90>：
命令：_rotate
UCS 当前的正角方向：ANGDIR＝逆时针　ANGBASE＝0
选择对象：指定对角点：找到 8 个
指定基点：(选择中心交点)
指定旋转角度，或[复制(C)/参照(R)]<180>：c
旋转一组选定对象。
指定旋转角度，或[复制(C)/参照(R)]<180>：(在垂直方向单击即可)

4.9　拉伸

拉伸命令可拉伸与选择窗口相交的圆弧、椭圆弧、直线、多段线、二维实体、射线、宽线和样条曲线。它移动窗口内的端点而不改变窗口外的端点，还移动窗口内的宽线和二维实体的顶点，而不改变窗口外的宽线和二维实体的顶点，且不修改实体和多段线宽度。

使用拉伸命令时，必须用交叉多边形或交叉窗口的方式来选择对象。如果将对象全部选中，则该命令相当于“移动”命令。如果选择了部分对象，则“stretch”命令只移动选择范围内的对象的端点，而其他端点保持不变。可用于“stretch”命令的对象包括圆弧、椭圆弧、直线、多段线线段、射线和样条曲线等。

命令调用方式：

- 菜单：选择【修改】/【拉伸】命令。
- 工具栏：单击【修改】工具栏中的 按钮。

• 命令行:STRETCH(或别名 S)。

调用该命令后,系统提示用户使用交叉窗口或交叉多边形的方式来选择对象。

以交叉窗口或交叉多边形选择要拉伸的对象。

选择对象:

用交叉窗口选择方式选择两个交点://改变选择端点的位置,其他不变

然后提示用户进行移动操作,操作过程同“移动”命令。

指定基点或[位移(D)]＜位移＞:

指定第二个点或＜使用第一个点作为位移＞:

任务七　绘制浴盆

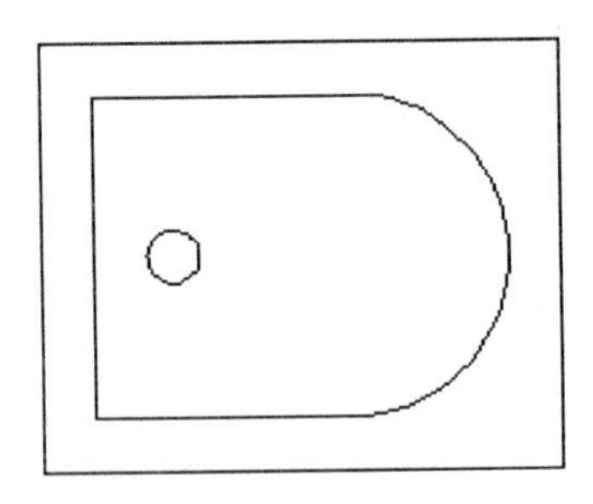
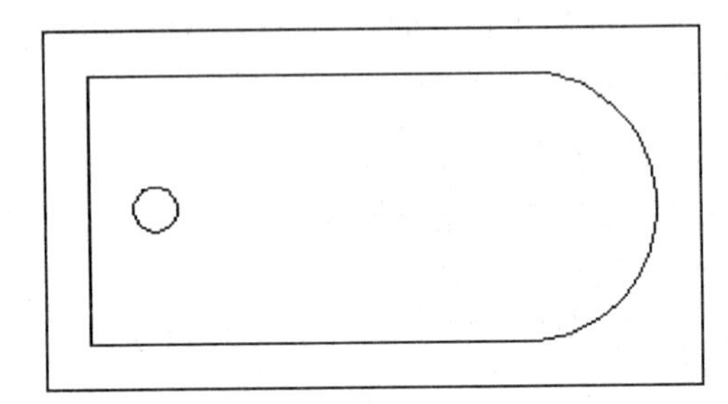

图 4-9　用拉伸命令绘制浴盆

实施步骤:

使用矩形、多段线、圆弧和拉伸命令绘制图形,提示如下:

命令:_rectang

指定第一个角点或[倒角(C)/标高(E)/圆角(F)/厚度(T)/宽度(W)]:

指定另一个角点或[面积(A)/尺寸(D)/旋转(R)]:@100,−80

命令:_pline

指定起点:from

基点:＜偏移＞:@10,−10

当前线宽为 0.0000

指定下一个点或[圆弧(A)/半宽(H)/长度(L)/放弃(U)/宽度(W)]:　＜正交开＞50

指定下一点或[圆弧(A)/闭合(C)/半宽(H)/长度(L)/放弃(U)/宽度(W)]:A

指定圆弧的端点或[角度(A)/圆心(CE)/闭合(CL)/方向(D)/半宽(H)/直线(L)/半径(R)/第二个点(S)/放弃(U)/宽度(W)]:60

指定圆弧的端点或[角度(A)/圆心(CE)/闭合(CL)/方向(D)/半宽(H)/直线(L)/半径(R)/第二个点(S)/放弃(U)/宽度(W)]:L

指定下一点或[圆弧(A)/闭合(C)/半宽(H)/长度(L)/放弃(U)/宽度(W)]:50

指定下一点或[圆弧(A)/闭合(C)/半宽(H)/长度(L)/放弃(U)/宽度(W)]:C

命令:_circle 指定圆的圆心或[三点(3P)/两点(2P)/相切、相切、半径(T)]:from

基点:＜偏移＞:@15,0

指定圆的半径或[直径(D)]:5

命令:_stretch

以交叉窗口或交叉多边形选择要拉伸的对象...

选择对象:指定对角点:找到 2 个

指定基点或[位移(D)]＜位移＞:(选择中心点为基点)

指定第二个点或＜使用第一个点作为位移＞:50(回车即可)

4.10　拉长

拉长命令是改变圆弧的角度,或改变非闭合对象的长度。这两个命令都是绘图中常用的命令。拉长命令用于改变圆弧的角度,或改变非闭合对象的长度,包括直线、圆弧、非闭合多段线、椭圆弧和非闭合样条曲线等。

命令调用方式如下:

- 菜单:选择【修改】/【拉长】命令。
- 命令行:LENGTHEN 或别名 LEN。

调用该命令后,系统将提示用户选择对象:

选择对象或[增量(DE)/百分数(P)/全部(T)/动态(DY)]:

当用户选择了某个对象时,系统将显示该对象的长度,如果对象有包含角,则同时显示包含角度:

输入长度差值或[角度(A)]＜当前＞://指定距离、输入 a 或按 Enter 键

其他选项则给出了 4 种改变对象长度或角度的方法。

【增量】指定一个长度或角度的增量,并进一步提示用户选择对象。

选择对象或[增量(DE)/百分数(P)/全部(T)/动态(DY)]:DE

输入长度增量或[角度(A)]＜0.0000＞:

如果用户指定的增量为正值,则对象从距离选择点最近的端点开始增加一个增量长度(角度);如果用户指定的增量为负值,则对象从距离选择点最近的端点开始缩短一个增量长度(角度)。

【百分数】指定对象总长度或总角度的百分比来改变对象长度或角度,并进一步提示用户选择对象。

输入长度百分数＜当前＞://输入非零正值或按 Enter 键

选择要修改的对象或[放弃(U)]://选择一个对象或输入 u

如果用户指定的百分比大于 100,则对象从距离选择点最近的端点开始延伸,延伸后的长度(角度)为原长度(角度)与指定的百分比的乘积;如果用户指定的百分比小于 100,则对象从距离选择点最近的端点开始修剪,修剪后的长度(角度)为原长度(角度)与指定的百分比的乘积。

【全部】指定对象修改后的总长度(角度)的绝对值,并进一步提示用户选择对象。

指定总长度或[角度(A)]＜当前＞:指定距离,输入非零正值,输入 a,或按 Enter 键

注意:用户指定的总长度(角度)值必须是非零正值,否则系统给出提示并要求用户重新指

定:值必须为正且非零。

【动态】指定该选项后,系统首先提示用户选择对象。

选择要修改的对象或[放弃(U)]:选择一个对象或输入 u

打开动态拖动模式,动态拖动距离选择点最近的端点,然后根据被拖动的端点的位置改变选定对象的长度(角度)。

用户在使用以上 4 种方法进行修改时,均可连续选择一个或多个对象实现连续多次修改,并可随时选择“放弃”选项来取消最后一次的修改。

任务八　拉长直线

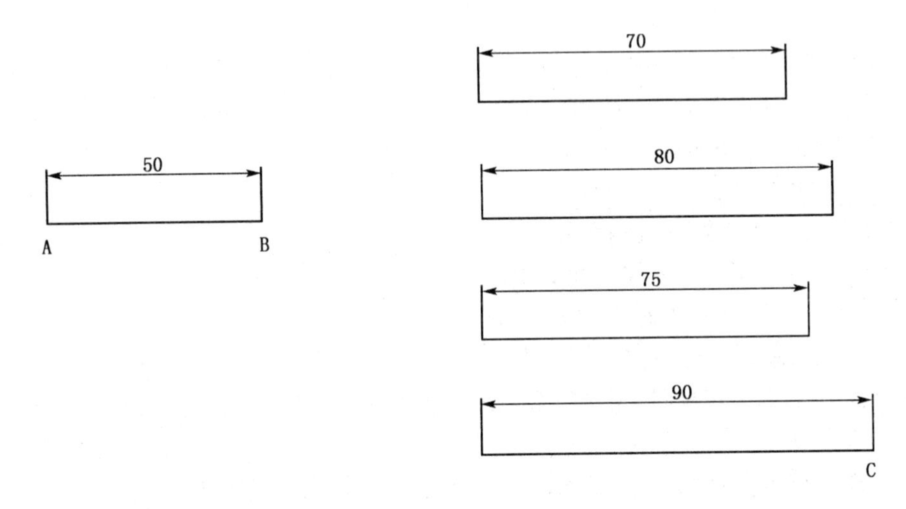

图 4-10　4 种方式拉长直线

实施步骤:

利用直线、尺寸标注、拉伸命令进行绘制,提示如下:

命令:_line 指定第一点:

指定下一点或[放弃(U)]:(正交开)50

指定下一点或[放弃(U)]:

命令:_dimlinear

指定第一条尺寸界线原点或<选择对象>:

指定第二条尺寸界线原点:

指定尺寸线位置或[多行文字(M)/文字(T)/角度(A)/水平(H)/垂直(V)/旋转(R)]:

标注文字=50

命令:_lengthen

选择对象或[增量(DE)/百分数(P)/全部(T)/动态(DY)]:DE

输入长度增量或[角度(A)]<0.0000>:20

选择要修改的对象或[放弃(U)]:(选择直线回车即可)

命令:_lengthen

选择对象或[增量(DE)/百分数(P)/全部(T)/动态(DY)]:P

输入长度百分数＜100.0000＞:160
选择要修改的对象或[放弃(U)]:(选择直线回车即可)
命令:_lengthen
选择对象或[增量(DE)/百分数(P)/全部(T)/动态(DY)]:T
指定总长度或[角度(A)]＜1.0000)＞:75
选择要修改的对象或[放弃(U)]:(选择直线回车即可)
命令:_lengthen
选择对象或[增量(DE)/百分数(P)/全部(T)/动态(DY)]:DY
选择要修改的对象或[放弃(U)]:(选择直线)
指定新端点:点击 C 点(回车确认)

4.11　修剪和延伸

修剪命令用来修剪图形实体。该命令的用法很多,不仅可以修剪相交或不相交的二维对象,还可以修剪三维对象。

命令调用方式如下:

- 菜单:选择【修改】/【修剪】命令。
- 工具栏:单击【修改】工具栏中的 按钮。
- 命令行:TRIM(或别名 TR)。

调用该命令后,系统首先显示"TRIM"命令的当前设置,并提示用户选择修剪边界:

当前设置:投影=当前值,边=当前值

选择剪切边...

选择对象或＜全部选择＞://选择一个或多个对象并按 Enter 键,或者按 Enter 键选择所有显示的对象

用户确定修剪边界后,系统进一步提示如下:

选择要修剪的对象或按住 Shift 键选择要延伸的对象或[栏选(F)/窗交(C)/投影(P)/边(E)/删除(R)/放弃(U)]://选择要修剪的对象,按住 Shift 键选择要延伸的对象,或输入选项

此时,用户可选择如下操作:

直接用鼠标选择被修剪的对象。

按 Shift 键的同时选择对象,这种情况下可作为"延伸"命令使用。用户所确定的修剪边界即作为延伸的边界。

【投影】选项:指定修剪对象时是否使用投影模式。

【边】选项:指定修剪对象时是否使用延伸模式,系统提示如下:

输入隐含边延伸模式[延伸(E)/不延伸(N)]＜不延伸＞:

注意:其中"Extend"选项可以在修剪边界与被修剪对象不相交的情况下,假定修剪边界

延伸至被修剪对象并进行修剪。而同样情况下，使用“不延伸”模式则无法进行修剪。

在 AutoCAD 中，可以使用“延伸”命令拉长对象。可以延长指定的对象与另一对象相交或外观相交。

命令调用方式：

- 菜单：选择【修改】/【延伸】命令。
- 工具栏：单击【修改】工具栏中的 --/ 按钮。
- 命令行：EXTEND。

延伸命令的使用方法和修剪命令的使用方法相似，不同之处在于：使用延伸命令时，如果在按下 Shift 键的同时选择对象，则执行修剪命令；使用修剪命令时，如果在按下 Shift 键的同时选择对象，则执行延伸命令。

在绘图过程中，有时希望某个实体在某点断开，截取实体中的一部分。AutoCAD 中提供了打断命令。修剪图形，将实体的多余部分除去，使用修剪命令可完成此项功能，使作图更方便。

任务九　延伸和修剪图形

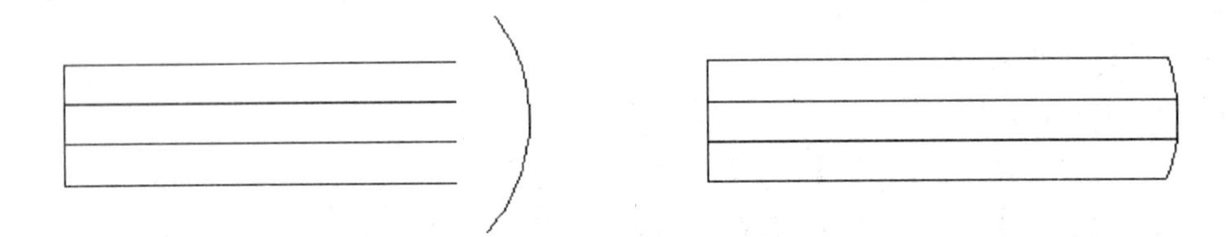

图 4-11　用延伸和修剪绘制图形

实施步骤：

利用直线、偏移、圆弧、延伸和修剪命令绘制图形，提示如下：

命令：_line 指定第一点：

指定下一点或[放弃(U)]：100

命令：_offset

当前设置：删除源＝否　图层＝源　OFFSETGAPTYPE＝0

指定偏移距离或[通过(T)/删除(E)/图层(L)]<10.0000>：10

选择要偏移的对象，或[退出(E)/放弃(U)]<退出>：

指定要偏移的那一侧上的点，或[退出(E)/多个(M)/放弃(U)]<退出>：

选择要偏移的对象，或[退出(E)/放弃(U)]<退出>：

指定要偏移的那一侧上的点，或[退出(E)/多个(M)/放弃(U)]<退出>：

选择要偏移的对象，或[退出(E)/放弃(U)]<退出>：

命令：_line 指定第一点：

指定下一点或[放弃(U)]：(连接左侧垂直线)

命令：_arc 指定圆弧的起点或[圆心(C)]：(绘制圆弧)

指定圆弧的第二个点或[圆心(C)/端点(E)]：

指定圆弧的端点：

命令:_extend

当前设置:投影=UCS,边=无

选择边界的边...

选择对象或<全部选择>:找到 1 个

选择要延伸的对象,或按住 Shift 键选择要修剪的对象,或[栏选(F)/窗交(C)/投影(P)/边(E)/放弃(U)]:指定对角点:(选择需要延伸的 3 条线)

命令:_trim

当前设置:投影=UCS,边=无

选择剪切边...

选择对象或<全部选择>:指定对角点:找到 5 个

选择要修剪的对象,或按住 Shift 键选择要延伸的对象,或[栏选(F)/窗交(C)/投影(P)/边(E)/删除(R)/放弃(U)]:(重复选择需修剪的边完成制作)

4.12 比例缩放

比例命令可以改变用户所选择的一个或多个对象的大小,即在 x、y 和 z 方向等比例放大或缩小对象。

命令调用方式:

- 菜单:选择【修改】/【比例】命令。
- 工具栏:单击【修改】工具栏中的 按钮。
- 快捷菜单:选定对象后单击鼠标右键,弹出快捷菜单,选择"比例"项。
- 命令行:SCALE(或别名 SC)。

调用该命令后,系统首先提示用户选择对象,用户可在此提示下构造要比例缩放的对象的选择集,并按 Enter 键确定,系统进一步提示:

指定基点:

指定比例因子或[复制(C)/参照(R)]://指定比例、输入 c 或输入 r

用户首先需要指定一个基点,即进行缩放时的中心点,然后指定比例因子,这时有两种方式可供选择。

【比例因子】大于 1 的比例因子使对象放大,而 0~1 之间的比例因子将使对象缩小。

【参照】选择该选项后,系统首先提示用户指定参照长度(缺省为 1),然后再指定一个新的长度,并以新的长度与参照长度之比作为比例因子。

指定参照长度<1>://指定缩放选定对象的起始长度

指定新的长度或[点(P)]://指定将选定对象缩放到的最终长度,或输入 p,使用两点来定义长度。

任务十　按尺寸缩放图形

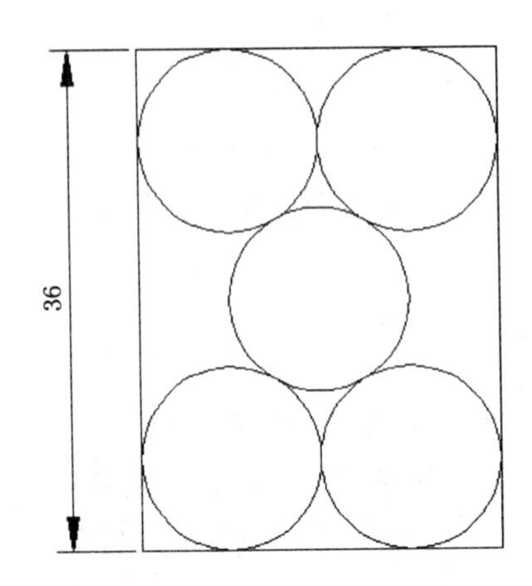

图 4-12　用缩放绘制图形

实施步骤：

利用构造线、圆、直线、偏移、延伸、镜像和修剪命令绘制，提示如下：

命令：_xline 指定点或[水平(H)/垂直(V)/角度(A)/二等分(B)/偏移(O)]：

指定通过点：(绘制水平轴线)

xline 指定点或[水平(H)/垂直(V)/角度(A)/二等分(B)/偏移(O)]：

指定通过点：(绘制垂直轴线)

命令：_circle 指定圆的圆心或[三点(3P)/两点(2P)/相切、相切、半径(T)]：

指定圆的半径或[直径(D)]＜10.0000＞：10

命令：_circle 指定圆的圆心或[三点(3P)/两点(2P)/相切、相切、半径(T)]：T

指定对象与圆的第一个切点：

指定对象与圆的第二个切点：(捕捉切点)

指定圆的半径＜10.0000＞：10

命令：_offset

当前设置：删除源＝否　图层＝源　OFFSETGAPTYPE＝0

指定偏移距离或[通过(T)/删除(E)/图层(L)]＜通过＞：20

选择要偏移的对象，或[退出(E)/放弃(U)]＜退出＞：(垂直轴线偏移左、右)

指定要偏移的那一侧上的点，或[退出(E)/多个(M)/放弃(U)]＜退出＞：

选择要偏移的对象，或[退出(E)/放弃(U)]＜退出＞：

指定要偏移的那一侧上的点，或[退出(E)/多个(M)/放弃(U)]

命令：_line 指定第一点：

指定下一点或[放弃(U)]：(利用捕捉绘制上侧水平线)

指定下一点或[放弃(U)]：

命令：_extend

当前设置：投影＝UCS，边＝无

选择边界的边...

选择对象或＜全部选择＞：　找到 1 个

选择要延伸的对象，或按住 Shift 键选择要修剪的对象，或[栏选(F)/窗交(C)/投影(P)/边(E)/放弃(U)]：

选择要延伸的对象，或按住 Shift 键选择要修剪的对象，或[栏选(F)/窗交(C)/投影(P)/边(E)/放弃(U)]：(利用延伸、修剪绘制上侧图形)

命令：_mirror

选择对象：找到 3 个

选择对象：

指定镜像线的第一点：指定镜像线的第二点：(选择中线)

要删除源对象吗？[是(Y)/否(N)]＜N＞：

令：_trim

当前设置：投影＝UCS，边＝无

选择剪切边... 找到 13 个

选择要修剪的对象，或按住 Shift 键选择要延伸的对象，或[栏选(F)/窗交(C)/投影(P)/边(E)/删除(R)/放弃(U)]：

(重复修剪动作)

命令：_. erase 找到 2 个(删除 2 条轴线)

命令：_scale

选择对象：指定对角点：找到 11 个

选择对象：(选择全部图形)

指定基点：(选择左上点)

指定比例因子或[复制(C)/参照(R)]＜1＞：R

指定参照长度＜36. 0000＞：指定第二点：(左侧垂直线长度)

指定新的长度或[点(P)]＜1. 0000＞：36(回车确认即可)。

4.13　打断

打断命令可以把对象上指定两点之间的部分删除，当指定的两点相同时，则对象分解为 2 个部分。这些对象包括直线、圆弧、圆、多段线、椭圆、样条曲线和圆环等。

命令调用方式：

- 菜单：选择【修改】/【打断】命令。
- 工具栏：单击【修改】工具栏中的 按钮。
- 命令行：BREAK(或别名 BR)。

调用该命令后，系统将提示用户选择对象。

Break 选择对象：//使用某种对象选择方法，或指定对象上的第一个打断点

用户选择某个对象后，系统把选择点作为第一断点，并提示用户选择第二断点。

指定第二个打断点或[第一点(F)]：//指定第二个打断点或输入 f

如果用户需要重新指定第一断点，则可选择“First point(第一点)”选项，系统将分别提示用户选择第一、第二断点。

指定第一个打断点：//单击一点作为第一打断点

指定第二个打断点：//单击一点作为第二打断点

任务十一　打断图形

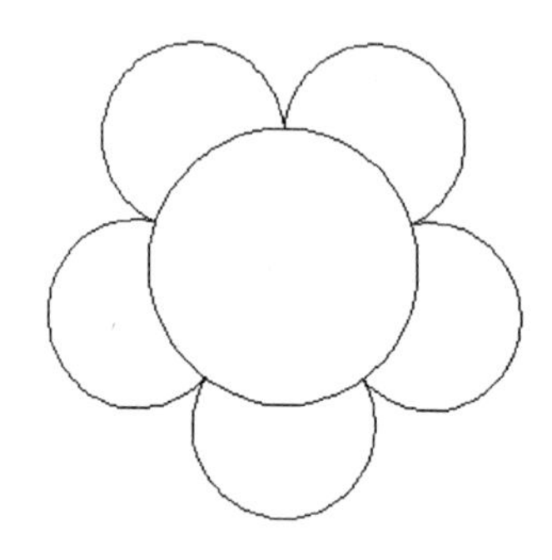

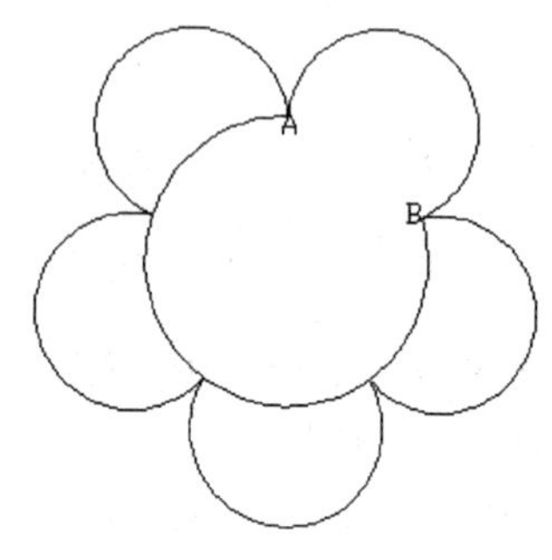

图 4-13　用打断修改图形

实施步骤：

利用圆、正多边形、圆弧、打断命令绘制，提示如下：

命令：_circle 指定圆的圆心或[三点(3P)/两点(2P)/相切、相切、半径(T)]：

指定圆的半径或[直径(D)]＜50.0000＞：50

命令：_polygon 输入边的数目＜5＞：5

指定正多边形的中心点或[边(E)]：(选择中心点)

输入选项[内接于圆(I)/外切于圆(C)]＜I＞：

指定圆的半径：(捕捉圆正上方象限点)

命令：_arc 指定圆弧的起点或[圆心(C)]：

指定圆弧的第二个点或[圆心(C)/端点(E)]：_e

指定圆弧的端点：(逆时针选择圆弧端点)

指定圆弧的圆心或[角度(A)/方向(D)/半径(R)]：_a 指定包含角：240

(重复以上动作 4 次或环形阵列完成)

命令：_. erase 找到 1 个

命令：_break 选择对象：

指定第二个打断点或[第一点(F)]：f

指定第一个打断点：(单击 A 处)

指定第二个打断点：(单击 B 处，即完成绘制)

4.14　分解和合并

分解命令用于分解组合对象，组合对象即由多个 AutoCAD 基本对象组合而成的复杂对象，例如多段线、多线、标注、块、面域、多面网格、多边形网格、三维网格以及三维实体等等。分解的结果取决于组合对象的类型。

分解命令调用方式：

- 菜单：选择【修改】/【分解】命令。
- 工具栏：单击【修改】工具栏中的 按钮。
- 命令行：EXPLODE(或别名 X)。

注意：如果分解有线宽的多段线后，可以发现原本有宽度的多段线，其宽度变为 0。

如果需要连接某一连续图形上的两个部分，或者将某段圆弧闭合为整圆，可以选择“合并”命令。

合并命令调用方式：

- 菜单：选择【修改】/【合并】命令。
- 工具栏：单击【修改】工具栏中的 按钮。
- 命令行：JOIN。

执行该命令选择要合并的对象，命令行将显示如下提示信息：

命令：_join 选择源对象：//选择对象，以合并到源或进行[闭合(L)]：L//输入 L 对对象进行闭合。

任务十二　分解和合并图形

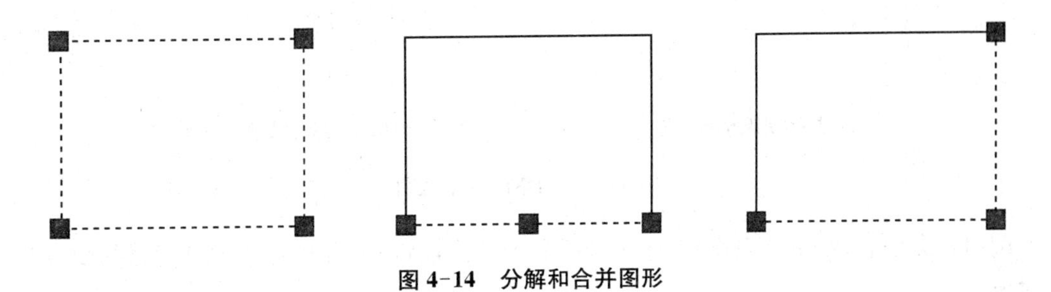

图 4-14　分解和合并图形

实施步骤：

利用矩形、分解、多段线命令，提示如下：

命令：_rectang

指定第一个角点或[倒角(C)/标高(E)/圆角(F)/厚度(T)/宽度(W)]：

指定另一个角点或[面积(A)/尺寸(D)/旋转(R)]：@200,150

命令：_explode

选择对象：找到 1 个(单击矩形回车)

命令：pedit

选择多段线或[多条(M)]：

选定的对象不是多段线

是否将其转换为多段线？<Y>y

输入选项[闭合(C)/合并(J)/宽度(W)/编辑顶点(E)/拟合(F)/样条曲线(S)/非曲线化(D)/线型生成(L)/放弃(U)]：J

选择对象:找到 1 个

选择对象:找到 1 个,总计 2 个(选择对象即可合并)

4.15 倒角

倒角命令用来创建倒角,即将两个非平行的对象,通过延伸或修剪使它们相交或利用斜线连接。用户可使用两种方法来创建倒角,一种是指定倒角两端的距离,另一种是指定一端的距离和倒角的角度.

命令调用方式:

- 菜单:选择【修改】/【倒角】命令。
- 工具栏:单击【修改】工具栏中的 按钮。
- 命令行:CHAMFER(或别名 CHA)。

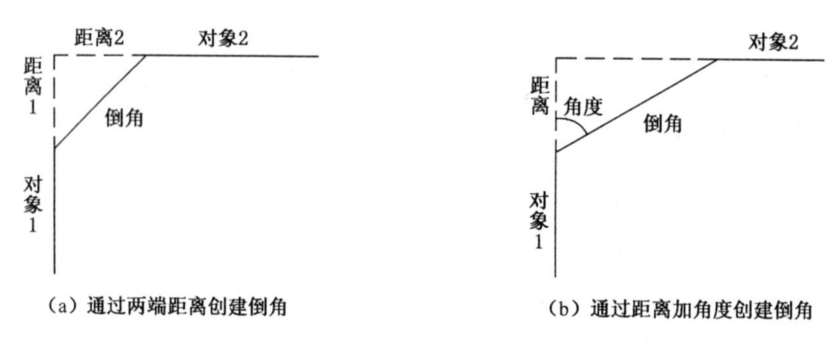

图 4-15　倒角设置示意图

调用该命令后,系统首先显示“chamfer”命令的当前设置,并提示用户选择进行倒角操作的对象。

(“修剪”模式)当前倒角距离 1=当前,距离 2=当前

选择第一条直线或[放弃(U)/多段线(P)/距离(D)/角度(A)/修剪(T)/方式(E)/多个(M)]:

//使用对象选择方式或输入选项

此外,用户也可选择如下选项:

【多段线】该选项用法同“fillet”命令。

【距离】指定倒角两端的距离,系统提示如下:

指定第一个倒角距离<当前>://给一个数值作为第一个倒角距离

指定第二个倒角距离<当前>://给一个数值作为第二个倒角距离

【角度】指定倒角一端的长度和角度,系统提示如下:

指定第一条直线的倒角长度<当前>:

指定第一条直线的倒角角度<当前>:

【修剪】该选项用于设置修剪的模式选项,系统提示如下:

输入修剪模式选项[修剪(T)/不修剪(N)]＜修剪＞

【方式】该选项用于决定创建倒角的方法，即使用两个距离的方法或使用距离加角度的方法。

【多个】为多组对象的边倒角。CHAMFER 将重复显示主提示和“选择第二个对象”的提示，直到用户按 Enter 键结束命令。

说明：使用“chamfer”命令时必须先启动命令，然后选择要编辑的对象。启动该命令时已选择的对象将自动取消选择状态。

注意：如果要进行倒角的两个对象都位于同一图层，那么倒角线将位于该图层。否则，倒角线将位于当前图层中。此规则同样适用于颜色、线型和线宽。

4.16　倒圆角

用来创建圆角，可以通过一个指定半径的圆弧来光滑地连接两个对象。可以进行圆角处理的对象包括直线、多段线的直线段、样条曲线、构造线、射线、圆、圆弧和椭圆等。其中，直线、构造线和射线在相互平行时也可进行圆角。在 AutoCAD 中也可以为所有真实(三维)实体创建圆角。

命令调用方式：

- 菜单：选择【修改】/【圆角】命令。
- 工具栏：单击【修改】工具栏中的 按钮。
- 命令行：FILLET(或别名 F)。

调用该命令后，系统首先显示“fillet”命令的当前设置，并提示用户选择进行圆角操作的对象。

当前设置：模式＝当前值，半径＝当前值

选择第一个对象或[放弃(U)/多段线(P)/半径(R)/修剪(T)/多个(M)]：//使用对象选择方法或输入选项

此外，用户也可选择如下选项：

【多段线】选择该选项后，系统提示用户指定二维多段线，并在二维多段线中两条线段相交的每个顶点处插入圆角弧。

【半径】指定圆角的半径，系统提示如下：

选择二维多段线：

【修剪】指定进行圆角操作时是否使用修剪模式，系统提示如下：

输入修剪模式选项[修剪(T)/不修剪(N)]＜当前＞：//输入选项或按 Enter 键

其中“修剪”选项可以自动修剪进行圆角的对象，使之延伸到圆角的端点。而使用“不修剪”选项则不进行修剪。两种模式的比较如图 4-16 所示。

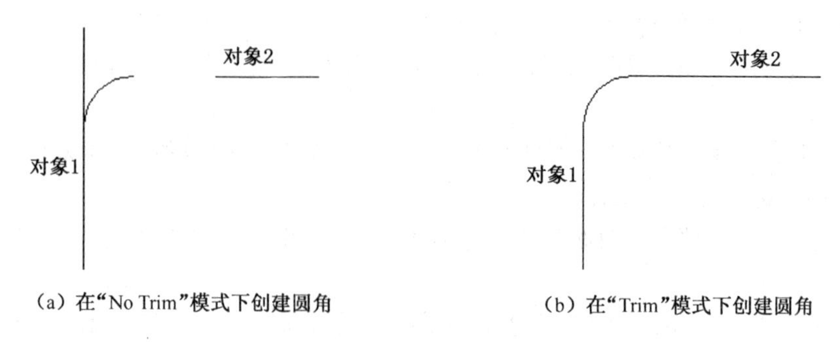

(a) 在“No Trim”模式下创建圆角　　(b) 在“Trim”模式下创建圆角

图 4-16　圆角设置示意图

注意：(1)如果要进行圆角的两个对象都位于同一图层，那么圆角线将位于该图层，否则圆角将位于当前图层中。此规则同样适用于圆角、颜色、线型和线宽。(2)系统变量 trimmode 控制圆角和倒角的修剪模式。如果取值为 1(缺省值)，则使用修剪模式；如果取值为 0 则不修剪。

任务十三　绘制道路平面图

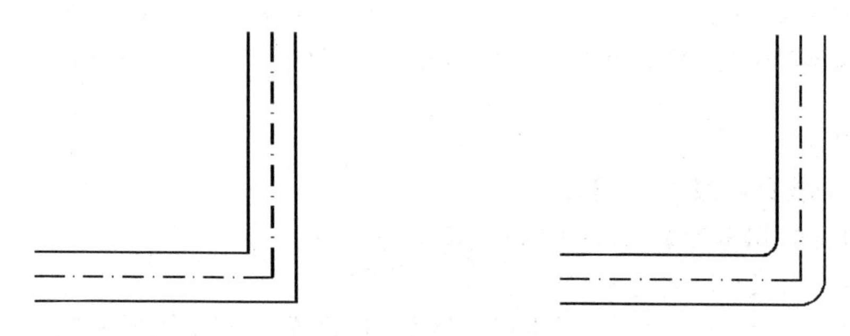

图 4-17　用圆角绘制道路

实施步骤：

利用多段线、偏移、修剪命令绘制图形，提示如下：

命令：_limits

重新设置模型空间界限：

指定左下角点或[开(ON)/关(OFF)]<0.0000,0.0000>：

指定右上角点<90000.0000,60000.0000>：

命令：_pline

指定起点：

当前线宽为 90.0000

指定下一个点或[圆弧(A)/半宽(H)/长度(L)/放弃(U)/宽度(W)]：15000

指定下一点或[圆弧(A)/闭合(C)/半宽(H)/长度(L)/放弃(U)/宽度(W)]：15000

命令：_offset

当前设置：删除源=否　图层=源　OFFSETGAPTYPE=0

指定偏移距离或[通过(T)/删除(E)/图层(L)]<通过>：1500

选择要偏移的对象，或[退出(E)/放弃(U)]<退出>：

指定要偏移的那一侧上的点，或[退出(E)/多个(M)/放弃(U)]＜退出＞：
选择要偏移的对象，或[退出(E)/放弃(U)]＜退出＞：
指定要偏移的那一侧上的点，或[退出(E)/多个(M)/放弃(U)]＜退出＞：
命令：_fillet
当前设置：模式＝修剪，半径＝0.0000
选择第一个对象或[放弃(U)/多段线(P)/半径(R)/修剪(T)/多个(M)]：R
指定圆角半径＜0.0000＞：1500
选择第一个对象或[放弃(U)/多段线(P)/半径(R)/修剪(T)/多个(M)]：
选择第二个对象，或按住 Shift 键选择要应用角点的对象：
命令：_fillet
当前设置：模式＝修剪，半径＝1500.0000
选择第一个对象或[放弃(U)/多段线(P)/半径(R)/修剪(T)/多个(M)]：R
指定圆角半径＜1500.0000＞：1000
选择第一个对象或[放弃(U)/多段线(P)/半径(R)/修剪(T)/多个(M)]：
选择第二个对象，或按住 Shift 键选择要应用角点的对象：(单击两条直线完成)。

4.17　夹点编辑

夹点编辑是一种集成的编辑模式，提供了一种方便快捷的编辑操作途径。选择对象时，在对象上将显示出若干个小方框，这些小方框用来标记被选中对象的夹点，夹点就是对象上的控制点。

➢ 拉伸对象

在不执行任何命令的情况下选择对象，显示其夹点，然后单击其中的一个夹点，进入编辑状态。命令行将显示如下提示信息：

* * 拉伸 * *
指定拉伸点或[基点(B)/复制(C)/放弃(U)/退出(X)]：

其选项的功能如下：

【基点】重新确定拉伸基点。

【复制】允许确定一系列的拉伸点，以实现多次拉伸。

【放弃】取消一次操作。

【退出】退出当前的操作。

默认情况下，指定拉伸点(可以通过输入点的坐标或者直接用鼠标指针拾取点)，AutoCAD 将把对象拉伸或移动到新的位置。因为对于某些夹点，移动时只能移动对象而不能拉伸对象，如文字、块、直线中点、圆心、椭圆中心和点对象上的夹点。

➢ 点移动对象

移动对象仅仅是位置上的平移，对象的方向和大小并不会改变。要精确地移动对象可使用捕捉模式、坐标、夹点和对象捕捉模式。在夹点编辑模式下确定基点后，在命令行提示下输入 MO 进入移动模式，命令行将显示如下提示信息：

* * 移动 * *

指定移动点或[基点(B)/复制(C)/放弃(U)/退出(X)]://指定移动点

通过输入点的坐标或拾取点的方式来确定平移对象的目的点后，即可以基点为平移的起点，以目的点为终点将所选对象平移到新位置。

➢ 旋转对象

在夹点编辑模式下，确定基点后，在命令行提示下输入 RO 进入旋转模式，命令行将显示如下提示信息：

* * 旋转 * *

指定旋转角度或[基点(B)/复制(C)/放弃(U)/参照(R)/退出(X)]://指定旋转角度

默认情况下，输入旋转的角度值或通过拖动方式确定旋转角度后，即可将对象绕基点旋转指定的角度。也可以选择"参照"选项，以参照方式旋转对象，这与"旋转"命令中的"对照"选项功能相同。

➢ 缩放对象

在夹点编辑模式下确定基点后，在命令行提示下输入 SC 进入缩放模式，命令行将显示如下提示信息：

* * 比例缩放 * *

指定比例因子或[基点(B)/复制(C)/放弃(U)/参照(R)/退出(X)]：

默认情况下，当确定了缩放的比例因子后，AutoCAD 将相对于基点进行缩放对象操作。当比例因子大于 1 时放大对象，当比例因子大于 0 而小于 1 时缩小对象。

➢ 镜像对象

与"镜像"命令的功能类似，镜像操作后将删除原对象。在夹点编辑模式下确定基点后，在命令行提示下输入 MI 进入镜像模式，命令行将显示如下提示信息：

* * 镜像 * *

指定第二点或[基点(B)/复制(C)/放弃(U)/退出(X)]：

指定镜像线上的第 2 个点后，AutoCAD 将以基点作为镜像线上的第 1 点，新指定的点为镜像线上的第 2 个点，将对象进行镜像操作并删除原对象。

习　　题

一、选择题

1. AutoCAD 中用拉伸命令编辑图形对象时，应采用的选择方式为(　　)。

A. 点选　　B. 窗选　　C. 压窗选　　D. 全选

2. 在 AutoCAD 中，0 层被锁死的层上(　　)。

A. 不显示本层的图形　　B. 不可修改本层图形

C. 不能增画新的图形　　D. 以上全不能

3. 下列编辑工具中，不能实现"改变位置"功能的是(　　)。

A. 移动　　B. 比例　　C. 旋转　　D. 阵列

4. 在修改编辑时，只以采用交叉多边形窗口选取的编辑命令是(　　)。

A. 拉长　　B. 延伸　　C. 比例　　D. 拉伸

5. 拉伸命令“stretch”拉伸对象时，不能(　　)。

A. 把圆拉伸为椭圆　　B. 把正方形拉伸成长方形

C. 移动对象特殊点　　D. 整体移动对象

6. 在使用拉伸命令时，与选取窗口相交的对象会被____，完全在选取窗口外的对象会____，而完全在窗口内的对象会____(　　)。

A. 移动　不变　不变　　B. 不变　拉伸　移动

C. 移动　不变　拉伸　　D. 拉伸　不变　移动

7. 下列对象不能利用偏移命令偏移的是(　　)。

A. 文本　　B. 圆弧　　C. 直线　　D. 样条曲线

8. 对(　　)对象执行倒角命令无效。

A. 直线　　B. 多段线　　C. 构造线　　D. 圆弧

9. 选中一个对象，处于夹点编辑状态，按(　　)键，可以切换夹点编辑模式，如镜像、移动、旋转、拉伸或缩放。

A. Shift　　B. Tab　　C. Ctrl　　D. Enter

10. 用夹点编辑图形时，不能直接完成(　　)操作。

A. 镜像　　B. 比例缩放　　C. 复制　　D. 阵列

二、操作题

使用 AutoCAD 绘制以下图形。

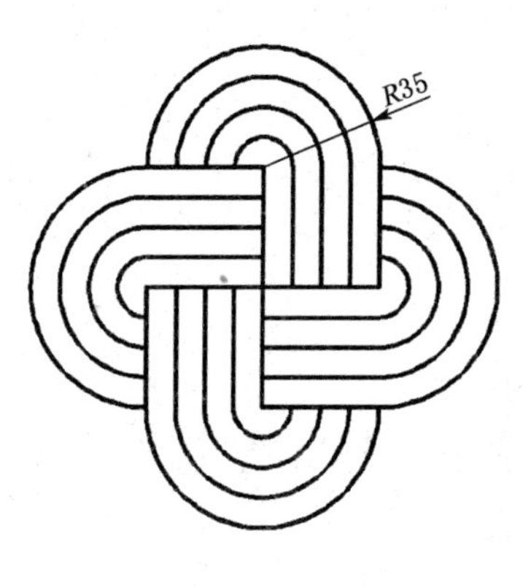

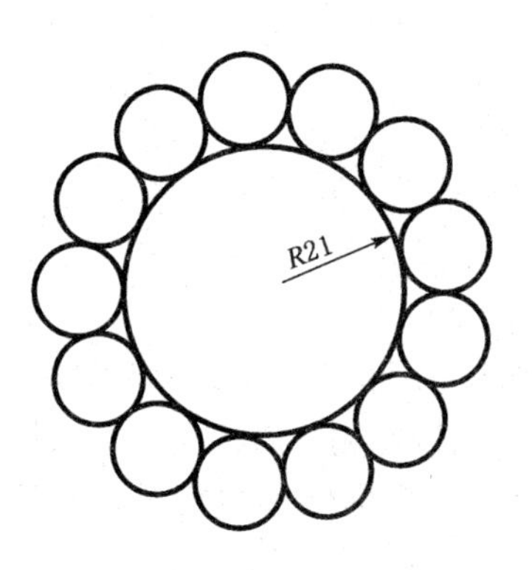

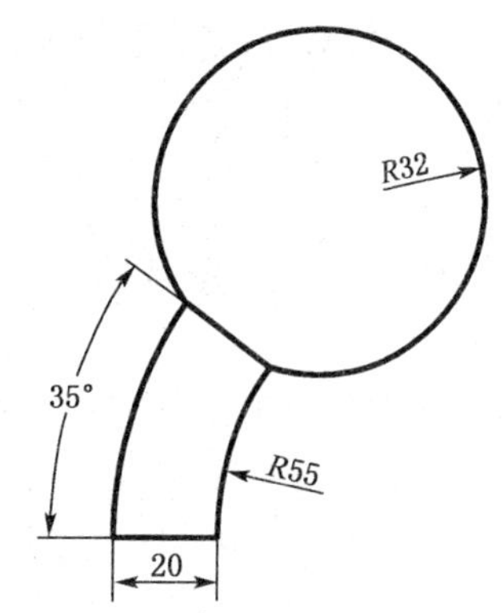

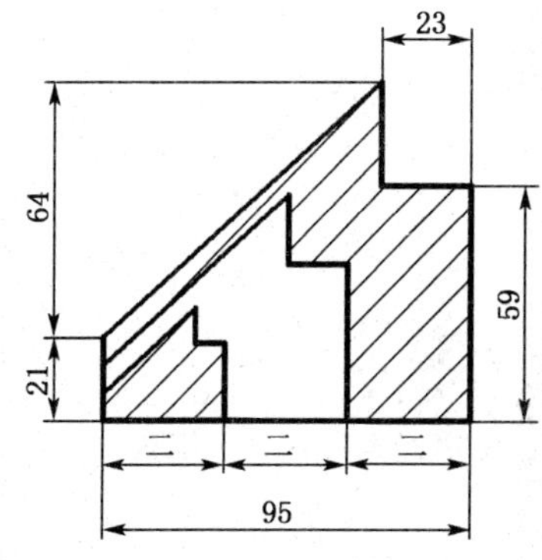

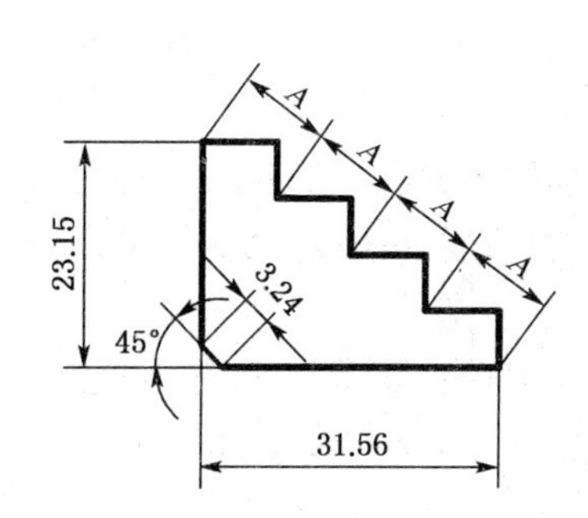

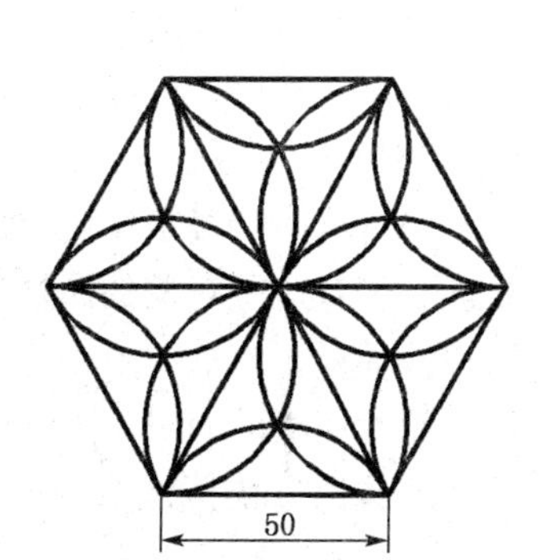

项目五 运用 AutoCAD 高级应用

能运用 CAD 高级应用完成楼梯剖面图绘制。

理解图层及对象特性的含义，掌握图层的使用。

掌握图案填充、制作和插入图块的使用技能。

掌握文本、尺寸标注的设置方法、注写及修改方法。

5.1 图层与对象特性

5.1.1 对象特性

我们可以把 AutoCAD 中的各个图形元素称为对象，对象的属性也叫对象特性，包含显示特性和几何特性。显示特性包括对象的颜色、线型及线宽等；几何特性包括对象的尺寸和位置。譬如我们画了圆、直线等对象，圆的圆心位置、半径、周长、面积等属性是它的几何特性，而线宽、线型、颜色等是它的显示特性。可以通过特性面板来了解这些对象的属性，如图 5-1 所示。

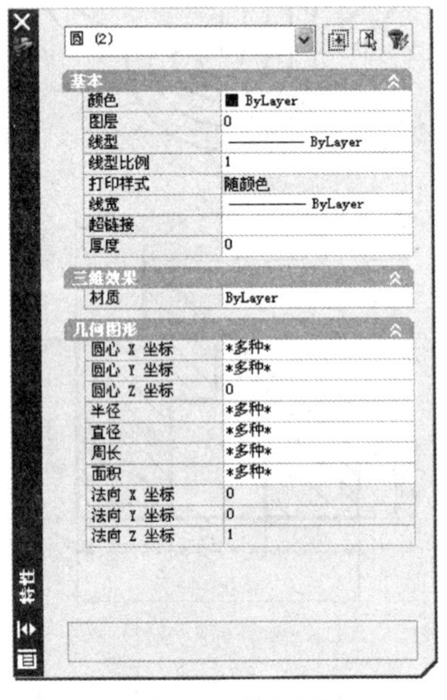

图 5-1 “特性”对话框

经过绘图阶段工作后，添加了各种各样的对象。然后需要进一步对这些对象的属性进行查看并修改。此时，可以使用特性面板。

特性面板的打开可以通过菜单：“工具”→“选项板”→“特性”或通过快捷键 Ctrl+1 打开。或者通过命令 properties 打开。

命令调用方式：

- 菜单：选择【修改】/【特性】命令。

- 工具栏：单击【标准】工具栏中的 按钮。
- 命令行：PROPERTIES(或别名 PR)。

“特性”选项板默认处于浮动状态。在“特性”选项板的标题栏上单击鼠标右键，将弹出一个快捷菜单。可通过该快捷菜单确定是否隐藏选项板、是否在选项板内显示特性的说明部分以及是否将选项板锁定在主窗口中。“特性”选项板中显示了当前选择集中对象的所有特性和特性值，当选中多个对象时，将显示它们的共有特性。可以通过它浏览、修改对象的特性，也可以通过它浏览、修改满足应用程序接口标准的第三方应用程序对象，图 5-2 是特性工具窗口、单个对象特性和多个对象特性。

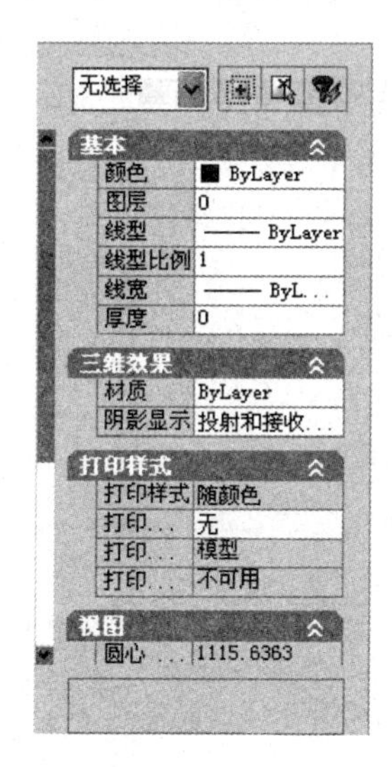

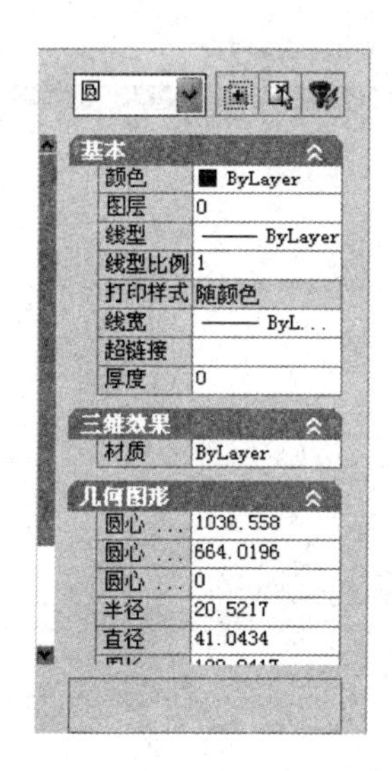

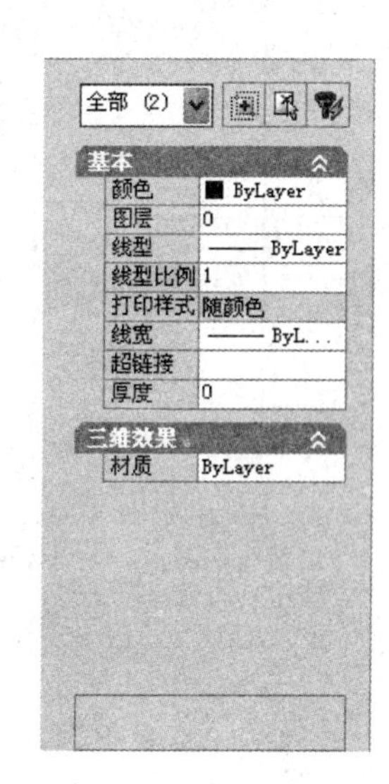

图 5-2　对象特性设置

对于对象的一些简单属性可以通过“特性工具栏”来修改，如图 5-3 所示，可以通过“特性工具栏”来修改选中对象的颜色、线型、线宽等。

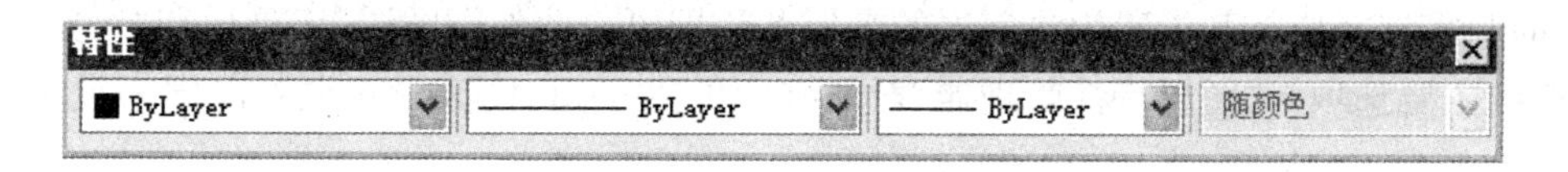

图 5-3　特性工具栏

5.1.2　图层

图层可以看成是一张透明的玻璃纸，在不同的图层上可以绘制图形的不同部分，最后将这些图层叠加起来，构成最终图形。同一图层具有同一种线型、同一种颜色、同一个线宽，即共同点显示特性。

在 AutoCAD 中，使用“图层特性管理器”对话框不仅可以创建图层，设置图层的颜色、线型和线宽，还可以对图层进行更多的设置与管理，如图层的切换、重命名、删除及图层的显示控制等。

(1) 设置图层特性

使用图层绘制图形时，新对象的各种特性将默认为随层，由当前图层的默认设置决定。也可以单独设置对象的特性，新设置的特性将覆盖原来随层的特性。在“图层特性管理器”对话框中，每个图层都包含状态、名称、打开/关闭、冻结/解冻、锁定/解锁、线型、颜色、线宽和打印样式等特性。如图 5-4 所示。

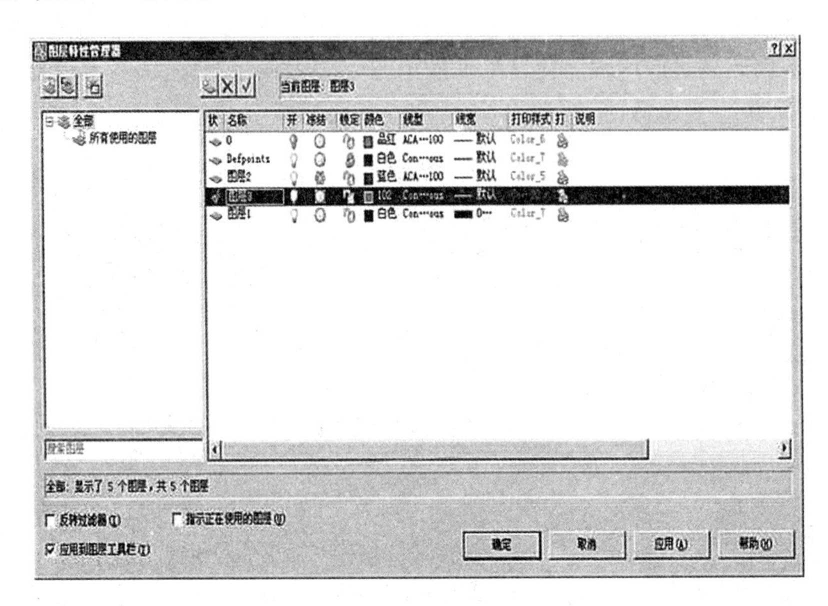

图 5-4 “图层特性管理器”对话框

(2) 切换当前层

在“图层特性管理器”对话框的图层列表中，选择某一图层后，单击“当前图层”按钮，即可将该层设置为当前层。

在实际绘图时，为了便于操作，主要通过“图层”工具栏和“对象特性”工具栏来实现图层切换，这时只需选择要将其设置为当前层的图层名称即可。此外，“图层”工具栏和“对象特性”工具栏中的主要选项与“图层特性管理器”对话框中的内容相对应，因此也可以用来设置与管理图层特性。

(3) 使用“图层过滤器特性”对话框过滤图层

在 AutoCAD 中，图层过滤功能大大简化了在图层方面的操作。图形中包含大量图层时，在“图层特性管理器”对话框中单击“新特性过滤器”按钮，可以使用打开的“图层过滤器特性”对话框来命名图层过滤器。如图 5-5 所示。

(4) 使用“新组过滤器”过滤图层

在 AutoCAD 2008 中，还可以通过“新组过滤器”过滤图层。可在“图层特性管理器”对话框中单击“新组过滤器”按钮，并在对话框左侧过滤器树列表中添加一个“组过滤器 1”(也可以根据需要命名组过滤器)。在过滤器树中单击“所有使用的图层”节点或其他过滤器，显示对应的图层信息，然后将需要分组过滤的图层拖动到创建的“组过滤器 1”上即可。如图 5-6 所示。

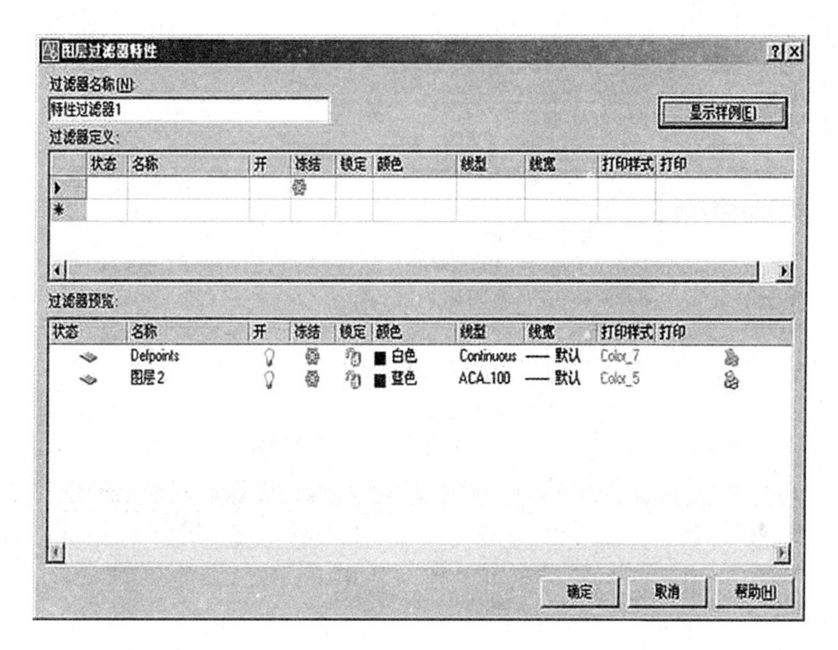

图 5-5　“图层过滤器特性”对话框

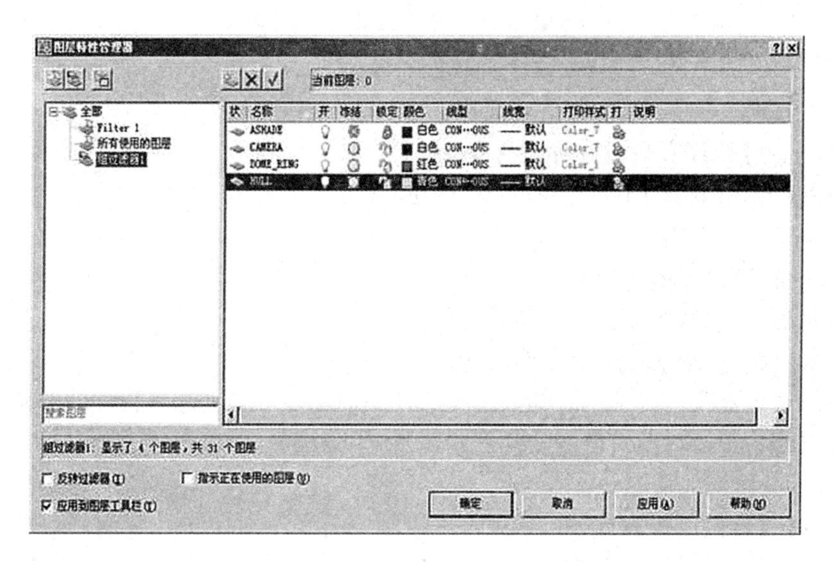

图 5-6　图层过滤器特性

(5) 保存与恢复图层状态

图层设置包括图层状态和图层特性。图层状态包括图层是否打开、冻结、锁定、打印和在新视口中自动冻结，如图 5-7 所示。图层特性包括颜色、线型、线宽和打印样式。可以选择要保存的图层状态和图层特性，如图 5-8 所示。例如，可以选择只保存图形中图层的“冻结/解冻”设置，忽略所有其他设置。恢复图层状态时，除了每个图层的冻结或解冻设置以外，其他设置仍保持当前设置。在 AutoCAD 2008 中，可以使用“图层状态管理器”对话框来管理所有图层的状态。

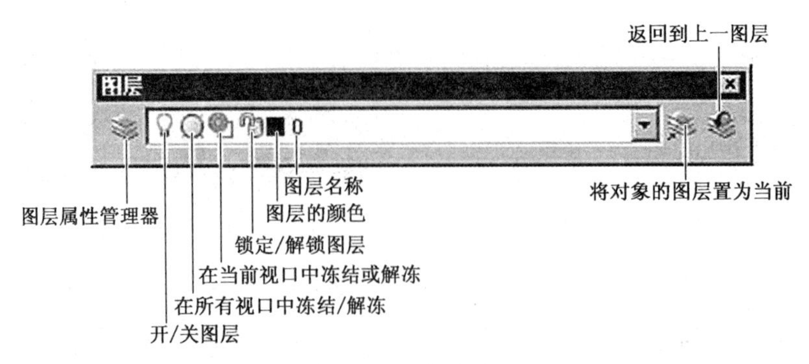

图 5-7　图层状态

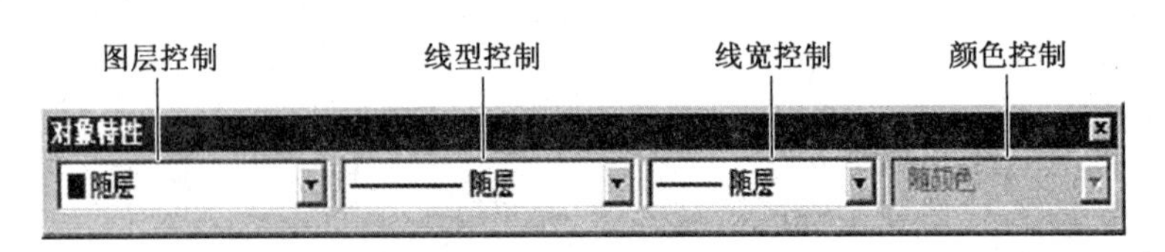

图 5-8　图层特性

5.1.3　特性匹配

该命令可以将选定对象的特性应用到其他对象。

命令调用方式：

- 菜单：选择【修改】/【特性匹配】命令。
- 工具栏：单击【标准】工具栏中的 按钮。
- 命令行：PAINTER。

输入该命令后，命令栏提示如下：

选择源对象：//选择要复制其特性的对象

当前活动设置：//当前选定的特性匹配设置

选择目标对象或[设置(S)]：//输入 s 或选择一个或多个要复制其特性的对象

【目标对象】指定要将源对象的特性复制到其上的对象。可以继续选择目标对象或按 Enter 键应用特性并结束该命令。

【设置】显示【特性设置】对话框，从中可以控制要将哪些对象特性复制到目标对象。默认情况下，将选择【特性设置】对话框中的所有对象特性进行复制。可应用的特性类型包括颜色、图层、线型、线型比例、线宽、打印样式和其他指定的特性。

5.2　填充

5.2.1　图案填充

在绘制图形时，经常需要将图形内部进行图案的填充，AutoCAD 为用户提供了“图案填充”命令，可以按照用户的要求进行填充。

命令的调用方式：

- 菜单：选择【绘图】/【图案填充】命令 图案填充(H)。
- 命令行：输入 BHATCH 后按 Enter 键。
- 常用选项卡：在【绘图】面板中单击【图案填充】按钮 。

使用该命令后将弹出“图案填充和渐变色”对话框，如图 5-9 所示。

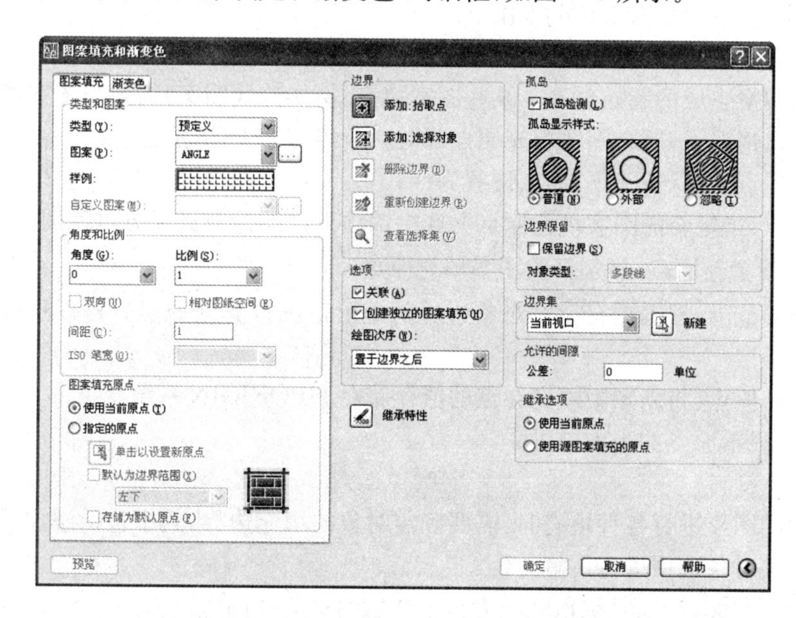

图 5-9　“图案填充和渐变色”对话框

“图案填充和渐变色”对话框中各选项的作用如下：

(1) 类型和图案

类型：设置图案类型，包括“预定义”、“用户定义”和“自定义”3 种类型的图案可供用户选择、定义和使用。

预定义：AutoCAD 软件自身提供的图案类型，可以从软件自带的“acad. pat”或“acadiso. pat”文件中调用。

用户定义：图案基于图形中的当前线型来临时定义的图案。

自定义：允许从其他 PAT 文件中指定一种定义的图案。

图案：列出可用的预定义图案。最近使用的 6 个用户预定义图案出现在列表顶部。该选项只有在“类型”设置为“预定义”时才可以使用。单击其后方的“填充图案选项” 按钮，将显示“填充图案选项板”对话框，从中可以查看所有预定义图案的预览图像。

样式：显示已选定图案的预览图像。当单击该选项时显示“填充图案选项板”对话框。

自定义图案：列出可用的自定义图案。该项只有在“类型”设置为“自定义”时才可以使用。

(2) 角度和比例

对于选定填充图案的角度和比例进行设置。

“角度”：指定填充图案的旋转角度，每种图案在定义时初始角度为 0。

“比例”：设置图案填充的比例，每种图案在定义时初始比例为 1，可根据用户需要进行放大或缩小。在“类型”设置为“用户定义”时该项不可用。

“双项”:将绘制第二组直线,这些直线与原来的直线成 90°角,从而构成交叉线。在“类型”设置为“用户定义”时才可以使用。

“相对图纸空间”:相对于图纸空间单位缩放填充图案。

“间距”:指定用户定义图案中平行线间的间距。在“类型”设置为“用户定义”时才可使用。

“ISO 笔宽”:设置视图中 ISO 相关的图案的填充笔宽。“类型”设置为“预定义”,并将“图案”设置为可用的 ISO 图案时才可使用。

(3) 图案填充原点

控制填充图案生成的起始位置。某些图案填充(例如砖块图案)需要与图案填充边界上的一点对齐。默认情况下,所有图案填充原点都对应于当前的 UCS 原点。

使用当前原点:默认情况下,原点设置为(0,0)。

指定的原点:指定新的图案填充原点。选中该项下面的命令选项方可使用。

单击以设置新原点:指定新的图案填充原点。

默认为边界范围:根据图案填充对象边界的矩形范围计算新原点。可以选择该范围的 4 个角点及其中心。

存储为默认原点:将新图案填充原点的值存储在 HPORIGIN 系统变量中。

原点预览:显示原点的当前位置。

(4) 边界

在给绘制的图形进行各种填充时,需要确定对象的填充边界,其中包括添加、删除、查看边界等命令。下面对各选项进行讲解。

添加:拾取点 :移动光标指定构成封闭区域的对象来确定边界。

添加:选择对象 :移动光标指定构成封闭区域的单个或多个对象来确定边界。

删除边界 :删除之前添加的边界对象。

重新创建边界 :选定的图案填充或填充对象创建多段线或面域,并使其与图案填充对象相关联(可选)。

查看选择集 :查看定义的填充边界,选用该项命令后暂时关闭“图案填充和渐变色”对话框,显示当前定义的边界。如果未定义边界,则此选项不可用。

(5) 选项

控制常用的图案填充或填充选项。

注释性:用于对填充图形加以注释的特性。

关联:设置图案填充或渐变填充的关联。关联的图案填充或渐变填充在用户修改样式后,边界填充将随之更新。

创建独立的图案填充:指定了几个单独的闭合边界时,是创建单个图案填充对象,还是创建多个图案填充对象。

绘图次序:为图案填充或填充指定绘图顺序。图案填充可以放在所有其他对象之后或之前、图案填充边界之后或图案填充边界之前。

继承特性 :将现有图案填充或填充对象的特性应用到将要填充的对象。

预览 预览 :单击该按钮将关闭“图案填充和渐变色”对话框,显示当前设置填充的边界效果,按 Enter 键或单击鼠标右键确定填充效果,否则将返回“图案填充和渐变色”对话框重新设置。如果没有预先定义边界或填充对象,该项不可用。

(6) 孤岛

在进行图案填充时,通常将位于一个已定义好的填充区域内的封闭区域称为孤岛。“孤岛”是在几个相互嵌套的封闭图形之间会产生的现象,主要指定是否将最外层边界内的对象作为边界对象,如一个矩形内部嵌套着椭圆,椭圆内又嵌套着另一个矩形……单击“图案填充和渐变色”对话框右下角的按钮,将显示更多选项,可以对孤岛和边界进行设置,如图 5-10。

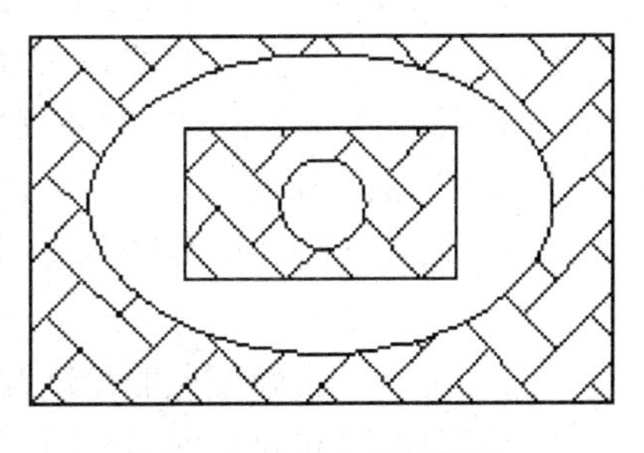

图 5-10　孤岛填充图例

在图案填充的高级选项卡中可以设置要不要孤岛。

5.2.2　渐变色填充

渐变色填充可以使填充的图形出现颜色过渡效果,它是一种实体填充。可以用渐变色填充使图形模仿真实实体。

命令的调用方式:

- 菜单:选择【绘图】/【渐变色】命令 渐变色。
- 命令行:输入 BHATCH 后按 Enter 键,在打开的对话框中单击“渐变色”。
- 常用选项卡:在【绘图】面板中单击【渐变色】填充按钮 。

使用上述命令后将弹出“渐变色”选项卡,如图 5-11 所示。

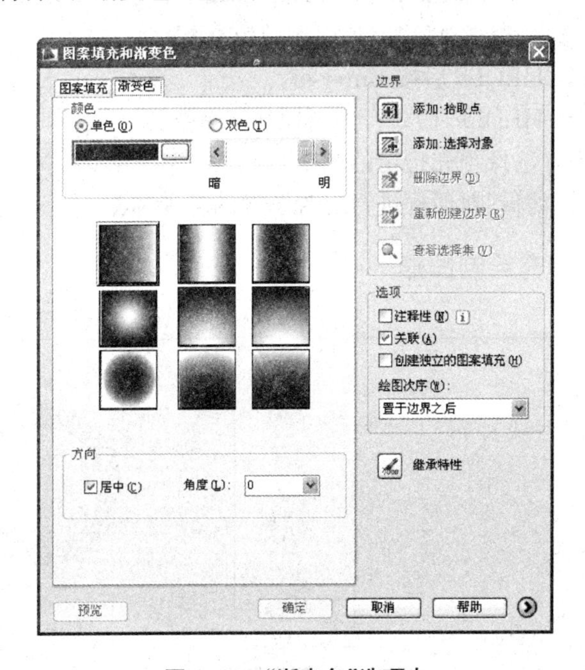

图 5-11　“渐变色”选项卡

“渐变色”选项卡中各选项的作用如下：

• 颜色：设置单色填充或双色填充。

• 单色：指定使用从较深着色到较浅色调平滑过渡的单色填充，其后方的 按钮可设置索引颜色、真彩色、配色系统类型的填充模式，用户可以从中自选颜色进行填充。

• 明、暗滑块：指定一种颜色的渐变（选定颜色与白色的混合）或着色（选定颜色与黑色的混合），用于渐变填充。

• 双色：指定在两种颜色之间平滑过渡的渐变填充，当选择该项后出现“颜色 1”、“颜色 2”选框设置颜色。

• 方向：指定渐变色的角度及其是否对称。

• 居中：指定对称的渐变色。

• 角度：指定渐变填充的角度。

5.2.3 填充图案的编辑

“编辑图案填充”用于修改现有图案的填充对象。

图案填充编辑的方法：调用图案填充编辑命令后，根据命令行的提示选择要编辑的对象，系统将打开“图案填充编辑”对话框，在该对话框中进行相应的设置后单击“确定”按钮即可。

命令的调用方式：

• 菜单：选择【修改】/【对象】/【编辑图案填充】命令 图案填充(H)。

• “常用”选项卡：单击【修改】面板下拉列表中的【编辑图案填充】按钮 。

• 工具栏：选择【修改 II】/【对象】/【编辑图案填充】命令。

命令行：输入 HATCHEDIT 后按 Enter 键。

命令行：输入 HATCHEDIT，命令行中出现如下命令：

选择图案填充对象：（选择预先指定的图案）

随后打开“图案填充编辑”对话框进行设置图案的各种选项。

任务一　用图案填充绘制图形

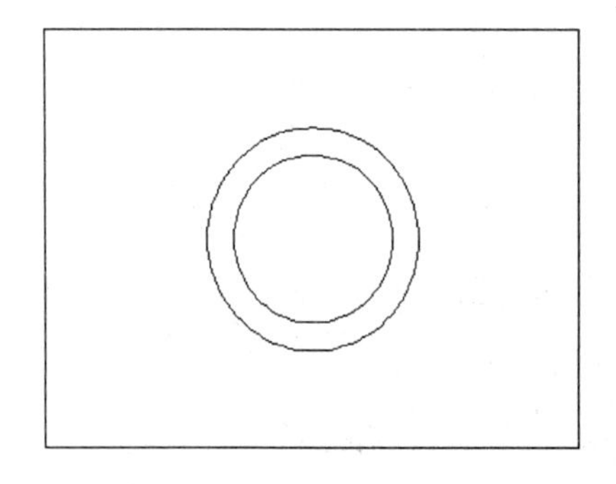
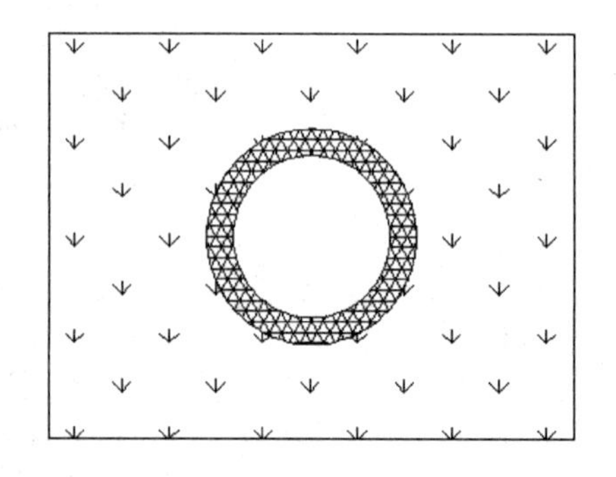

图 5-12　图案填充示例

实施步骤：

使用矩形、偏移图案填充绘制图形，提示如下：

命令：_rectang

指定第一个角点或[倒角(C)/标高(E)/圆角(F)/厚度(T)/宽度(W)]：(在合适处点击)

指定另一个角点或[面积(A)/尺寸(D)/旋转(R)]：@200，－150

命令：_circle 指定圆的圆心或[三点(3P)/两点(2P)/相切、相切、半径(T)]：

指定圆的半径或[直径(D)]<20.0000>：30

命令：_offset

当前设置：删除源＝否　图层＝源　OFFSETGAPTYPE＝0

指定偏移距离或[通过(T)/删除(E)/图层(L)]<5.0000>：　10

选择要偏移的对象，或[退出(E)/放弃(U)]<退出>：

指定要偏移的那一侧上的点，或[退出(E)/多个(M)/放弃(U)]<退出>：

选择要偏移的对象，或[退出(E)/放弃(U)]<退出>：(偏移形成圆环)

命令：_bhatch

选择图案中其他预定义中的 NET3，比例选 1.25

选择边界，拾取内部点或[选择对象(S)/删除边界(B)]：(在圆环中点击，回车确定即可)

命令：_bhatch

选择图案中其他预定义中的 GRASS，比例选 1

选择边界，拾取内部点或[选择对象(S)/删除边界(B)]：(在圆环外矩形内点击)

在孤岛检测中选择外部，回车确定即可。

5.3　添加外部对象

在 AutoCAD 中，经常需要添加一些外部对象，这些外部对象都集成在“插入”菜单中，如图 5-13 所示。如块、参照、字段、其他图像、外部参照、超链接等。通过这些外部对象，可以实现很多高级的实用的功能。其中在绘图阶段应用比较多的是“块”的使用。

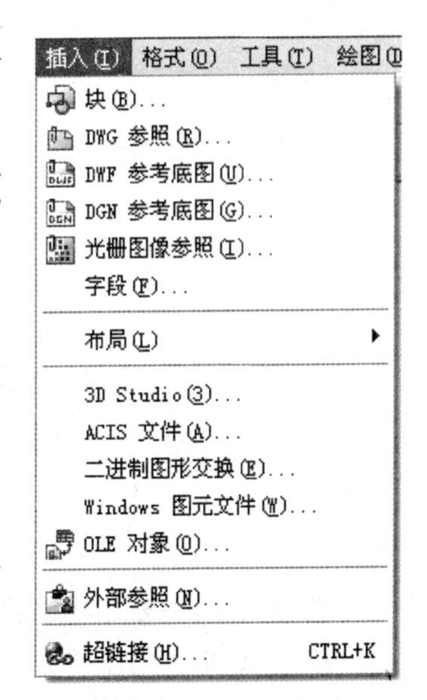

图 5-13　“插入”菜单

1) 块的特征

“块”的应用目的是为了重复使用一些图形对象。块对象在 CAD 中具有这样一些特征：

(1) 具有独立的名称。每个块在创建时必须为其取名，否则不能进行创建。

(2) 是一个整体。块是一个整体对象，只要单击就可将其全部选中，在选中时只以虚线显示块的轮廓线，而不再显示夹点，要恢复到一般的二维图形需将其分解。

(3) 具有插入点。块的特征点除去具备创建块之前的各种特征点以外，还具备"插入点"，也就是在创建块时所拾取的基点。如图 5-14 所示。

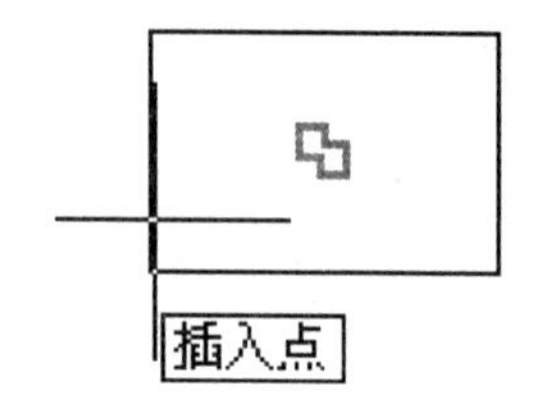

图 5-14 "块"插入点选择

2）块的创建

创建块前必须有一个预备图形，在创建时把这个图形创建为块。

"绘图">"创建块"，打开"块定义"对话框，如图 5-15 所示。

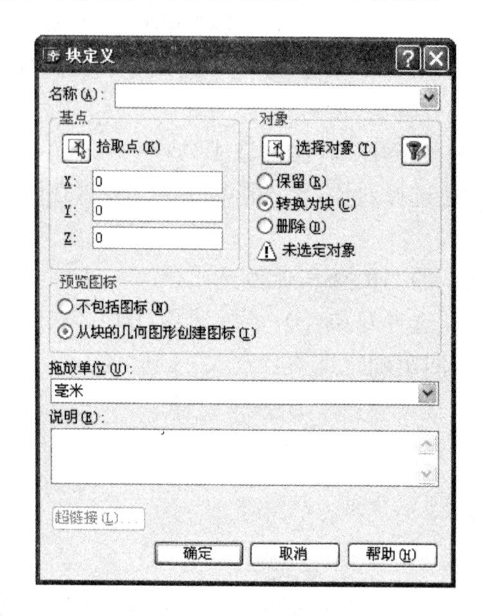

图 5-15 "块定义"对话框

名称：不可忽略的设置，如果该项空白，则将被警告。

图 5-16 "警告"提示

选择对象：把要创建块的图形对象选中。

拾取点：作为将来插入块时的基点，如果省略，虽然能创建成块，但插入点将以坐标原点(0,0)为基点，一般取图形自身的某特征点作为基点。

以上三项设置完毕后就可以点击“确定”，完成块的创建。

3）插入块

“插入”>“块”，打开“插入”对话框，如图 5-17 所示。

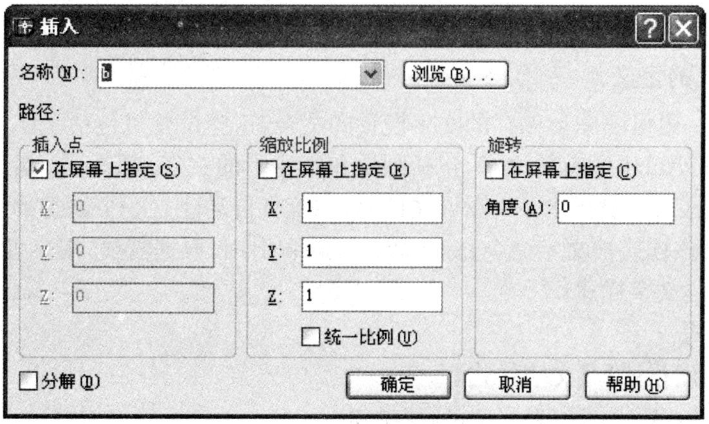

图 5-17 “插入”对话框

名称：下拉选择一个创建的块的名称。

插入点：一般取“在屏幕上指定”。

缩放比例：如果保持原比例，此项可以省略。

旋转：如果保持原方向，此项可以省略。

单击“确定”并在工作窗口内单击指定插入点完成。

4）将另一个 dwg 文件作为块插入

在“插入”>“块”的操作中，还可以点击“浏览”按钮，打开一个以前绘制好并保存过的 dwg 文件作为块插入当前图形中，这为一个大的绘图项目提供了团队合作的可能。

5）动态块

动态块具有非常强大的功能，可以根据不同的条件生成不同的图形对象，此项功能在 AutoCAD 2008 及其以后版本里得到不断升级。

动态块具有灵活性和智能性。用户在操作时可以轻松地更改图形中的动态块参照，可以通过自定义夹点或自定义特性来操作动态块参照中的几何图形，这使得用户可以根据需要在位调整块，而不用搜索另一个块以插入或重定义现有的块。

关于动态块的学习及使用方法，可参考网络资源或 AutoCAD 帮助系统。

通过以上办法，往文件里添加了各种图形对象或外部对象后，下一步需要对已经添加的图形对象进行修改或进行格式化，以达到用户的需求，因此需要掌握一定的修改技能。

5.4 注释

设计制图的目的，是为了与其他人员进行交流，经过绘图及修改后，建筑元素可以在图纸上得到体现，下一步就是对图纸进行注释，即添加文字及标注说明，使阅读图纸的人能够读懂图纸。对文字、表格及标注的使用都包括定义、使用和修改 3 个内容。

5.4.1 文字

1）文字样式的定义

文字样式是一组可随图形保存的文字设置的集合，这些设置可包括字体、文字高度以及特殊效果等。AutoCAD 中所有的文字，包括图块和标注中的文字，都是同一定的文字样式相关联的。通常，AutoCAD 中新建一个图形文件后，系统将自动建立一个缺省的文字样式“Standard（标准）”，并且该样式被文字命令、标注命令等缺省引用，根据需要，用户可以使用文字样式命令来创建或修改文字样式。

命令调用方式：

- 菜单：选择【格式】/【文字样式】命令。
- 工具栏：单击【文字】工具栏中的 A 按钮。
- 命令行：STYLE（或别名 ST）。

调用该命令后，系统弹出“文字样式”对话框，如图 5-18 所示。

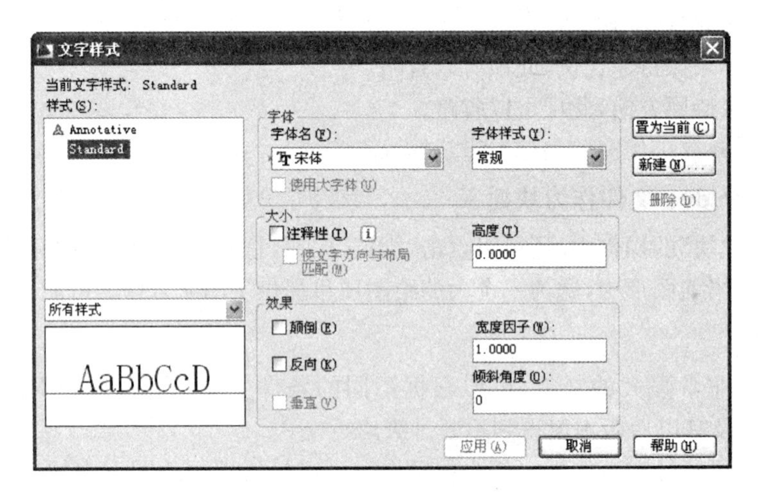

图 5-18 “文字样式”对话框

该对话框主要分为 4 个区域，下面分别对其进行说明。

【样式】名称：在该栏的下拉列表中包括了所有已建立的文字样式，并显示当前的文字样式。用户可单击 新建(N)... 按钮新建一个文字样式。

【字体】栏：在“字体名”列表中显示所有 AutoCAD 可支持的字体，这些字体有两种类型：一种是带有图标、扩展名为“. shx”的字体，该字体是利用形技术创建的，由 AutoCAD 系统所提供；另一种是带有图标、扩展名为“. ttf”的字体，该字体为 TrueType 字体，通常为 Windows 系统所提供。

某些 TrueType 字体可能会具有不同的字体样式，如加黑、斜体等，用户可通过“字体样式”列表进行查看和选择。而对于 SHX 字体，“Use Big Font”项将被激活。选中该项后，“字体样式”列表将变为“Big Font”(大字体)列表。大字体是一种特殊类型的形文件,可以定义数千个非 ASCII 字符的文本文件,如汉字等。

【文字高度】编辑框用于指定文字高度。如果设置为 0,则引用该文字样式创建字体时需要指定文字高度,否则将直接使用框中设置的值来创建文本。

【效果】栏:

颠倒:用于设置是否倒置显示字符。

反向:用于设置是否反向显示字符。

宽度比例:用于设置字符宽度比例。输入值如果小于 1.0 将压缩文字宽度,输入值如果大于 1.0 则将使文字宽度扩大。如果值为 1,将按系统定义的比例标注文字。

倾斜角度:用于设置文字的倾斜角度,取值范围在－85～85 之间。

【预览栏】用于预览字体和效果设置,用户的改变(文字高度的改变除外)将会引起预览图像的更新。

当用户完成对文字样式的设置后,可单击 应用(A) 按钮将所做的修改应用到图形中使用当前样式的所有文字。

【置为当前】把选中的文字样式作为当前的文字样式。

【新建】按钮:单击该按钮,打开“新建文字样式”对话框。在“样式名”文本框中输入新建文字样式名称后,单击“确定”按钮可以创建新的文字样式。新建文字样式将显示在“样式名”下拉列表框中。

2）单行文字

单行文字是文字输入中一种常用的输入方式。在不需要多种字体或多行文字内容时,可以创建单行文字。单行文字主要用于标注文字、标注块文字等内容。

命令调用方法:

- 菜单:选择【绘图】/【文字】/【单行文字】命令。
- 工具栏:单击【文字】工具栏中的 AI 按钮。
- 命令行:TEXT。

调用“单行文字”命令后,AutoCAD 的命令行提示:

指定文字的起点或[对正(J)/样式(S)]:

下面介绍提示行中的选项含义。

【指定文字的起点】是默认选项,指定单行文字行基线的起点位置,要求用户用光标在绘图区指定。

【指定高度】这是在“文字样式”中没有设置高度时才出现该提示,否则 AutoCAD 使用“文字样式”中设置的文字高度。用户输入一个正数即可。

【指定文字的旋转角度】文字旋转角度是指文字行排列方向与水平线的夹角。

如果用户在命令行中选择的是【对正】选项,AutoCAD 命令行出现提示:

[对齐(A)/布满(F)/居中(C)/中间(M)/右对齐(R)/左上(TL)/中上(TC)/右上(TR)/左中(ML)/正中(MC)/右中(MR)/左下(BL)/中下(BC)/右下(BR)]:

这是用于设置文字的排列方式,下面介绍提示行中的选项含义。

【对齐】该选项用文字行基线的起点与终点来控制文字对象的排列。要求用户指定文字基线的起点和终点。

【调整】指定文字按照由两点定义的方向和一个高度值布满一个区域。只适用于水平方向的文字。

【居中】该选项用于用户指定文字行的中心点。用户在绘图区中指定一点作为中心。此外,用户还需要指定文字的高度和文字行的旋转角度。

【中间】该选项用于用户指定文字行的中间点。此外,用户还需要指定文字行在垂直方向和水平面方向的中心、文字高度和文字行的旋转角度。

【右对齐】在由用户给出的点指定的基线上右对正文字。

【左上】在指定为文字顶点的点上左对正文字。只适用于水平方向的文字。

【中上】在指定为文字顶点的点居中对正文字。只适用于水平方向的文字。

【右上】在指定为文字顶点的点上右对正文字。只适用于水平方向的文字。

【左中】在指定为文字中间点的点上靠左对正文字。只适用于水平方向的文字。

【正中】在文字的中央水平和垂直居中对正文字。只适用于水平方向的文字。

【右中】在指定为文字的中间点的点右对正文字。只适用于水平方向的文字。

【BL(左下)】在指定为基线的点左对正文字。只适用于水平方向的文字。

【中下】在指定为基线的点居中对正文字。只适用于水平方向的文字。

【BR(右下)】在指定为基线的点靠右对正文字。只适用于水平方向的文字。

【样式】指定文字样式,文字样式决定文字字符的外观。创建的文字使用当前文字样式。

3) 单行文字的编辑

单行文字的编辑主要包括修改文字特性和文字内容。要修改文字内容,可直接双击文字,此时进入编辑文字状态,即可对要修改的文字内容进行修改。要修改文字的特性,可通过修改文字样式来获得文字的颠倒、反向和垂直等效果。如果同时修改文字内容和文字的特性,通过“特性”修改最为方便。

在输入文字时,用户除了要输入汉字、英文字符外,还可能经常需要输入诸如常用直径符号 ϕ、∞等特殊符号,如常用直径符号 ϕ,可直接输入代号%%,度数符号输入%%d,正负号输入%%P。也可借助于 Windows 系统提供的模拟键盘输入。

4) 多行文字

多行文字又称为段落文字,是一种更易于管理的文字对象,它由 2 行以上的文字组成,而且各行文字都是作为一个整体来处理。

命令调用方式:

- 菜单:选择【绘图】/【文字】/【多行文字】命令。
- 工具栏:单击【绘图】工具栏中的 A 按钮。

命令行:MTEXT(或别名 MT、T)。

调用该命令后,AutoCAD 将弹出“多行文字编辑器”对话框。下面分别介绍其中的各项功能。

【字符】选项卡:如图 5-19 所示,在该选项卡中除了可以进行一些常规的设置,如字体、高度、颜色等,还包括其他一些特殊设置。

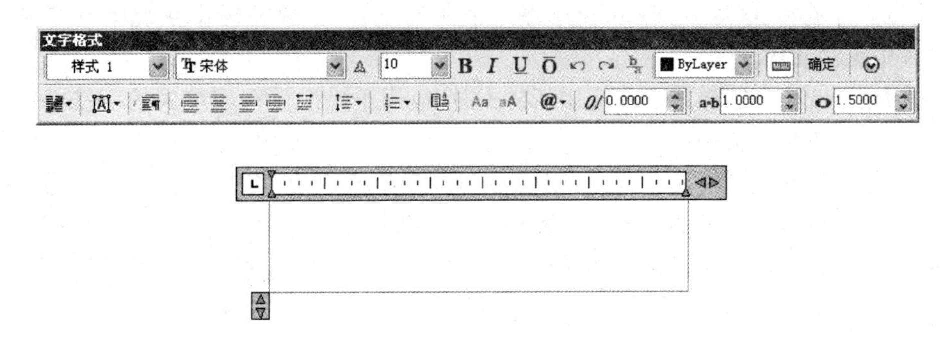

图 5-19　"多行文字编辑"对话框

【堆叠/非堆叠】当选中的文字中包含有"^"、"/"或"#"3 种符号时，该项将被激活，用于设置文字的堆叠形式或取消堆叠。如果设置为堆叠，则这些字符左边的文字将被堆叠到右边文字的上面，具体格式见表 5-1 所示。

表 5-1　堆叠说明表

符　号	说　　明
^	表示左对正的公差值，形式为：$\begin{matrix}\underline{\text{左侧文字}}\\\text{右侧文字}\end{matrix}$
/	表示中央对正的分数值，形式为：$\frac{\text{左侧文字}}{\text{右侧文字}}$
#	表示被斜线分开的分数，形式为：左侧文字/右侧文字

用户还可以选中已设置为堆叠的文字并单击右键，在快捷菜单中选择"特性"项，弹出"堆叠特性"对话框，如图 5-20 所示。在该对话框中，用户可以对堆叠的文字做进一步的设置，包括上方与下方的文字，样式、位置及大小等外观控制。此外，用户还可以单击[自动堆叠(A)]按钮弹出"自动堆叠特性"对话框来设置自动堆叠的样式，也可以去掉在整数数字和分数之间的前导空格。

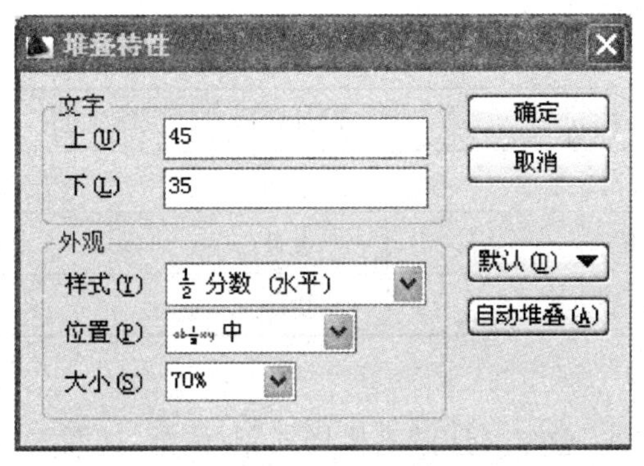

图 5-20　"堆叠特性"对话框

【插入符号】通过该选项可以在文字中插入度数、正/负、直径和不间断空格等特殊符号。此外，如果用户选择"其他"项，则将弹出"字符映射表"对话框，来显示和使用当前字体的全部字符。注意,“字符映射表”是 Windows 系统的附件组件,如果在操作系统中没有安装则在 AutoCAD 中无法使用。

【样式】用于改变文字样式。在应用新样式时,应用于单个字符或单词的字符格式(粗体、斜体、堆叠等)并不会被覆盖。

【对正】用于选择不同的对正方式。对正方式基于指定的文字对象的边界。注意,在一行的末尾输入的空格也是文字的一部分并影响该行文字的对正。

【宽度】指定文字段落的宽度。如果选择了“不换行”选项,则多行文字对象将出现在单独的一行上。

【旋转】指定文字的旋转角度。

5）多行文字的编辑

编辑多行文字的方法比较简单,可在图样中双击已输入的多行文字,或者选中在图样中已输入的多行文字并单击鼠标右键,从弹出的快捷菜单中选择“编辑多行文字”,打开“文字格式”编辑器对话框,然后编辑文字。

需要注意的是,如果修改文字样式的垂直、宽度比例与倾斜角度设置,将影响到图形中已有的用同一种文字样式书写的多行文字,这与单行文字是不同的。因此,对用同一种文字样式书写的多行文字中的某些文字的修改,可以重建一个新的文字样式来实现。

5.4.2 表格

表格是由行和列组成的,在中文版 AutoCAD 中,表格是在行和列中包含数据的对象。创建表格对象时,首先创建一个空表格,然后在表格的单元(行与列相交处)中添加内容。

在中文版 AutoCAD 中,用户可以使用创建表命令自动生成表格,使用创建表功能,用户不仅可以直接使用软件默认的样式创建表格,还可以根据自己的需要自定义表格样式。

系统默认情况下只有一种表格样式 Standard,用户可根据需要使用“格式”/“表格样式”命令,对原有的表格样式进行修改或自定义表格样式。

任务二　建筑图纸中标签的制作

表 5-2　某中学综合楼图纸标签

<table>
<tr><td>某中学综合楼</td><td>审定</td><td></td><td>设计阶段</td><td>施工图</td><td>工号</td><td>JS 06888</td></tr>
<tr><td rowspan="3">门窗表
建筑做法说明</td><td>院审</td><td></td><td>校对</td><td></td><td>图号</td><td>建施—03</td></tr>
<tr><td>室(所)审</td><td></td><td>设计</td><td></td><td>日期</td><td></td></tr>
<tr><td>项目负责人</td><td></td><td>绘图</td><td></td><td colspan="2">第 2 级　共 13 张</td></tr>
</table>

实施步骤:

单击“格式”/“表格样式”命令,打开“表格样式”对话框,如图 5-21 所示。

在该对话框中单击“新建”按钮,打开“创建新的表格样式”对话框,在“新样式名”文本框中输入样式名称“表 1”。

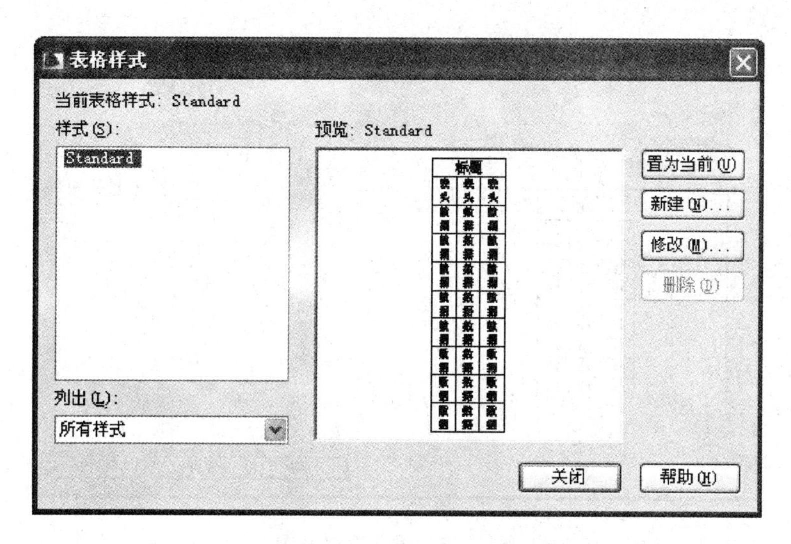

图 5-21　“表格样式”对话框

单击“继续”按钮，打开“新建表格样式：表 1”对话框，在对话框中标题单元特性中取消包含单元行，其他不动。

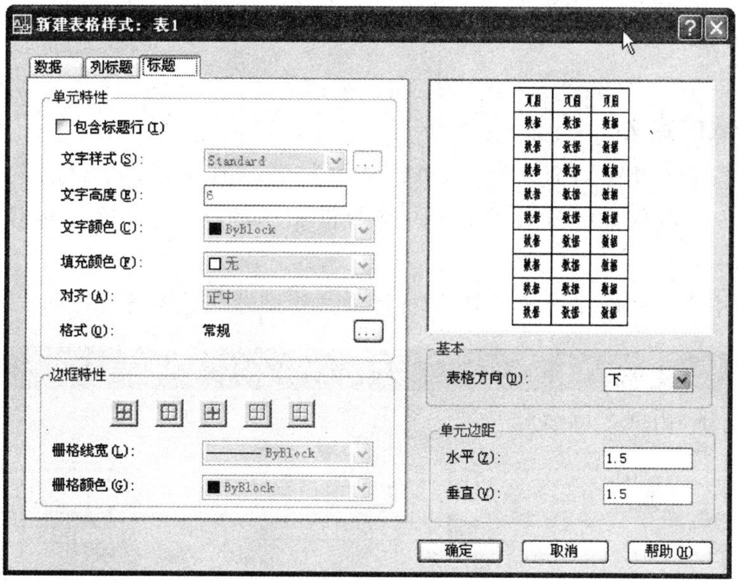

图 5-22　表 1 样式设置

单击“绘图”工具栏中的“表格”按钮，打开“插入表格”对话框，单击表格样式名称下拉按钮，从其打开的下拉列表中可看到已定义好的表 1 格样式，设置如图 5-23 所示。

在绘图区中的任意位置单击，作为表格的插入点。

对整个表格进行调整：选中整个表格（使用实框或虚框选择法）后单击鼠标右键，系统将弹出表格快捷菜单，用户可在该快捷菜单中选择相关的选项对单元格进行调整，将部分单元格合并。

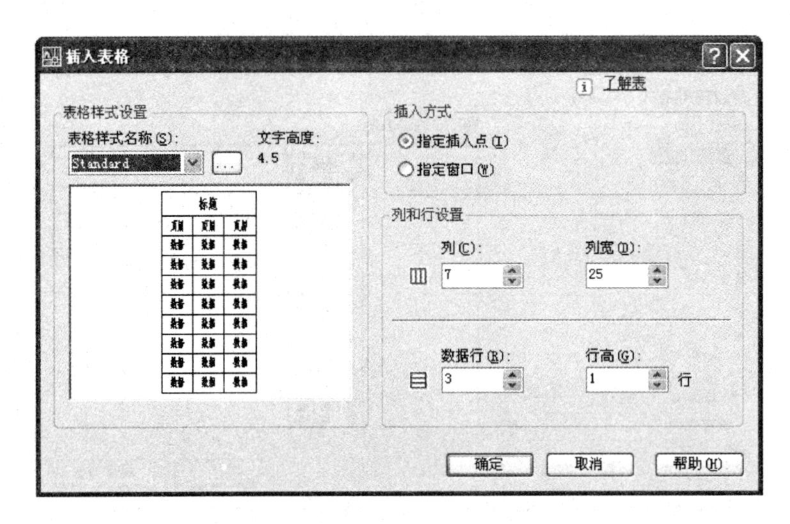

图 5-23　插入表格设置

然后依次在表格中输入"数据"文字,即可完成表格的绘制。对不合适的文字进行更改:双击要更改的单元格进入文字编辑状态,然后对文字进行更改即可。

5.4.3　标注

1) 标注样式的定义

标注样式是标注设置的命名集合,可用来控制标注的外观,如箭头样式、文字位置和尺寸线等。用户可以创建标注样式,以快速指定标注的格式,并确保标注符合行业或项目标准。

选择菜单"格式"→"标注样式",启动"标注样式管理器",如图 5-24 所示。

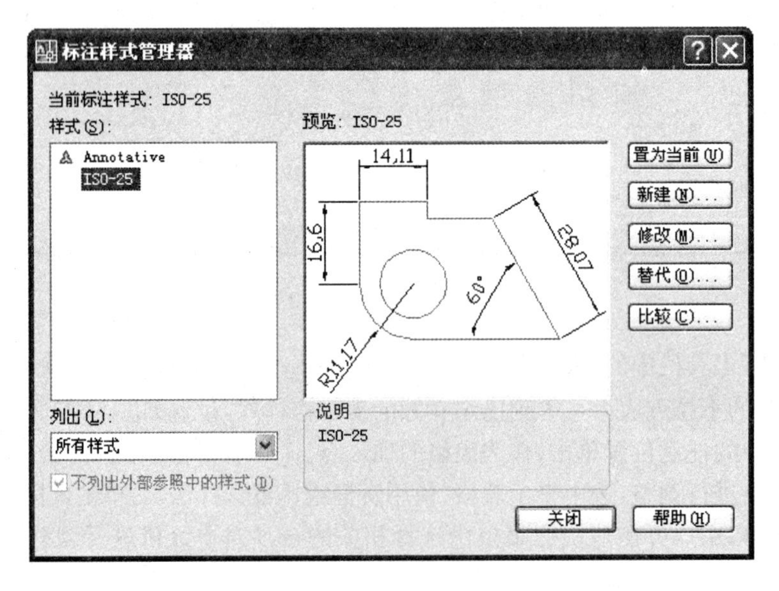

图 5-24　标注样式管理器

点击“新建”按钮，在弹出的“创建新标注样式”对话框中的“新样式名”中填写自定义的样式名称，如“jianzhu”，并点击“继续”按钮。如图 5-25 所示。

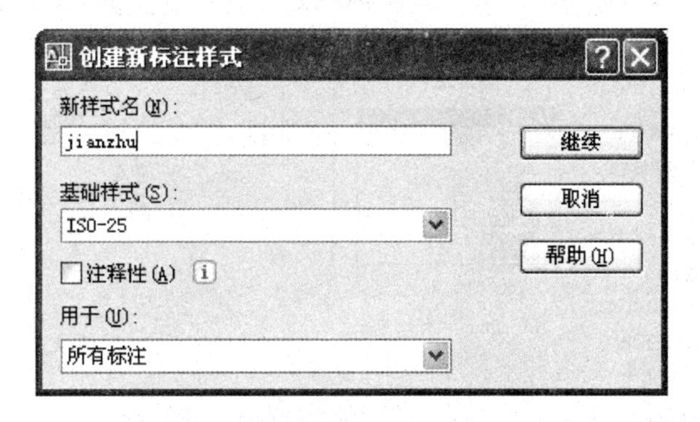

图 5-25　“创建新标注样式”对话框

在“新建标注样式”对话框中，包括线、符号和箭头、文字、调整、主单位、换算单位、公差 7 项，其中建筑中常用的标注只与前 5 项有关。如图 5-26 所示。

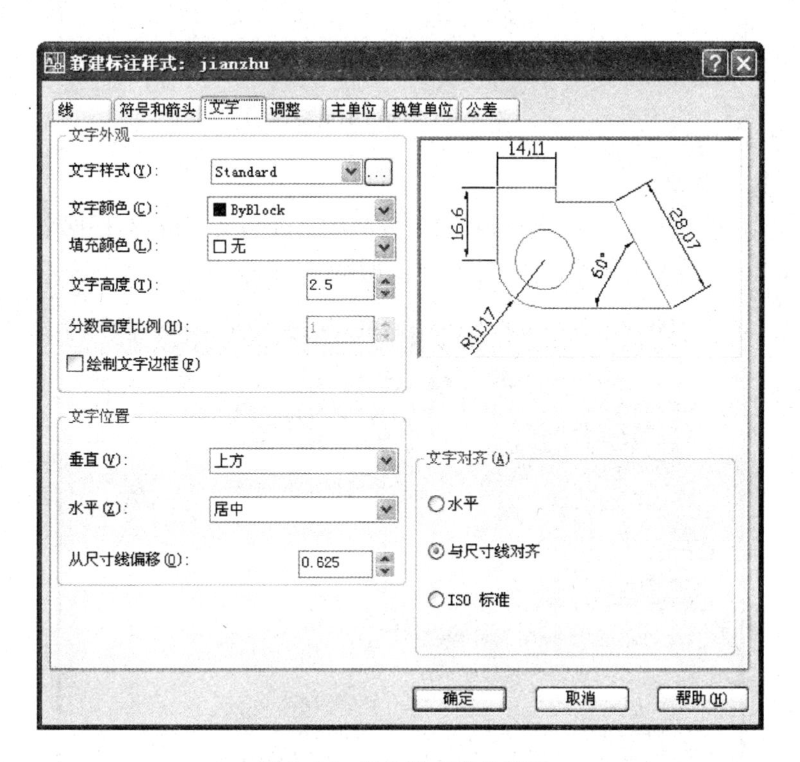

图 5-26　标注样式定义界面

根据经验，一般来说可以从以下几个步骤入手，进行建筑标注样式的定义：

◆ 调整主单位

由于建筑施工图一般都精确至毫米，因此在此需要将主单位精度改为 0。如图 5-27 所示。

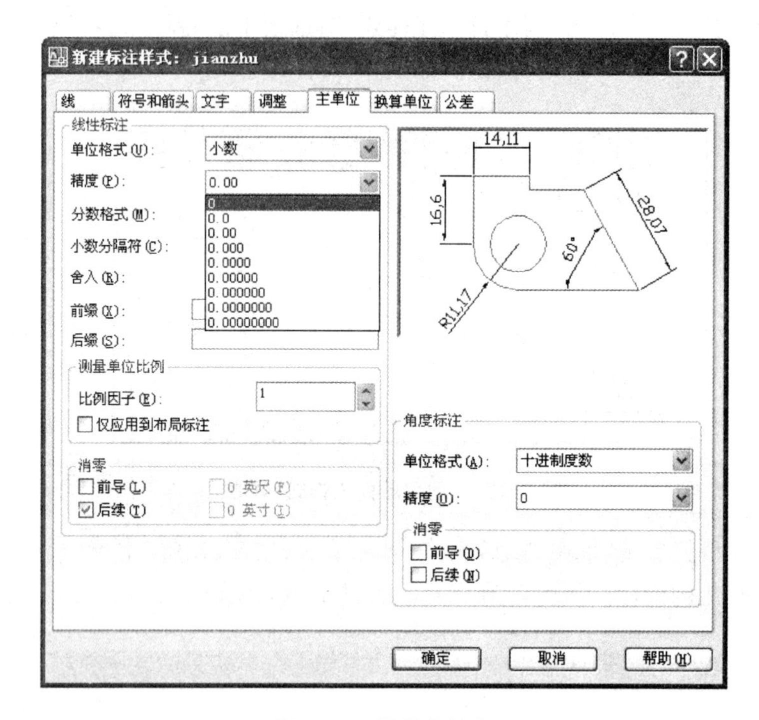

图 5-27　调整主单位

◆“调整”选项卡设置

在“调整选项”中，选择“文字始终保持在尺寸界限之间”，文字位置，根据个人爱好，选择位置及是否带引线。其他不需要修改。如图 5-28 所示。

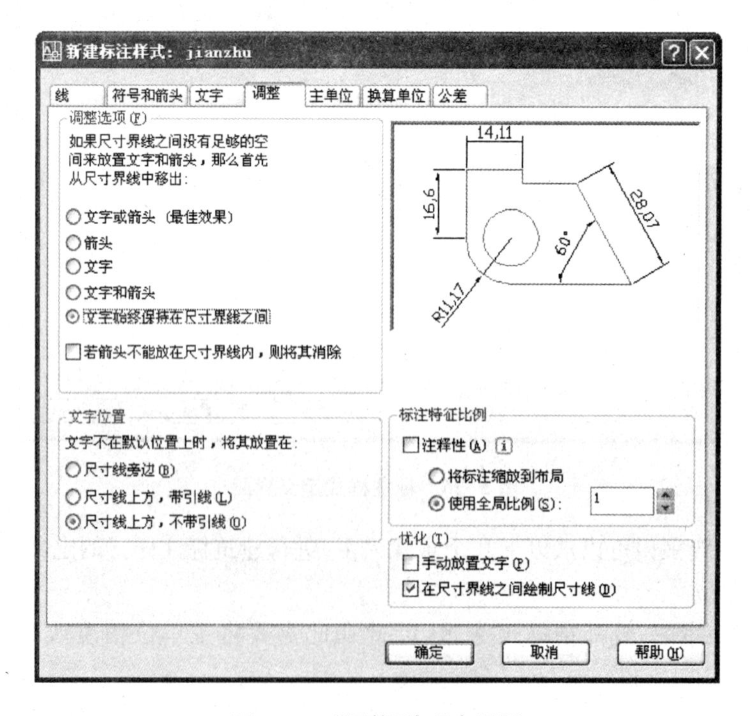

图 5-28　“调整”选项卡设置

◆ “文字”选项卡定义

“文字”选项卡是标注样式定义的基础，符号和箭头的定义及线的定义都以文字高度为参考。

一般来说，在建筑专业图纸中，文字的高度和墙体的宽度比较接近，比如建筑图中的墙为 240 墙体或 370 墙体，那么文字的高度即为 300 左右。从尺寸线偏移值决定了文字和尺寸线之间的距离，一般设中文字高度的 1/3 左右，即设为 100，其他选项如图 5-29 所示。

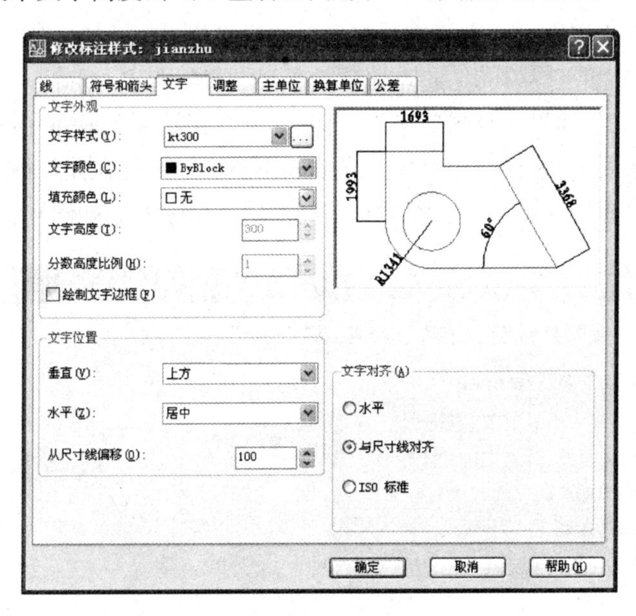

图 5-29　标注样式中文字的定义

◆ 符号和箭头的定义

箭头的定义主要修改箭头的大小和样式，在建筑标注样式中，需要修改箭头样式为“建筑标记”，同时修改箭头大小为文字大小的一半左右，即 150。其他选项采用默认值。如图 5-30 所示。

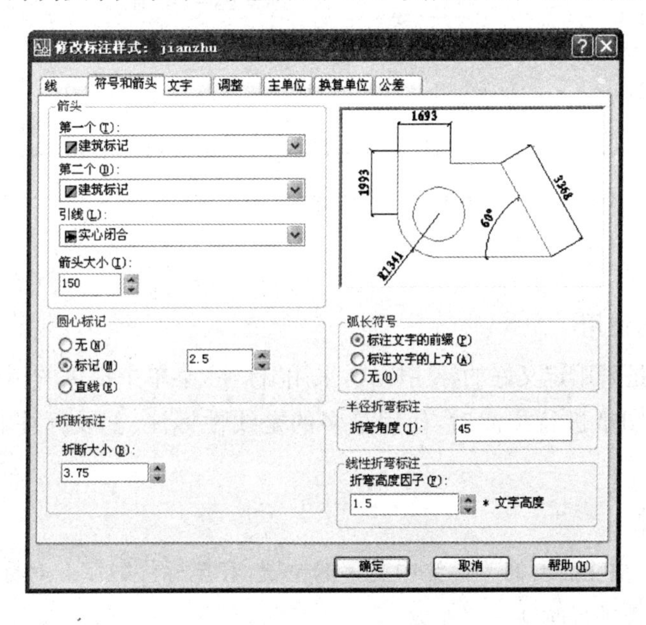

图 5-30　标注样式箭头的定义

◆ 线的定义

对线的定义主要包括尺寸线的定义和尺寸界线的定义。如果用图层来组织图形的话，尺寸线和尺寸界线的颜色、线型和线宽属性都需要定义为随层(Bylayer)。

基线间距为两条尺寸线之间的距离，间距一般设为文字高度的 2 倍比较美观，在此设置为 600。

尺寸界线需要修改超出尺寸线的值及起点偏移量。超出尺寸线的值一般设为文字高度的 1/3～1/2 比较美观，在此设为 100。起点偏移量是尺寸界线起点与标注点之间的间距，如果设置太小，会感觉标注的尺寸界线与图形连为一体，影响读图效果。另外，由于图形的复杂性，可能标注起点不在一条线上，往往会导致尺寸界线的不整齐。因此在此往往采用“固定长度的尺寸界线”，并输入尺寸界线长度。一般设为文字高度的 3 倍左右。如图 5-31 所示。

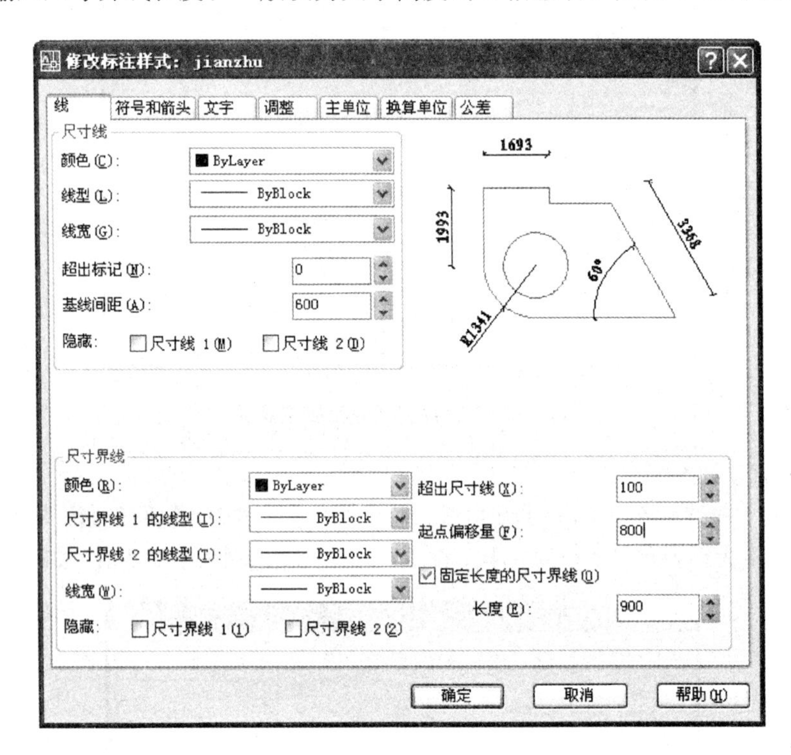

图 5-31　标注样式中线的定义

至此，标注样式定义完成。

2）标注样式的使用

标注的使用即是采用定义好的标注样式，采用“标注”菜单中提供的标注功能对对象进行标注。对建筑施工图纸进行标注时，使用最多的是线性标注、基线标注和连续标注的配合使用。

3）标注的修改

对标注的修改，往往需要修改标注中文字的位置，甚至标注数字。对标注文字位置的修改可以通过拖动的方式进行改动。

对标注数字的修改，一般由于标注数字是由系统自动计算出来的，尊重图形的大小，因此如果出现数字与设计的图形不合的情况，应该调整图形，或者检查标注界限的起点。

如果实在需要，可通过对象特性选项板对标注数字进行编辑修改。

5.5　综合项目

5.5.1　绘制楼梯剖面图

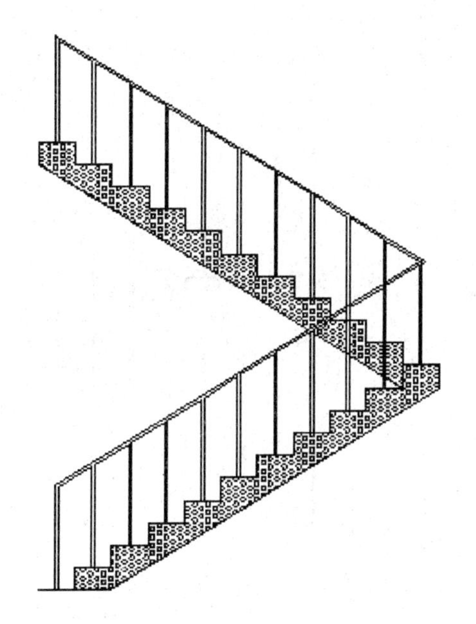

图 5-32　一层楼梯剖面图

基本技能：会运用直线、多线、复制、修剪、分解、偏移和倒角来绘制楼梯剖面图。

任务实施：具体提示如下。

命令：'_limits

重新设置模型空间界限：

指定左下角点或[开(ON)/关(OFF)]＜0.0000,0.0000＞：

指定右上角点＜420.0000,297.0000＞：42000,29700

命令：'_zoom

指定窗口的角点，输入比例因子(nX 或 nXP)，或者

[全部(A)/中心(C)/动态(D)/范围(E)/上一个(P)/比例(S)/窗口(W)/对象(O)]＜实时＞：_all 正在重生成模型。

命令：_line 指定第一点：

指定下一点或[放弃(U)]：＜正交开＞250

指定下一点或[闭合(C)/放弃(U)]:150
指定下一点或[闭合(C)/放弃(U)]:250
指定下一点或[闭合(C)/放弃(U)]:150
指定下一点或[闭合(C)/放弃(U)]:250
(以上动作重复 8 次)
命令:_mirror
选择对象:指定对角点:找到 21 个
选择对象:
指定镜像线的第一点:指定镜像线的第二点:
要删除源对象吗?[是(Y)/否(N)]<N>:(镜像绘制二跑楼梯,如图 5-33)

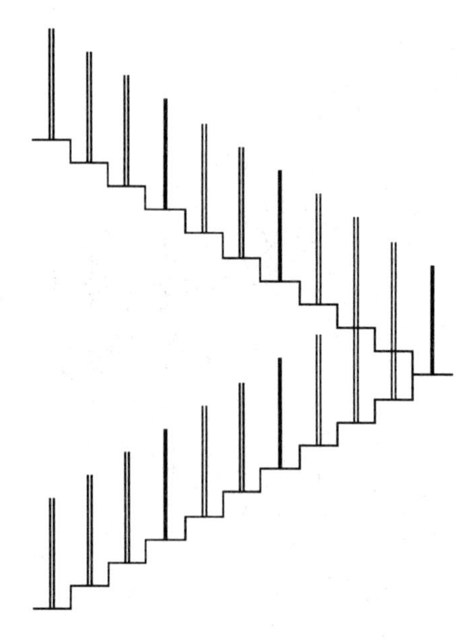

图 5-33　台阶和扶手绘制

命令:_mline
当前设置:对正=上,比例=20.00,样式=STANDARD
指定起点或[对正(J)/比例(S)/样式(ST)]:j
输入对正类型[上(T)/无(Z)/下(B)]<上>:z
当前设置:对正=无,比例=20.00,样式=STANDARD
指定起点或[对正(J)/比例(S)/样式(ST)]:
指定下一点:700
命令:_copy
选择对象:指定对角点:找到 1 个
[位移(D)]<位移>:指定第二个点或<使用第一个点作为位移>:<正交关>
指定第二个点或[退出(E)/放弃(U)]<退出>:
指定第二个点或[退出(E)/放弃(U)]<退出>:

(重复以上动作,利用捕捉中点复制所有扶手)

命令:_mledit

选择第一条多线:

选择第二条多线:

选择第一条多线或[放弃(U)]:

选择第二条多线:

选择第一条多线或[放弃(U)]:

(利用编辑多线命令,选择 T 形打开和角点结合修剪扶手)

命令:_line 指定第一点:(以下步骤绘制底座轮廓)

指定下一点或[放弃(U)]:＜正交开＞150

命令:_line 指定第一点:

指定下一点或[放弃(U)]:＜正交关＞

命令:_offset

当前设置:删除源=否　图层=源　OFFSETGAPTYPE=0

指定偏移距离或[通过(T)/删除(E)/图层(L)]＜通过＞:t

选择要偏移的对象,或[退出(E)/放弃(U)]＜退出＞:

指定通过点或[退出(E)/多个(M)/放弃(U)]＜退出＞:

选择要偏移的对象,或[退出(E)/放弃(U)]＜退出＞:

命令:

命令:_. erase 找到 1 个(以下通过修剪和延伸修饰楼梯底座轮廓)

命令:_extend

当前设置:投影=UCS,边=无

选择边界的边...

选择对象或＜全部选择＞:找到 1 个

命令:_trim

当前设置:投影=UCS,边=无

选择剪切边... 找到 2 个

选择要修剪的对象,或按住 Shift 键选择要延伸的对象,或[栏选(F)/窗交(C)/投影(P)/边(E)/删除(R)/放弃(U)]:

命令:_bhatch(填充楼梯底座轮廓)

拾取内部点或[选择对象(S)/删除边界(B)]:正在选择所有对象...

正在选择所有可见对象...(图案选择 HEX,比例填写 5)

正在分析所选数据...

正在分析内部孤岛...

拾取内部点或[选择对象(S)/删除边界(B)]:(填充选项设置如图 5-34)

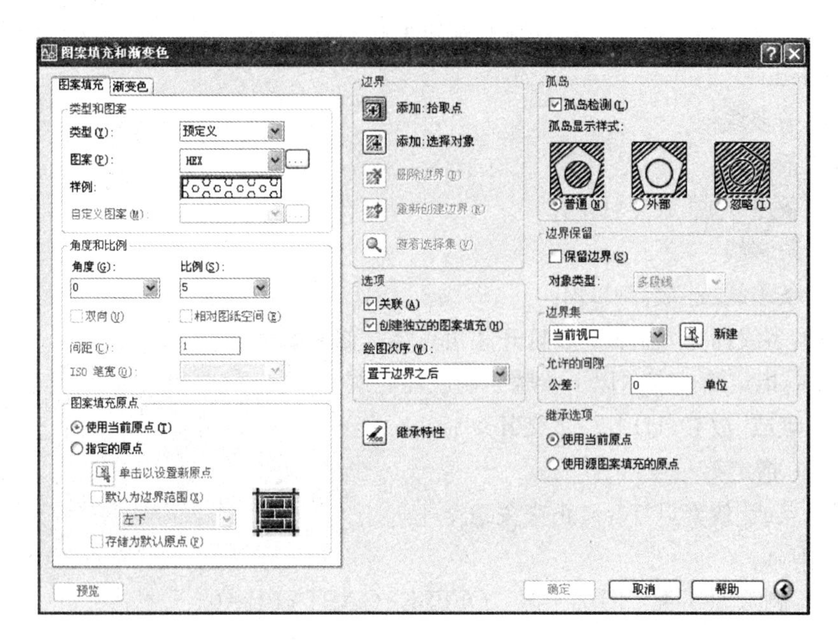

图 5-34　填充选项设置

5.5.2　绘制坐便器平面图

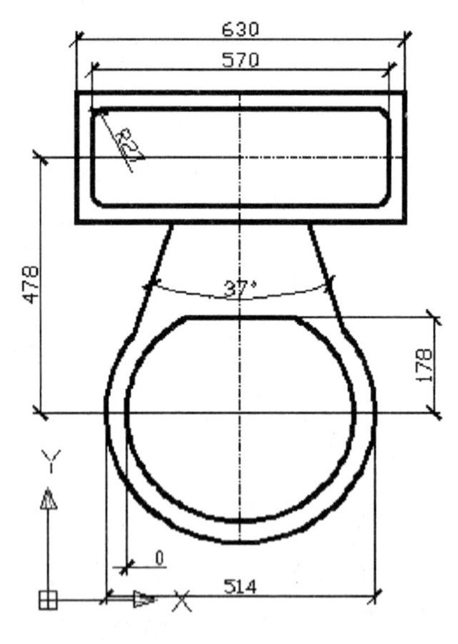

图 5-35　坐便器平面图

基本技能:会运用构造线、矩形、椭圆、偏移、from 捕捉、分解、偏移和倒圆角、标注来绘制楼梯剖面图。

任务实施:具体提示如下。

命令:′_limits

重新设置模型空间界限：
指定左下角点或[开(ON)/关(OFF)]＜0.0000,0.0000＞：
指定右上角点＜420.0000,297.0000＞:800,1000
命令:＜栅格开＞
命令:'_zoom
指定窗口的角点，输入比例因子(nX 或 nXP)，或者[全部(A)/中心(C)/动态(D)/范围(E)/上一个(P)/比例(S)/窗口(W)/对象(O)]＜实时＞:_all 正在重生成模型。
命令:_rectang
指定第一个角点或[倒角(C)/标高(E)/圆角(F)/厚度(T)/宽度(W)]：
指定另一个角点或[面积(A)/尺寸(D)/旋转(R)]:@630,－240
命令:_offset
当前设置:删除源＝否　图层＝源　OFFSETGAPTYPE＝0
指定偏移距离或[通过(T)/删除(E)/图层(L)]＜通过＞:30
选择要偏移的对象，或[退出(E)/放弃(U)]＜退出＞：
指定要偏移的那一侧上的点，或[退出(E)/多个(M)/放弃(U)]＜退出＞：
选择要偏移的对象，或[退出(E)/放弃(U)]＜退出＞：
命令:_fillet
当前设置:模式＝修剪，半径＝0.0000
选择第一个对象或[放弃(U)/多段线(P)/半径(R)/修剪(T)/多个(M)]:r
指定圆角半径＜0.0000＞:27
选择第一个对象或[放弃(U)/多段线(P)/半径(R)/修剪(T)/多个(M)]:p
选择二维多段线:(选择矩形)
两条直线已被圆角。

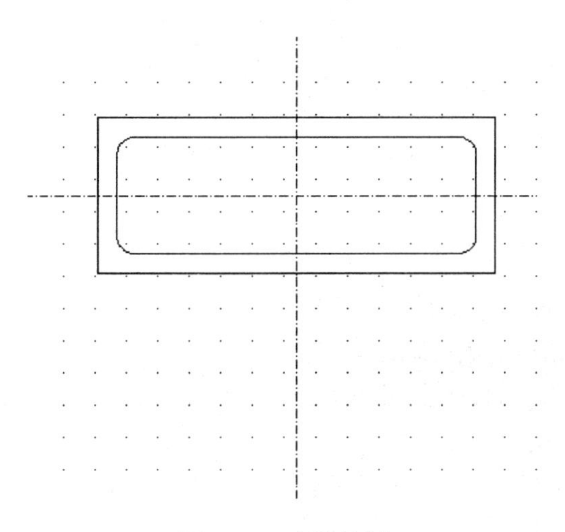

图 5-36　水箱绘制

命令:_offset
当前设置:删除源＝否　图层＝源　OFFSETGAPTYPE＝0
指定偏移距离或[通过(T)/删除(E)/图层(L)]＜30.0000＞:478

选择要偏移的对象,或[退出(E)/放弃(U)]＜退出＞:
指定要偏移的那一侧上的点,或[退出(E)/多个(M)/放弃(U)]＜退出＞:
选择要偏移的对象,或[退出(E)/放弃(U)]＜退出＞:
命令:_ellipse
指定椭圆的轴端点或[圆弧(A)/中心点(C)]:c
指定椭圆的中心点:
指定轴的端点:@－257,0
指定另一条半轴长度或[旋转(R)]:242
命令:_offset
当前设置:删除源＝否　图层＝源　OFFSETGAPTYPE＝0
指定偏移距离或[通过(T)/删除(E)/图层(L)]＜478.0000＞:40
选择要偏移的对象,或[退出(E)/放弃(U)]＜退出＞:

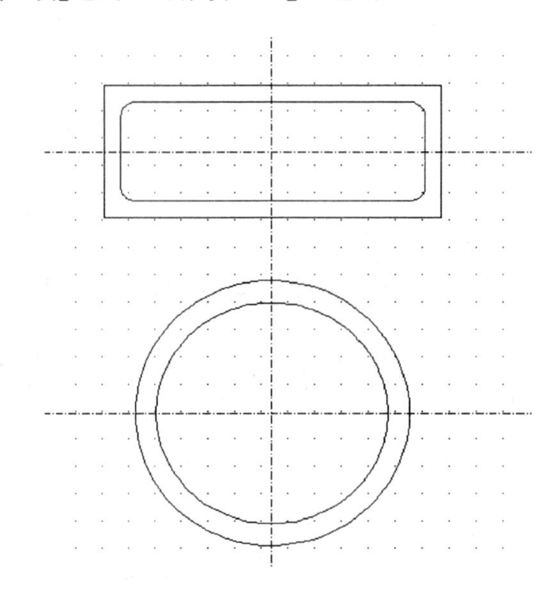

图 5-37　坐便器轮廓绘制 1

命令:_offset
当前设置:删除源＝否　图层＝源　OFFSETGAPTYPE＝0
指定偏移距离或[通过(T)/删除(E)/图层(L)]＜40.0000＞:178
选择要偏移的对象,或[退出(E)/放弃(U)]＜退出＞:
指定要偏移的那一侧上的点,或[退出(E)/多个(M)/放弃(U)]＜退出＞:
命令:_line 指定第一点:
指定下一点或[放弃(U)]:
指定下一点或[放弃(U)]:
命令:_. erase 找到 1 个
命令:_xline 指定点或[水平(H)/垂直(V)/角度(A)/二等分(B)/偏移(O)]:a
输入构造线的角度(0)或[参照(R)]:71.5

指定通过点:from

基点:<偏移>:@－120,0

指定通过点:

命令:_mirror

选择对象:找到 1 个

选择对象:

指定镜像线的第一点:指定镜像线的第二点:

要删除源对象吗?[是(Y)/否(N)]<N>:

命令:_trim

当前设置:投影＝UCS,边＝无

选择剪切边... 找到 10 个

选择要修剪的对象,或按住 Shift 键选择要延伸的对象,或[栏选(F)/窗交(C)/投影(P)/边(E)/删除(R)/放弃(U)]:(进行修剪和删除)

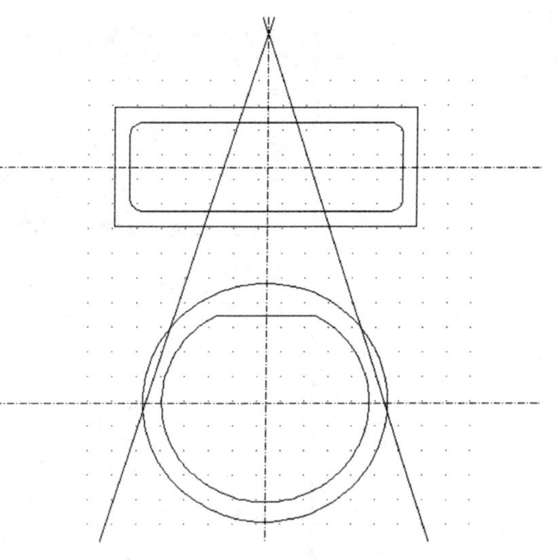

图 5-38　坐便器轮廓绘制 2

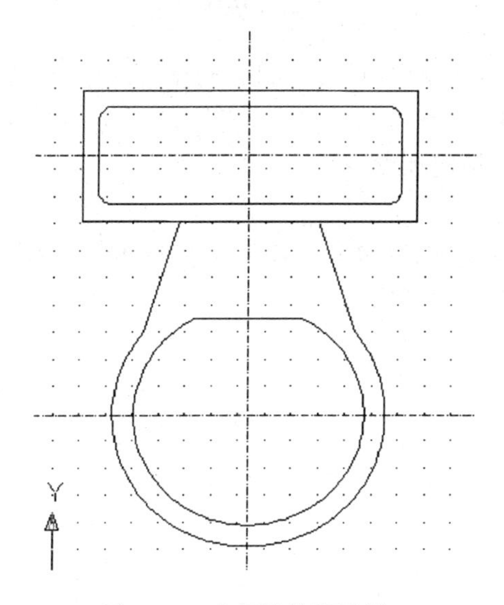

图 5-39　坐便器轮廓绘制 3

设置标注样式:新建样式 1,配置如图 5-40,调整全局比例为 10

命令:_dimlinear

指定第一条尺寸界线原点或<选择对象>:

指定第二条尺寸界线原点:

指定尺寸线位置或[多行文字(M)/文字(T)/角度(A)/水平(H)/垂直(V)/旋转(R)]:

标注文字＝478

命令:_dimradius

选择圆弧或圆:

标注文字＝27

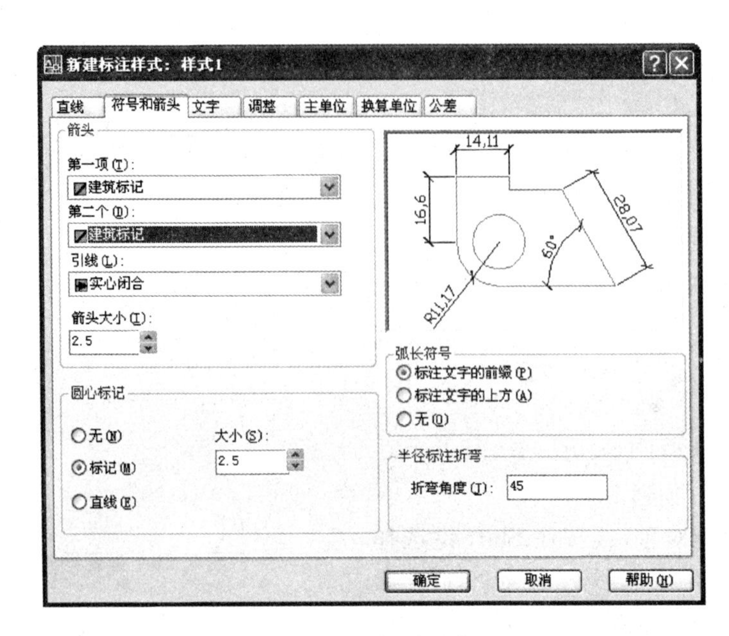

图 5-40　标注样式

指定尺寸线位置或[多行文字(M)/文字(T)/角度(A)]:

命令:_dimangular

选择圆弧、圆、直线或<指定顶点>:

选择第二条直线:

指定标注弧线位置或[多行文字(M)/文字(T)/角度(A)]:(单击相应位置标注,完成绘制)

项目六

绘制建筑图纸

能够用 AutoCAD 绘制建筑专业图纸。

知识目标

通过本项目的学习，使读者了解建筑专业图纸的组成、建筑制图标准，掌握 AutoCAD 绘制建筑专业图纸的基本规范。

通过项目中对建筑平面图、立面图、剖面图、总平面图的绘制讲解，使读者充分理解建筑平面图、立面图、剖面图、总平面图的绘制原理、绘制内容、绘制步骤，掌握 AutoCAD 建筑制图的技巧。

6.1 完成项目所需的相关知识

6.1.1 建筑图纸简介

建筑制图有一整套标准的行业规范，可以说建筑图纸是建筑工程中专用的图解文字。如何将这种图解文字使用 AutoCAD 正确反映，就显得非常重要。因此，在介绍 AutoCAD 绘制建筑图纸前，有必要先介绍一下建筑制图的有关知识。

在建筑工程中，无论是建造住宅、厂房、公共建筑还是其他建筑，从设计到施工，各阶段都离不开图纸。在设计阶段，设计人员用图纸来表达对某项工程的设计思想；审批工程设计方案时，图纸是研究和审批的对象，也是技术人员交流设计思想的工具；在工程施工阶段，图纸是施工的依据，是编制施工计划、编制工程项目预算、准备施工所需的材料以及施工组织设计所必须依据的技术资料。

建筑设计一般必须经过 3 个阶段，即初步设计、技术设计和施工图设计。初步设计包括建筑物的总平面图、建筑平面图、立面图、剖面图及设计说明，主要结构方案及主要技术经济指标，工程概算书等，供有关部门分析、研究、审批。技术设计是在初步设计的基础上，进一步协调确定各专业工种之间的技术问题。施工图设计是建筑设计的最后阶段，其任务是绘制满足施工要求的全套图纸，并编制工程说明书、结构计算书和工程预算书等。

1）建筑图纸分类

（1）建筑施工图（简称建施）。

(2) 结构施工图(简称结施)。

(3) 设备施工图(如给排水、采暖通风、电气等)。

2) 各专业施工图内容

(1) 建筑施工图主要表示房屋的建筑设计内容,如房屋的总体布局、内外形状、大小、构造等,包括总平面图、平面图、立面图、剖视图、详图等。建筑施工图是其他专业施工图的基础。

(2) 结构施工图主要表示房屋的结构设计内容,如房屋承重构件的布置、构件的形状、大小、材料、构造等,包括结构布置图、构件详图、节点详图等。

(3) 设备施工图主要表示建筑物内管道与设备的位置与安装情况,包括给排水、采暖通风、电气照明等各种施工图,其内容有各工种的平面布置图、系统图等。

3)《房屋建筑制图统一标准》对建筑制图的要求

(1) 总则:规定了本标准的适用范围。

(2) 图纸幅面规格与图纸编排顺序:规定了图纸幅面的格式、尺寸要求、标题栏、会签栏的位置及图纸编排的顺序。

(3) 图线:规定了图线的线型、线宽及用途。

(4) 字体:规定了图纸上的文字、数字、字母、符号的书写要求和规则。

(5) 比例:规定了比例的系列和用法。

(6) 符号:对图面符号做了统一的规定。

(7) 定位轴线:规定了定位轴线的绘制方法、编写方法。

(8) 图例:规定了常用建筑材料的统一画法。

(9) 图样画法:规定了图样的投影法、图样布置、断面图与剖视图、轴测图等的画法。

(10) 尺寸标注:规定了尺寸标注的方法。

6.1.2 建筑制图标准

1) 图纸幅面、图框、标题栏和会签栏

建筑图纸的幅面主要有 A0、A1、A2、A3 和 A4 五种,如图 6-1 所示,图中单位为 mm。

每张图纸都要绘制出图框,其中图框线用粗实线绘制,在图框的右下角画出标题栏,需要会签的图纸还需要绘制出会签栏,位置和格式如图 6-2 所示。图框标题栏的尺寸内容如图 6-3 所示。

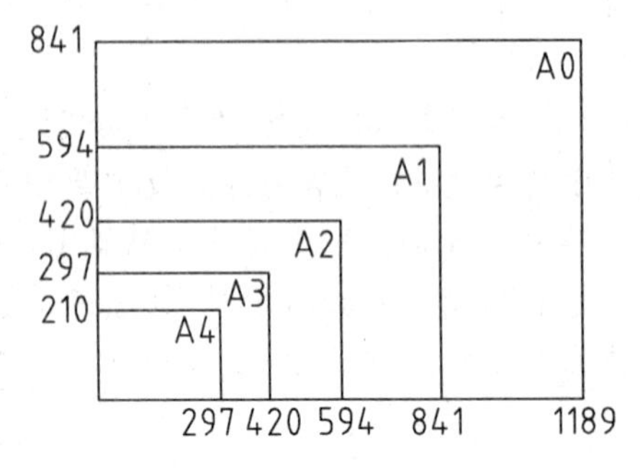

图 6-1 建筑图纸幅面

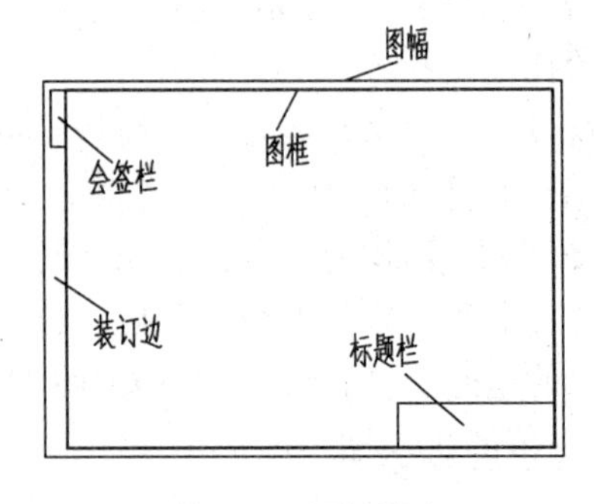

图 6-2 图框样式

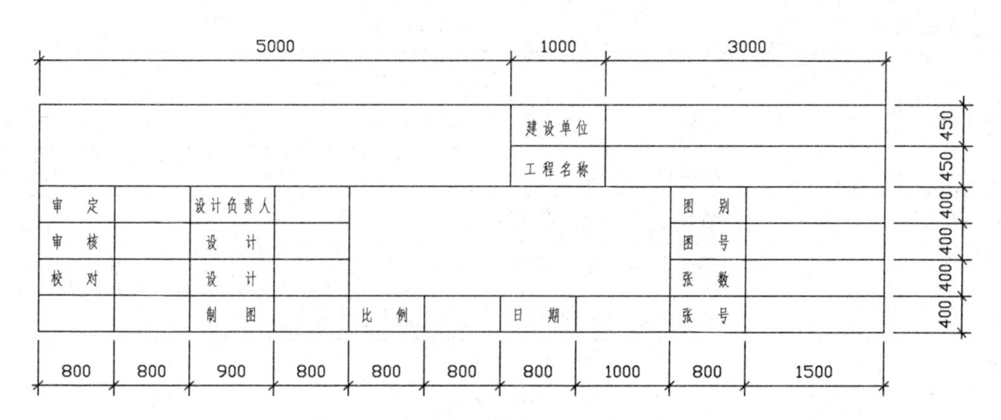

图 6-3　图框标题栏

2）图纸比例

图纸比例是建筑图纸中图形与其实物相应要素的线性尺寸之比。由于建筑物的形体庞大，必须采用不同的比例来绘制，一般情况下都要缩小比例绘制。在建筑图纸中，各种图样常用的比例如表 6-1 所示。

表 6-1　建筑图纸的常用比例

图　　名	常 用 比 例	备　　注
总平面图	1∶500,1∶1000,1∶2000	
平面图、立面图、剖视图	1∶50,1∶100,1∶200	
详图	1∶1,1∶2,1∶5,1∶10,1∶20,1∶25,1∶50	1∶25 仅适用于结构构件详图

3）线型

在建筑图纸中，为了表明不同的内容并使层次分明，须采用不同线型和线宽的图线来绘制图形。图线的线型和线宽可以按表 6-2 的说明来选用。

表 6-2　图线的线型和线宽及其用途

线　型	线宽	用　　途
粗实线	b	1. 平面图、剖视图中被剖切的主要建筑构造(包括构配件)的轮廓线 2. 建筑立面图的外轮廓线 3. 建筑构造详图中被剖切的主要部分的轮廓线 4. 建筑构配件详图中构配件的外轮廓线
中实线	$0.5b$	1. 平面图、剖视图中被剖切的次要建筑构造(包括构配件)的轮廓线 2. 建筑平面图、立面图、剖视图中建筑构配件的轮廓线 3. 建筑构造详图及建筑构配件详图中的一般轮廓线
细实线	$0.35b$	小于 $0.5b$ 的图形线、尺寸线、尺寸界线、图例线、索引符号、标高符号等
中虚线	$0.5b$	1. 建筑构造及建筑构配件不可见的轮廓线 2. 平面图中的起重机轮廓线 3. 拟扩建的建筑物的轮廓线

续表 6-2

线　型	线宽	用　　途
细虚线	0.35b	图例线、小于 0.5b 的不可见轮廓线
粗点画线	b	起重机轨道线
细点画线	0.35b	中心线、对称线、定位轴线
折断线	0.35b	不需画全的断开界线
波浪线	0.35b	不需画全的断开界线、构造层次的断开界线

4）字体

建筑图纸中的汉字选用长仿宋体，字体的号数即字体的高度（单位为 mm），分为 20、14、10、7、5、3.5、2.5、1.8 八种，长仿宋体字的高宽比为 3/2。

5）轴线

建筑图纸中的定位轴线是施工定位、放线的重要依据。凡是柱子、承重墙等主要承重构件都应画上轴线来确定其位置。对于非承重的隔墙、次要的局部承重构件等，有时用分轴线定位，有时也可以由注明其与附近轴线的相对位置来确定。

定位轴线采用细点画线表示，此线应伸入墙体内 10～15 mm。轴线的端部用细实线画直径为 8 mm 的圆圈并对轴线进行编号。水平方向的编号采用阿拉伯数字，从左到右依次编号，一般称为纵向轴线。垂直方向的编号用大写英文字母自下而上顺序编写，通常称为横向轴线。图 6-4 为某建筑平面图的定位轴线及其编号。

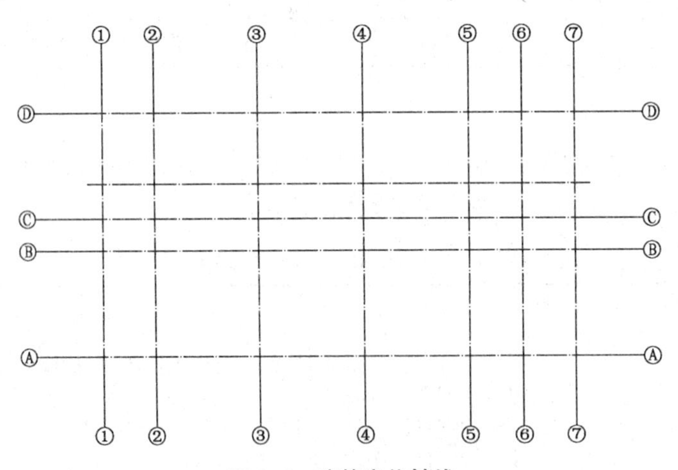

图 6-4　建筑定位轴线

6）图例符号

在建筑图纸中，有一些常用的图例符号，包括轴号、索引符号、指北针、风玫瑰等，图 6-5 列出了这些符号的图形。这些图例符号在 AutoCAD 中一般制作成图块，在需要时插入即可。

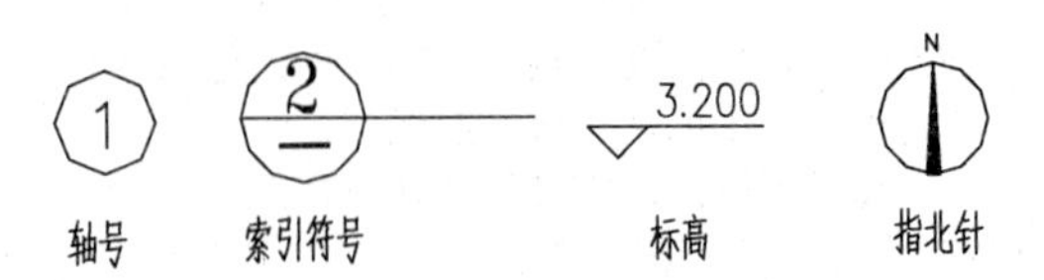

图 6-5　建筑图纸中常用图例符号

7）尺寸标注

线条绘制出来的图形只能表达建筑物的形状，不能表示出具体尺寸，只有标注尺寸才能确定建筑物的尺寸。对于建筑图纸的尺寸标注，主要有4个要素，如图6-6所示。

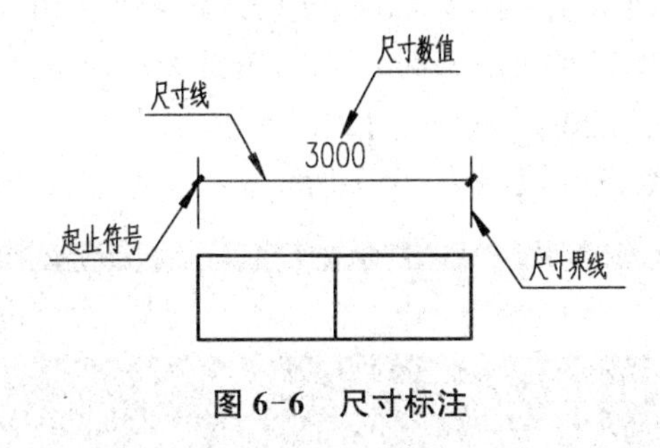

图6-6 尺寸标注

6.1.3 绘制AutoCAD建筑图的一般流程

在传统的绘图工作中，一般需要完成以下几个步骤：

（1）准备绘图工具。

（2）固定纸张，根据绘图目标纸张的大小及绘图标准，确定绘图比例尺，绘制边框。

（3）绘制定位轴线及建筑元素。

（4）对完成的图形进行修改，如加粗、擦除等。

（5）绘图完成后，加上文字说明及标注信息，以便于交流。

（6）交作业或存档。

CAD的含义是计算机辅助设计(Computer Aided Design)，其中设计的主体是人，计算机主要是起辅助(Aided)的作用。以人为主导，以计算机为辅助，来完成设计工作。因此，利用计算机来完成上述绘图的6个基本步骤，是学习CAD的主要内容。当我们能够利用计算机完成以上步骤，掌握各环节的技巧，并解决其中存在的各种问题之后，CAD的学习工作基本也结束了。

绘制一幅完整的CAD建筑图纸一般按以下流程进行：

1）建立新文件

首先，通过启动程序或新建命令建立一个全新的空文档(参见本书1.5.1文件的新建与打开)。

也可以通过样板文件或打开一个已有的图形文件进入一个已经设置好绘图环境的文档，此时可以直接进入图形的绘制与编辑阶段。

2）设置绘图环境

新建文件之后，需要对绘图环境进行各种必需的设置，主要包括工作空间的设置、图形界限的设置、图层的设置、对象捕捉和自动追踪等各种绘图辅助工具的设置以及多线、文字、表格、标注等各种样式的设置。

（1）设置绘图界限之前先要确定绘图范围大小，一般来说，确定绘图范围大小，主要采用以下两个原则：

① 按 1∶1 的比例大于图形。由于 AutoCAD 是一个虚拟的绘图空间，在这个虚拟的数字空间中，可以按 1∶1 的比例来容纳任意大小的图形。

② 采用标准图纸的比例。因为我们绘图的最终目的是要输出到标准图纸上使用，所以在整体布局时应该考虑标准图纸的比例，这样在输出时才能够做到布局合理。

例如，如果要画一张图，图形尺寸是 31800×23000，那么按照上述两个原则，则选择 42000×29700 的图形界限就是比较合适的。

可以打开栅格，以明确绘图区域，如图 6-7 所示。

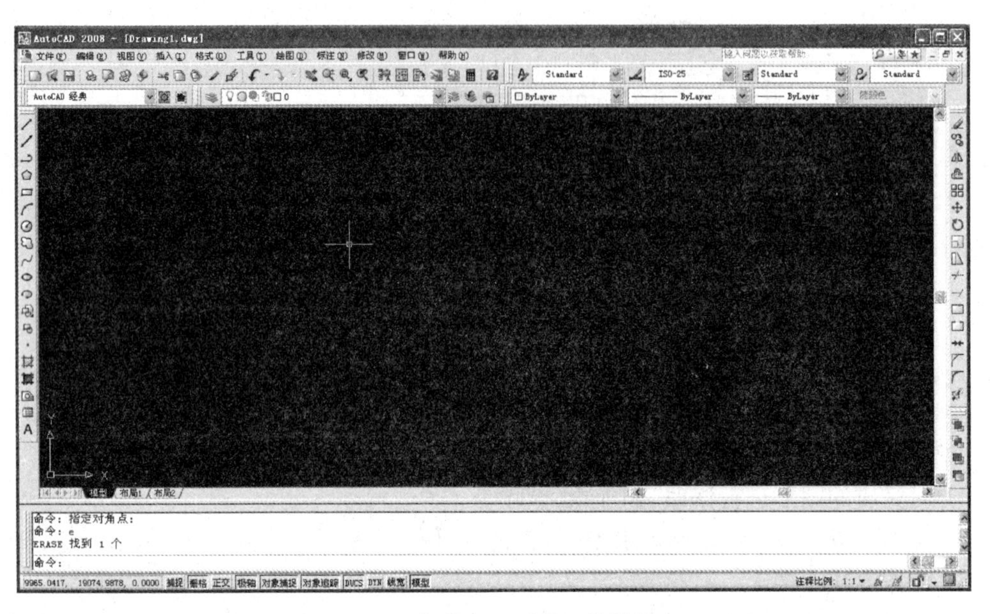

图 6-7　栅格打开后显示的效果

也可采用矩形命令来绘制一矩形边框，以明确绘图区域。如图 6-8 所示。

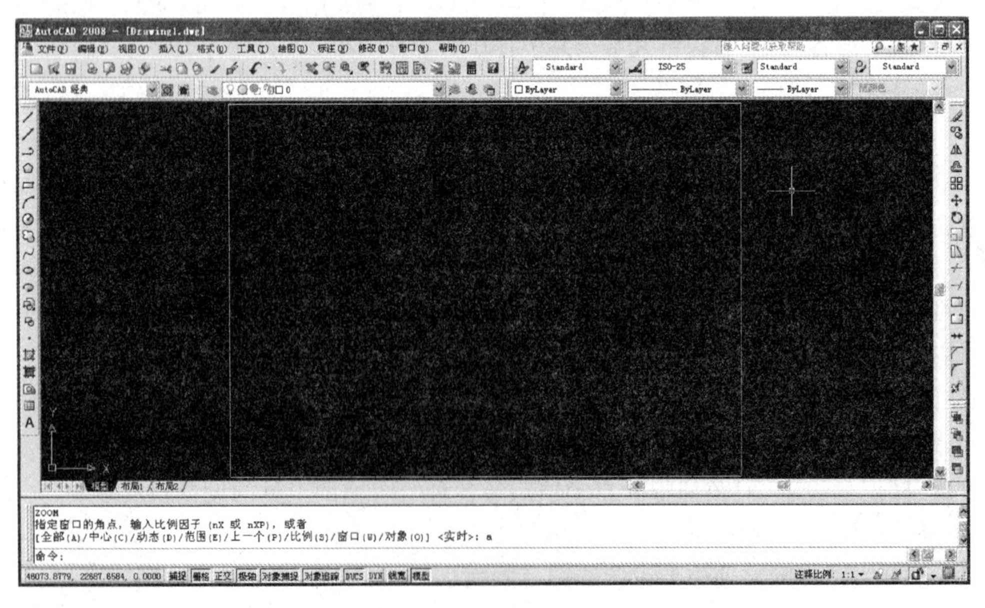

图 6-8　明确绘图区域后的界面

(2) 建筑CAD中图层设置的要求

制图标准中，线宽一般是3种：粗(线宽为 b)、中(线宽为 $0.5b$)、细(线宽为 $0.25b$)。

线宽可以在图中直接利用多段线绘出宽度，也可以在打印样式中设置，按颜色给出线宽。

至于图层颜色，可以根据个人习惯设定，主要是自己画图方便，但一般应优先选用7个基本色。

常见的图层设置如下：

1号(红色)，轴线，线宽0.18。

2号(黄色)，楼梯、台阶、室外散水等，线宽0.25。

3号(绿色)，标注、符号，线宽0.18。

4号(青色)，门窗，线宽0.25。

6号(品红)，卫生洁具、厨具等，线宽0.25。

7号(白色)，柱子、文字，线宽0.25。

9号(灰色)，墙线，线宽0.5。

其他图层按需要设置。

除了轴线、标注和填充用0.18宽，墙用0.5宽外，其他都可以用0.25宽。

3) 添加对象

计算机是一个工具，当我们进入AutoCAD，做完各类绘图环境设置之后，就好像进入了一个准备了各类绘图工具的绘图室一样，可以根据需要选择使用各类绘图工具，进入绘图阶段。

绘图阶段的目的是在绘图区域内添加我们需要的各种基本对象，添加基本对象的主要方式是利用绘图工具绘制。

常用的绘图命令有直线(Line)、多段线(Pline)、多线(Mline)、矩形(Rectang)、正多边形(Polygon)、圆(Circle)、圆弧(Arc)、图案填充(Bhatch)等。而插入外部图形则使用块(Block)、写块(Wblock)和插入(Insert)命令。

4) 编辑图形

通过以上办法，往文件里添加了各种图形对象或外部对象后，下一步需要对已经添加的图形对象进行修改或进行格式化，以达到用户的需求。

常用的编辑命令有删除(Erase或Delete)、移动(Move)、旋转(Rotate)、复制(Copy)、镜像(Mirror)、阵列(Array)、偏移(Offset)、比例(Scale)、断开(Breake)、倒角(Chamfer)、圆角(Fillet)、修剪(Trim)、延伸(Extend)、分解(Explode)、拉伸(Stretch)、编辑多段线(Editpline或Pedit)等。

此外，还有“特性”选项板和“特性匹配”用于对象属性的修改。

5) 添加注释

图形部分经过绘制和编辑完成之后，还必须添加必要的注释和说明，即文字、表格及标注，其中，每项又包括样式的设定、注写及修改。

6.1.4 打印及其设置

图形经过设置、绘制、修改与说明等环节后基本可以交付使用，在此需要将图形文件进行保存，或者打印到图纸上进行交流使用，因此打印技能的掌握也是必需的。在此介绍几种实用的常用的打印方法。

对图形进行打印时，可以采用在模型空间中绘制图框并直接打印，也可以采用布局窗口进行打印。

1）采用模型空间设计打印

在模型空间中进行打印时需要进行一些设置，如图 6-9 所示。

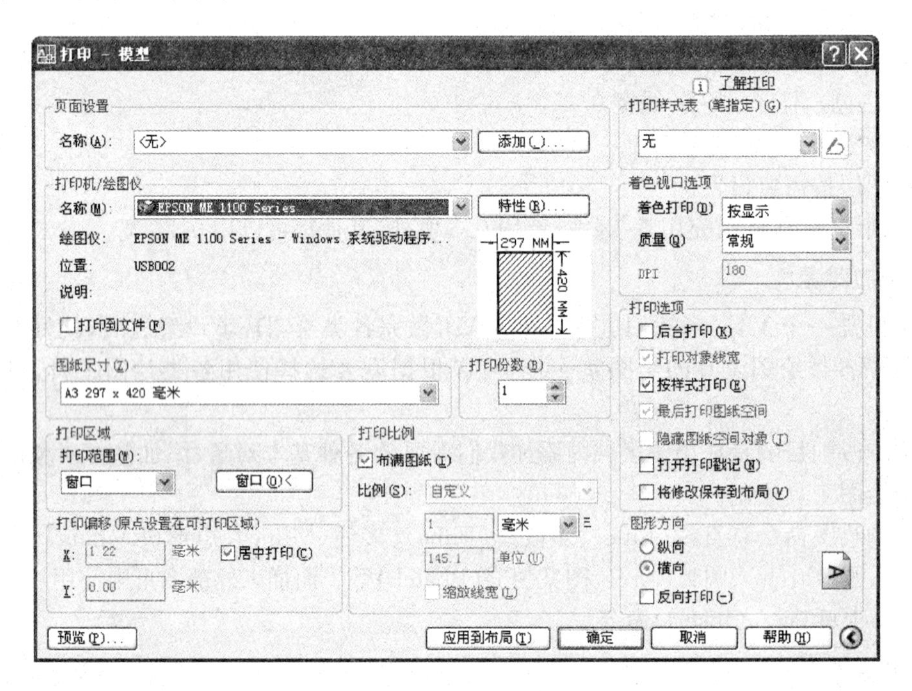

图 6-9 打印机设置

◆ 选择打印机

我们需要在打印机选项里选择合适的打印机。Windows 也提供有默认的虚拟打印机可供使用，不过由于驱动的不同，打印的效果与实际效果会有所不同。

◆ 选择输出的图纸尺寸

根据输出目标选择标准图纸，如在此选择 A3 图纸。

◆ 设置打印范围

在开始绘图时，我们进行图形界限设置的时候，定义图形界限的标准就是按 1∶1 的比例大于图形，及采用标准图纸的比例，为的是在输出时能有更合理的布局。

在此，需要定义打印区域，选择“窗口”按钮，指定图框的对角点，即可确定打印范围，如图 6-10 所示。

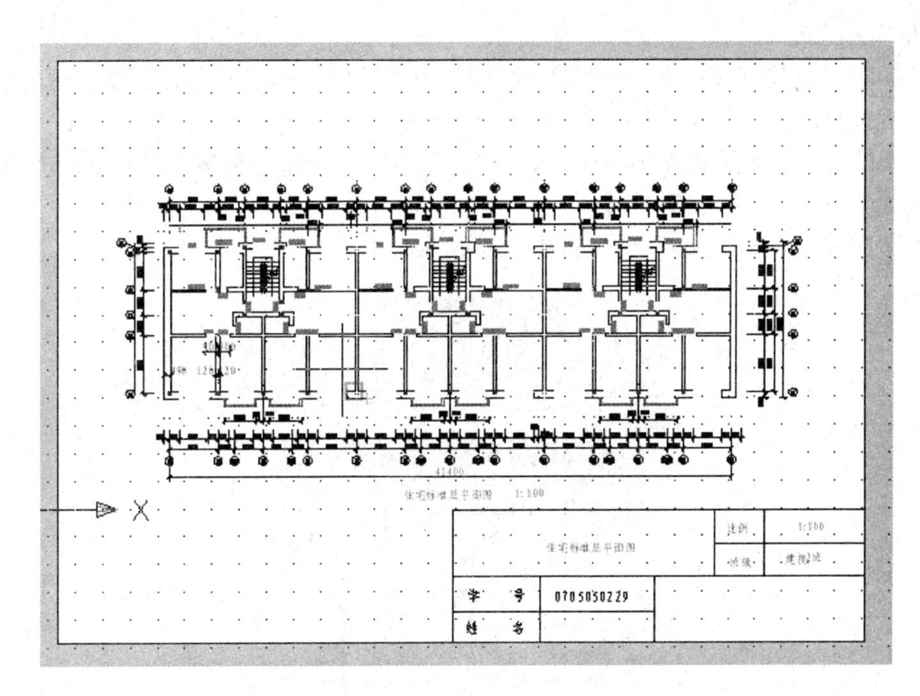

图 6-10　选择打印范围

◆ 其他设置

在“打印偏移”中选择居中打印，在打印比例中选择“布满图纸”。图纸方向根据需要选择“纵向”或“横向”。然后按“确定”，出现如图 6-11 所示界面。

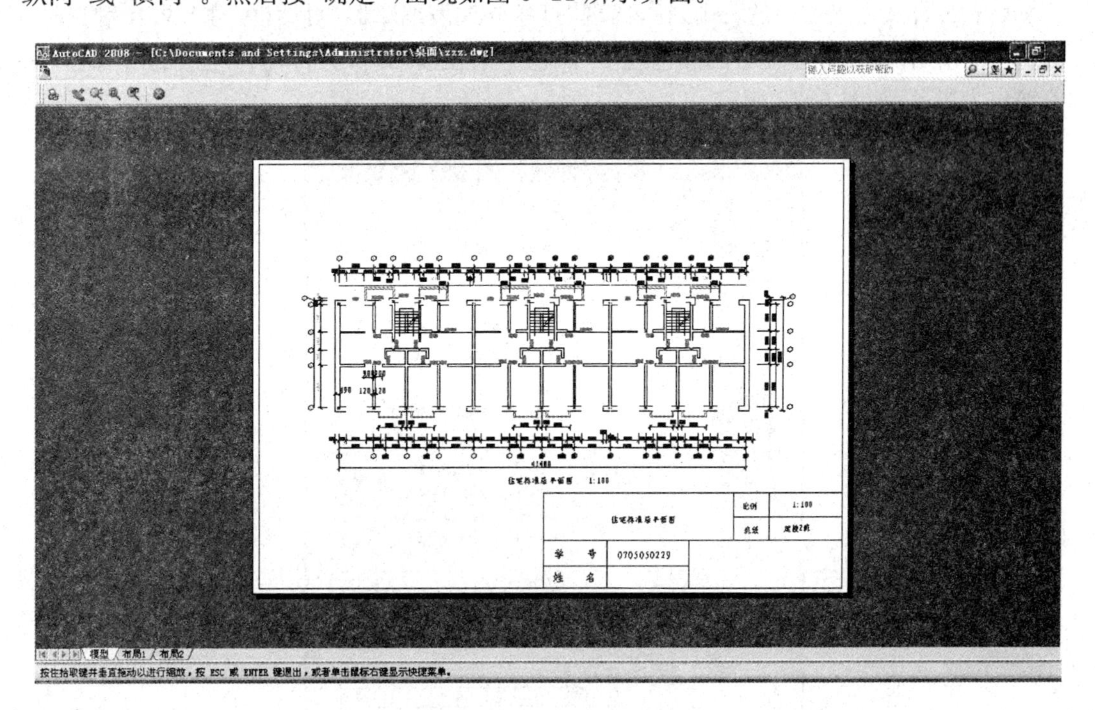

图 6-11　打印设置效果

◆ 打印样式表

图 6-11 所示图形在采用黑白打印机输出时，由于黑白打印机输出的是颜色的灰度值，因此浅色的对象在输出时颜色变得很淡，影响出图效果。

最直接的解决办法是修改打印样式表，在打印样式表中将各种输出时颜色都变为黑色。操作办法如下：

在打印样式表中选择 acad.ctb，如图 6-12 所示。

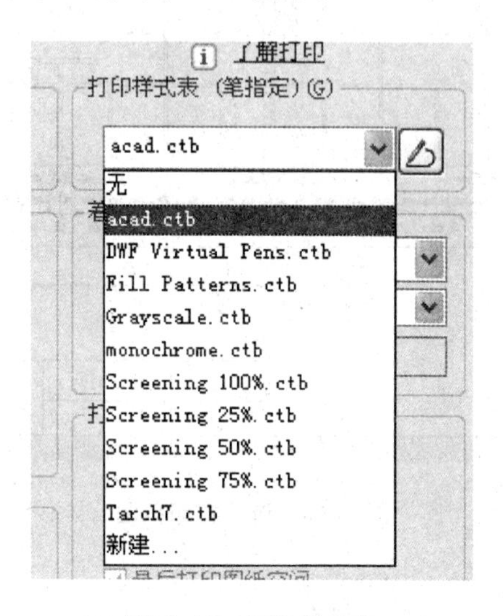

图 6-12　打印样式表

然后点击样式列表右边的按钮，出现“打印样式表编辑器”对话框。按 Shift 键选择对话框左侧的所有颜色，在特性中的颜色选中“黑色”，则在输出时，会将拥有左边的所有颜色的对象输出为黑色，如图 6-13 所示。

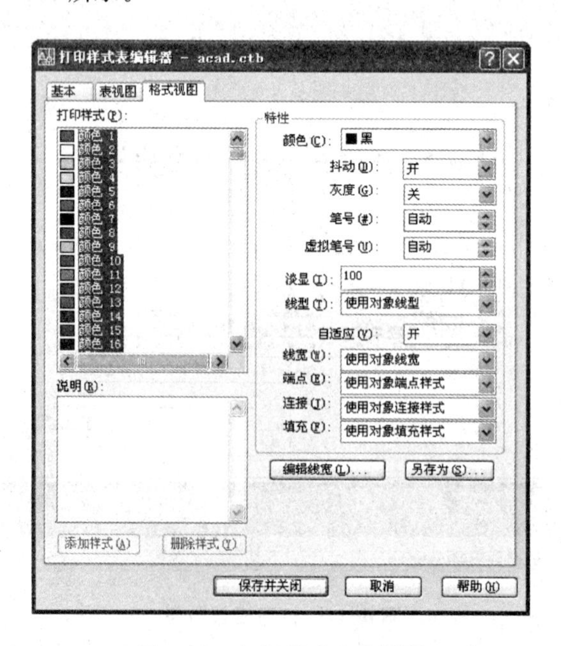

图 6-13　打印样式表编辑器

其他的线宽、线型都可以通过打印样式表进行定义。

最终输出的结果如图 6-14 所示，即为我们想要的效果。

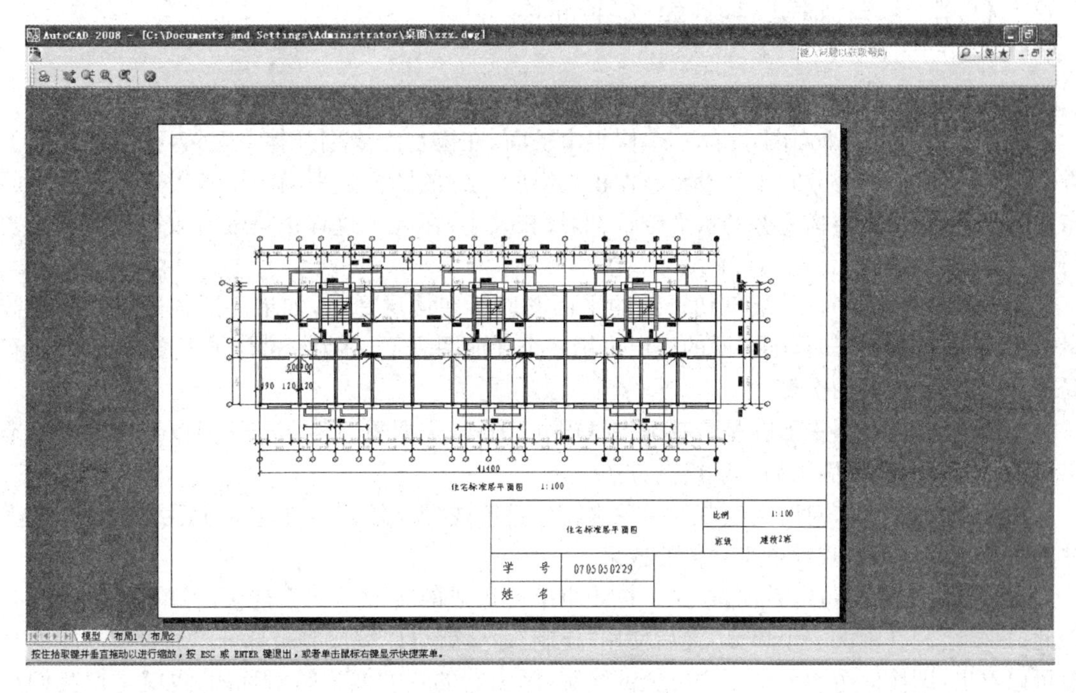

图 6-14　打印预览效果

2）布局窗口打印设置

在 AutoCAD 中，可以创建多种布局，每个布局都代表一张单独的打印输出图纸。创建新布局后就可以在布局中创建浮动视口。视口中的各个视图可以使用不同的打印比例，并能够控制视口中图层的可见性。可以创建布满整个布局的单一布局视口，也可以在布局中创建多个布局视口。创建视口后，可以根据需要更改其大小、特性、比例以及对其进行移动。

◆ 使用布局向导创建布局

选择“工具”→“向导”→“创建布局”命令，打开“创建布局”向导，可以指定打印设备、确定相应的图纸尺寸和图形的打印方向、选择布局中使用的标题栏或确定视口设置。

◆ 管理布局

右击“布局”标签，使用弹出的快捷菜单中的命令，可以删除、新建、重命名、移动或复制布局。

默认情况下，单击某个布局选项卡时，系统将自动显示“页面设置”对话框，供设置页面布局。如果以后要修改页面布局，可从快捷菜单中选择“页面设置管理器”命令，通过修改布局的页面设置，将图形按不同比例打印到不同尺寸的图纸中。

◆ 布局的页面设置

选择“文件”→“页面设置管理器”命令，打开“页面设置管理器”对话框。单击“新建”按钮，打开“新建页面设置”对话框，可以在其中创建新的布局。

◆ 视口的创建

通过“视图(V)”→“视口(V)”→“命名视口(N)...”命令来创建视口。

6.2 任务一:绘制某住宅建筑平面图

通常所指的建筑平面图,是用一个假想水平面,在窗台上缘剖开整个建筑,移去剖切面上方的房屋,将留下的部分向水平投影面作正投影所得到的图样。平面图用来表达房屋的平面布置情况,标定了主要构配件的水平位置、形状和大小,在施工过程中是进行放线、砌筑、安装门窗等工作的依据。

当建筑物有楼层时,每层剖切得到的平面图以所在楼层命名,如果上下各楼层的房间数量、大小和布置都一样时,则相同的楼层可用一个平面图表示,称为标准层平面图。此外,还有局部平面图、屋顶平面图等。

在建筑施工图中,平面图是最基本、最重要的图样,需要重点绘制。下面以某住宅楼标准层平面图为例介绍平面图的一般绘制方法。

在开始绘图之前,对所要绘制的对象进行一番审视是十分必要的,它能使我们的工作变得井井有条,卓有成效,收到事半功倍的效果。

从最终的成果图可以看出,这是一栋 3 个单元组成的砖混结构住宅楼,各单元完全相同,因此,只要绘制其中的一个单元,之后使用“复制”命令就可以完成剩余部分。通过进一步的观察可以看出,即使一个单元也不需要全部绘制,因为它的左右两户是对称的,也就是说我们只需绘出完整的一户,再使用“镜像”命令就能生成整个单元。这样,我们的工作被大大简化了。

需要绘制的内容有:轴线及其编号、墙体和柱、门窗及其编号、楼梯、门窗线、卫生洁具、家具、尺寸标注、标高、文字说明、箭头、折断线等。

除本例外,在不同情况下,建筑平面图还可能包括以下内容:台阶、坡道、散水、明沟、花坛、雨水管、阳台、雨篷、局部屋面、操作平台、设备基座等其他建筑构配件,索引符号、指北针、剖切符号、连接符号、对称符号等其他符号。

以上内容可以分为两大部分:一是投影部分,如墙、柱、门窗等,该部分具有真实尺寸。由于 AutoCAD 的绘图区是无限大的虚拟空间,因此通常以 1∶1 的比例进行绘制,这样最为方便。二是注释类对象,包括文字、标注、图例、各种符号等,它们只具有打印尺寸,因此要根据出图比例来确定其绘制尺寸。以下的立面图、剖面图、详图、总图等其他图样,在绘制时也遵循同样原则。

6.2.1 绘制平面图中的轴线、墙体及柱子

1) 建立绘图环境

可以通过打开一个已有的工程文件或者一个样板文件来作为开始,否则,需要先新建一个图形文件,并创建绘图环境。

(1) 设置图形界限

AutoCAD 的绘图区是无限大的,但我们绘制的图样却是有大小的,设置一个合适的图形界限可以使作图更方便。

选择【格式】→【图形界限】或使用(limits)命令进行设置,该区域一般以世界坐标系的原点为左下角点,其范围以放得下所需绘制的图样为准。本例右上角可先定为"59400,42000"。

设置好界限后将视图缩放至全图显示。

(2) 设置图层

合理设置图层便于对图形进行有效的组织和管理。可以在建立初始环境时一并设置,也可以如本例在需要的时候设置。

(3) 设置文字和标注样式

使用文字和标注前要先设置其样式,施工图中的文字和标注必须符合建筑制图规范的规定和出图的需要,可以在建立初始环境时设置,也可以如本例在需要的时候设置。

(4) 设置各种作图辅助工具

对象捕捉、自动追踪、正交等辅助工具不但使作图方便快捷,而且有助于保证制图精度,注意运用,可随时打开和关闭。

其他可能对绘图产生影响的因素,如绘图区的颜色、拾取框的大小、操作界面的布局、自动保存的时间等都宜设置到最佳状态,并根据需要随时调整。

2) 绘制轴线

定位轴线往往是最先绘制的对象。

(1) 设置图层

点击"图层特性"按钮,弹出"图层特性管理器"对话框,在对话框中:

1 新建"轴线"图层。

2 设置"轴线"图层的颜色,应优先选择 7 个基本色,如红色。

3 设置"轴线"图层的线型。轴线应当使用点画线,第一次设置点画线时需要先加载。同时,为了保证出图后有恰当的视觉比例,需要点击【格式】→【线型】打开"线型管理器"对话框,将"全局比例因子"设为"50"。

4 将"轴线"层设置为当前图层。

(2) 绘制轴线

① 通过已知的平面图可以算出,最外侧纵轴线和横轴线的间距分别是 35300－500＝34800 和12200－500＝11700。

打开"极轴"或"正交",使用"直线"命令先向下 11700 画出一根纵轴线,再向右 34800 画出一根横轴线。本图的其他轴线都将由这两根轴线偏移得到。

图 6-15

② 为了使图样表达更加美观明晰，轴线两端通常要超出外墙线少许。可以使用“拉长”命令将横轴两端和纵轴上端加长 1000，而因为阳台的缘故，纵轴下端应稍长，约 2000。

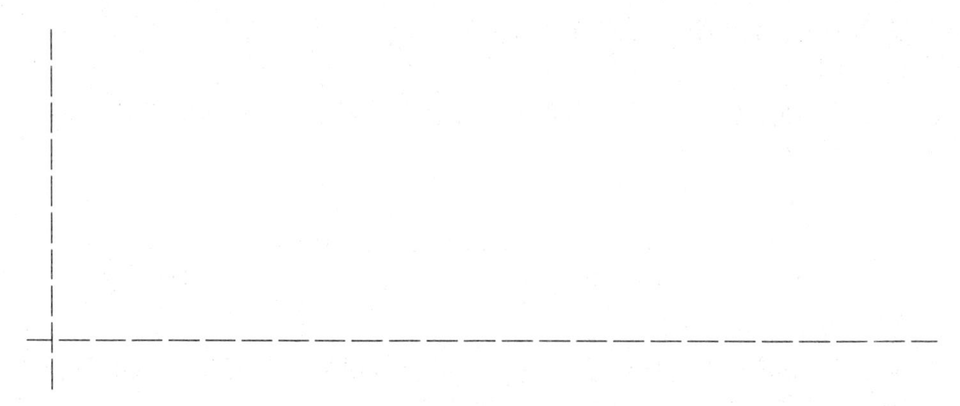

图 6-16

③ 根据已知图中的开间和进深尺寸，使用“偏移”命令分别向右和向上生成最左端住户的全部轴线。

图 6-17

(3) 修剪轴线

使用“修剪”命令将轴线多余的部分剪去，可以更容易看出墙线的位置和走向。注意横轴线是贯穿左右的，不用修剪。

图 6-18

3）绘制墙体

下面可以在已有轴线的基础上，绘制图样的主要部分——墙体。

(1) 设置图层

① 新建“砖墙”图层。

② 设置“砖墙”图层的颜色、线型(注意其线型应改回到实线)。

③ 将“砖墙”层设为当前图层。

(2) 设置多线样式

可以使用“直线”命令直接绘制，或使用“偏移”命令利用轴线生成墙线，但使用“多线”命令更快捷。要使用多线，首先要设置多线样式。

点击【格式】→【多线样式】打开“多线样式”对话框，新建“370”用于外墙，分别设偏移为“250”和“−120”，其他默认。

同样新建“240”用于内墙，分别设偏移为“120”和“−120”，其他默认。

(3) 绘制外墙

将“370”样式设为当前，启动“多线”命令，将对正方式设为“无(z)”，比例设为“1”。

打开交点捕捉，沿轴线绘出外墙线。尽量一次画完以减少接头数目，还要避免出现重线。

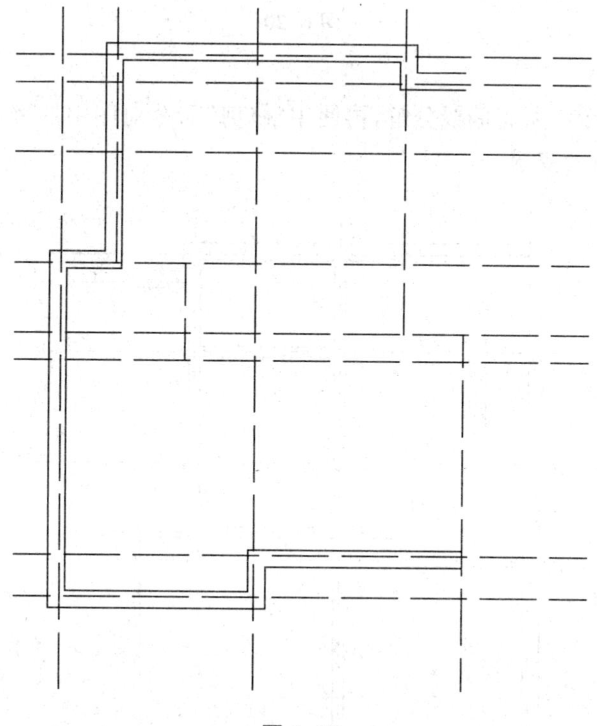

图 6-19

(4) 用同样的方法绘出内墙，尽量减少接头和重线数目

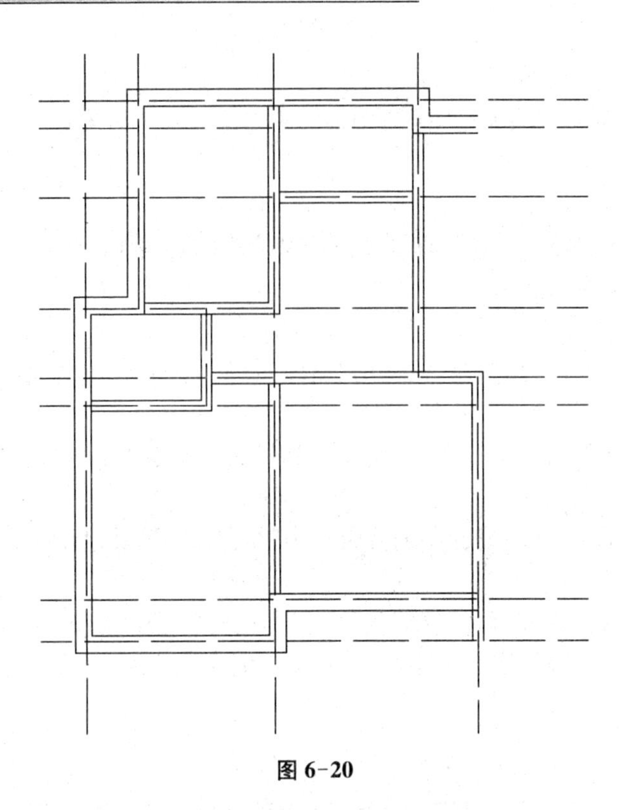

图 6-20

(5) 编辑墙线

先使用“分解”命令将所有墙线分解，再使用“修剪”命令对图中的墙体相交和拐角等处进行细致的修改，直至符合要求。

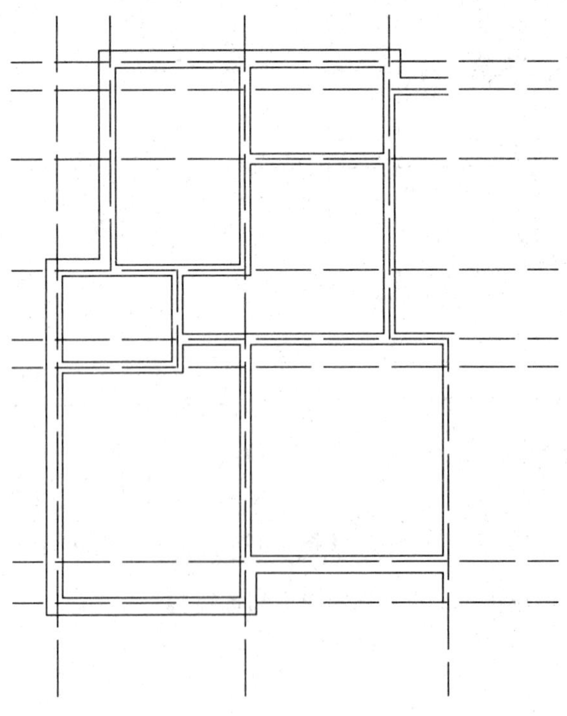

图 6-21

（6）检查清理

绘制完墙线后要仔细检查一番，看是否有遗漏、重线，转角处是否有缺口或交叉等，及时修正。

如图 6-22 中标出的几处短线属于断线，最好删除，再使用“延伸”命令补齐。右侧分户墙的下端也应该伸长“1020”，并封口。

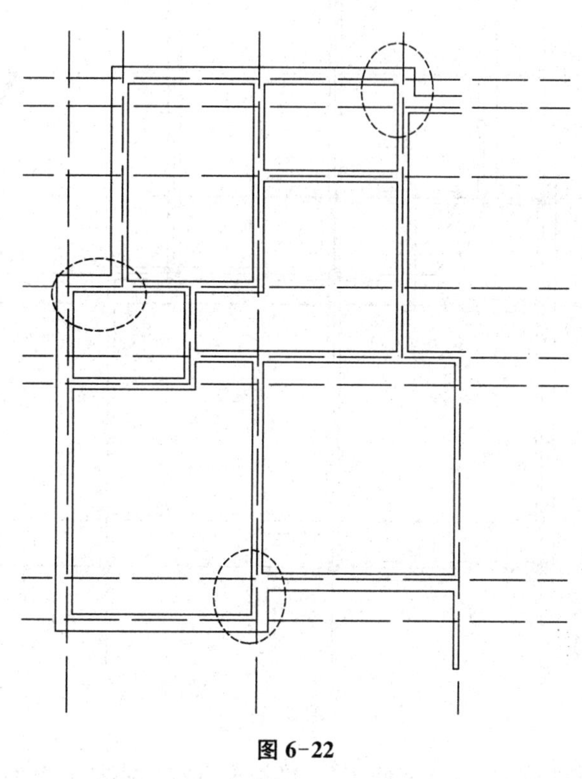

图 6-22

4）绘制柱子

（1）设置图层

① 新建“柱”图层。

② 设置“柱”图层的颜色。

③ 将“柱”层设为当前图层。

（2）绘制柱子

① 为了便于捕捉和放置柱子，先使用“矩形”命令绘制一个 240×240 的正方形线框。

② 打开“中点捕捉”，使用“多段线”命令绘制一条宽度为 240 的多段线连接矩形两对边中点，这样便形成了一个填充的方柱。

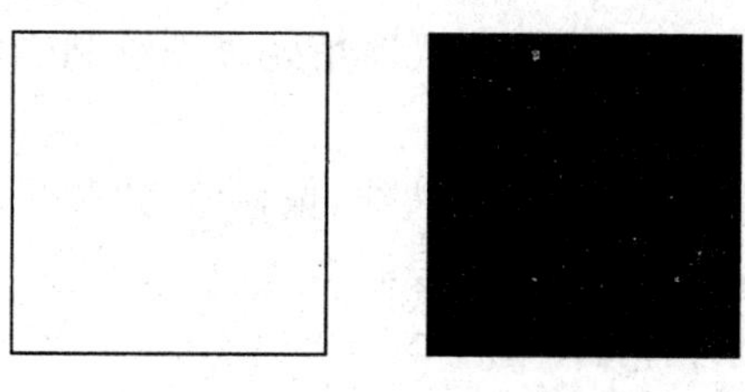

图 6-23

③ 打开“对象捕捉”功能，使用“移动”、“复制”命令，生成全部构造柱，并放置于合适的位置。

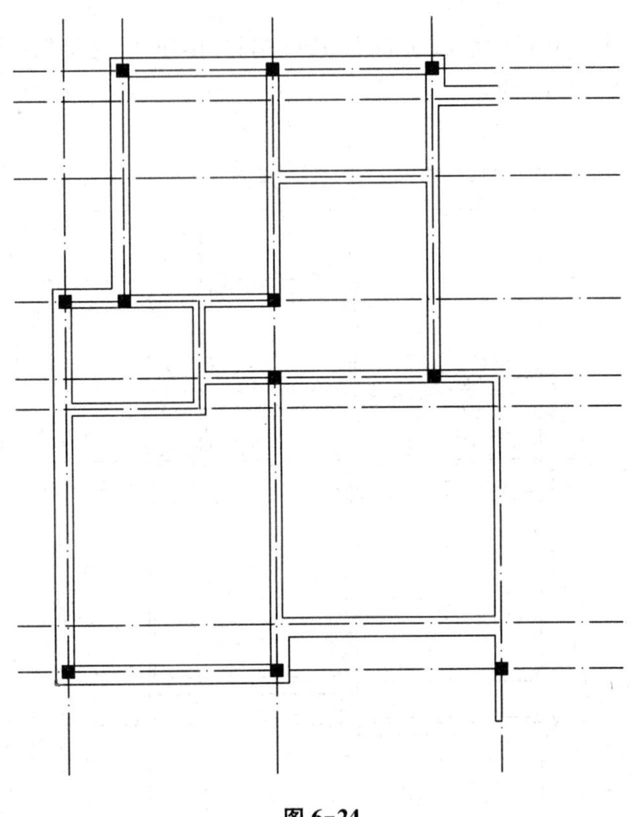

图 6-24

此外，柱子还有其他绘制方法，如使用“二维填充”或“图案填充”命令。如果图中的柱子数量和尺寸规格较多，宜将柱子制作成图块，最好是单位尺寸的图块，这样在使用“插入”命令插入图块时，可以通过设置不同方向的缩放比例生成各种尺寸规格的方柱。

5）补齐围护构件

若有其他围护构件可一并绘出，为下一步绘制门窗做准备。本例中应补齐阳台。

(1) 设置图层

① 新建“阳台”图层。

② 设置“阳台”图层的颜色。

③ 将“阳台”层设为当前图层。

(2) 绘制阳台

① 打开“交点捕捉”，使用“直线”命令从墙角处分别绘制一条水平线和竖直线作为阳台边线。

② 使用“偏移”命令偏移出另一条阳台边线，偏移值为“200”。

③ 使用“圆角”命令(半径值为 0)修剪转角。

④ 使用“矩形”命令绘制外伸排水管。

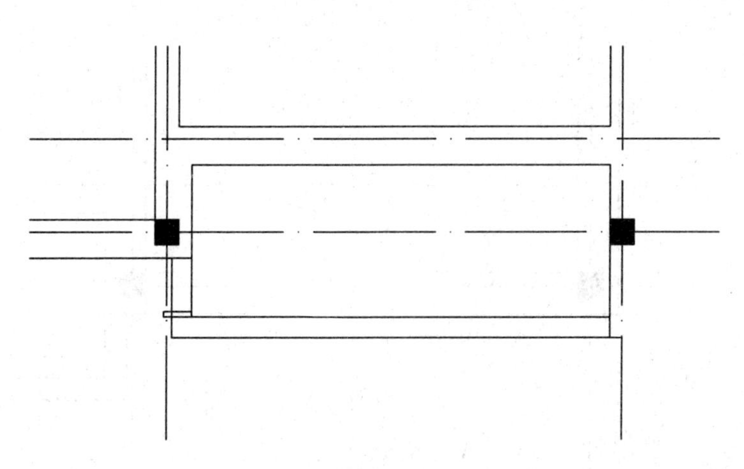

图 6-25

6.2.2　绘制平面图中的门窗和楼梯

1）修剪门窗洞口

绘制门窗之前应当先在墙体上开出门窗洞口。

(1) 开窗洞

① 根据图中外窗距两侧轴线的距离及窗宽，使用“偏移”命令将轴线向内偏移出窗洞边线。

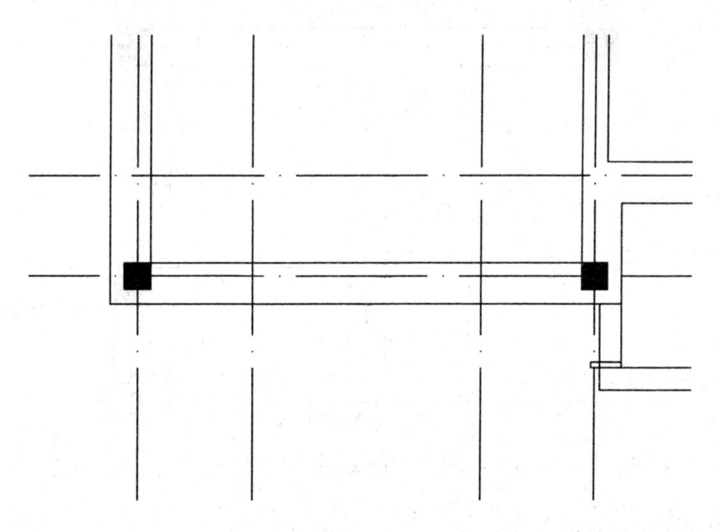

图 6-26

② 使用“修剪”命令剪出窗洞口。

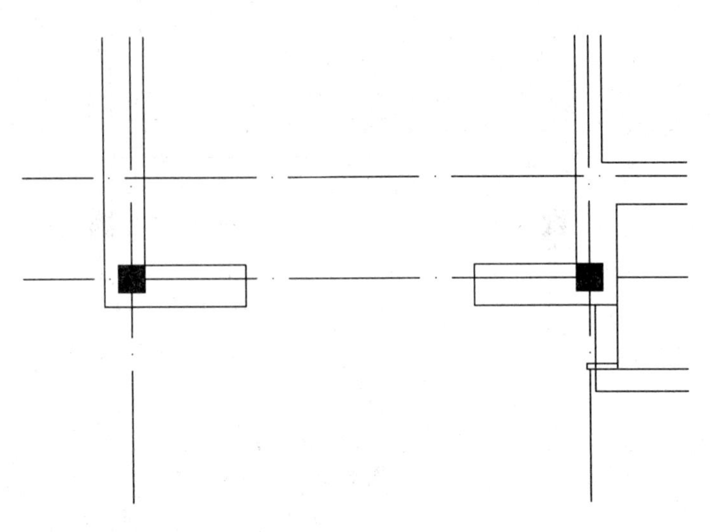

图 6-27

③ 使用“特性匹配”命令将洞口边线由“轴线”层变为“墙线”层。

(2) 开门洞

① 根据图中门距两侧轴线的距离及门宽，使用“偏移”命令将轴线向内偏移出门洞边线。

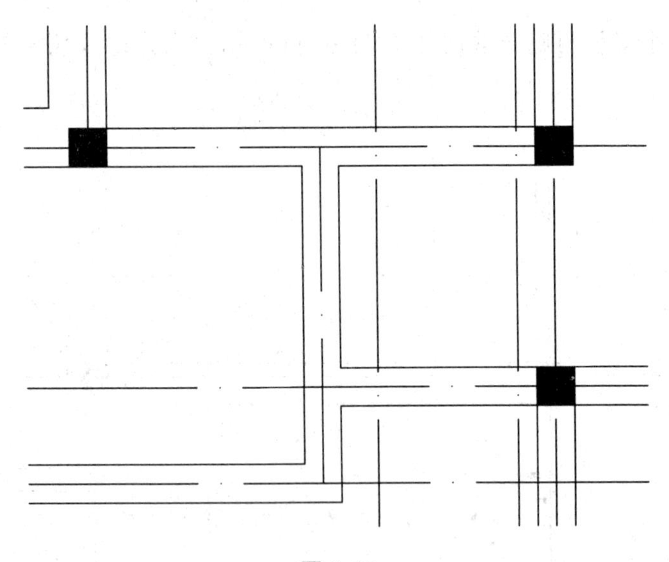

图 6-28

② 使用“修剪”命令剪出门洞口。

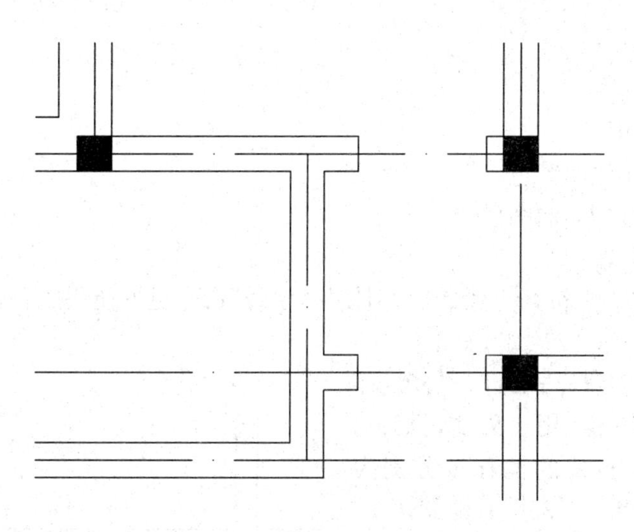

图 6-29

③ 使用“特性匹配”命令将洞口边线由“轴线”层变为“墙线”层。

(3) 按上述方法绘出全部门窗洞口

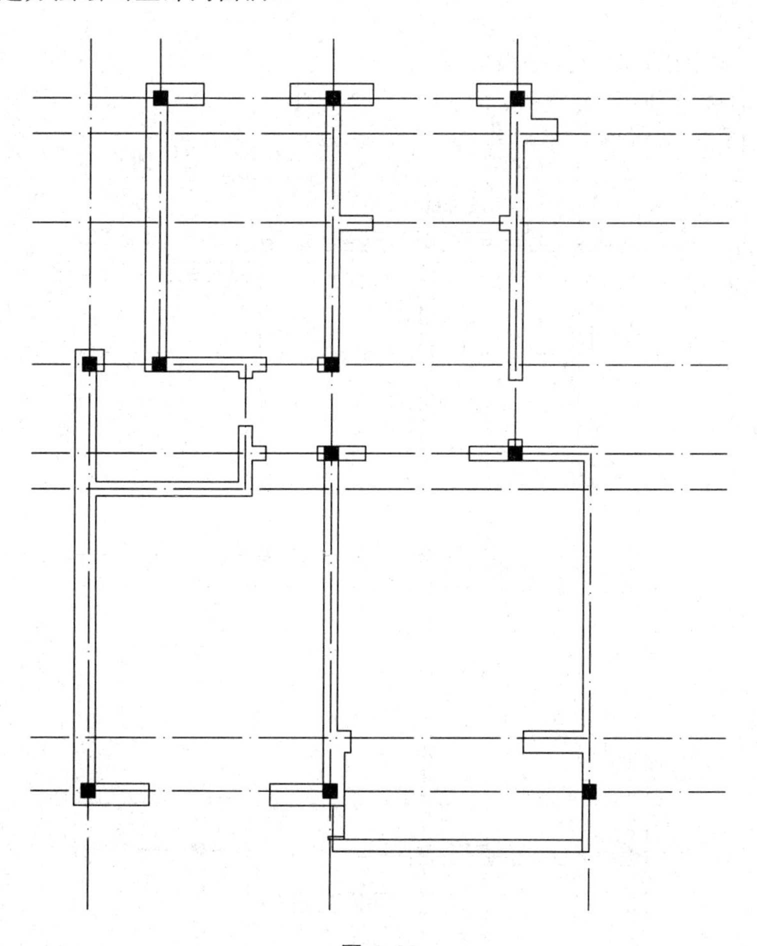

图 6-30

2）绘制窗

（1）设置图层

① 新建“门窗”图层。

② 设置“门窗”图层的颜色。

③ 将“门窗”层设为当前图层。

（2）设置多线样式

可使用“直线”和“偏移”命令绘制窗，但使用“多线”命令更方便快捷。要使用多线，首先要设置多线样式。

点击【格式】→【多线样式】打开“多线样式”对话框，新建“370 窗”用于外窗，添加 2 个元素，并使 4 根平行线的偏移量分别为“185”、“40”、“－40”和“－185”，其他默认。

用同样方法，新建“240 窗”，4 根平行线的偏移量分别为“120”、“40”、“－40”和“－120”。

（3）绘制窗线

使用“多线”命令在窗洞口中绘出窗线。

绘出所有窗（注意使用“直线”命令把门连窗另一端封口）。

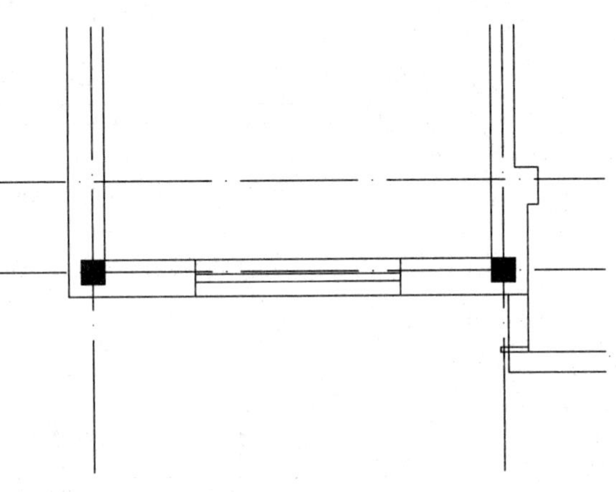

图 6-31

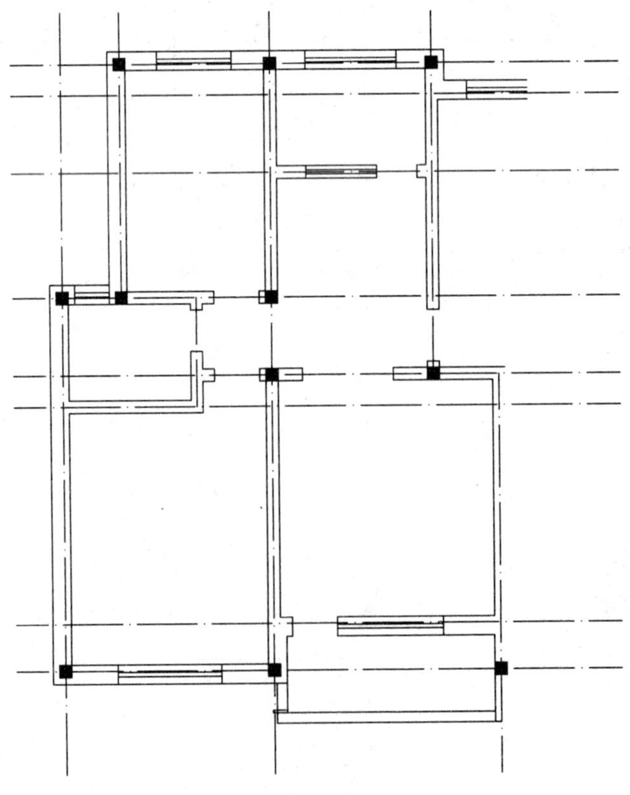

图 6-32

3）绘制门

平面图中的门往往数量和尺寸众多，为了能快速绘出，可以利用插入图块的方式。

(1) 制作图块

① 使用“多段线”命令绘制包含一段直线和一段 45°圆弧的平开门，最好为单位尺寸，即门扇的长度为 10。

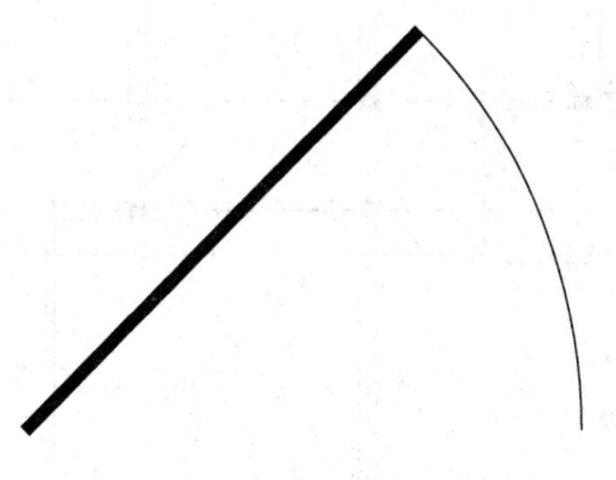

图 6-33

② 使用“图块”命令将其作成名为“平开门”的图块，插入基点选在门扇转轴处。

(2) 插入图块

① 使用“插入”命令选择“平开门”图块，输入合适的缩放比例使其与门洞尺寸相符，如 900 宽的门洞应放大 90 倍。

② 利用“对象捕捉”将图块的插入基点对准门洞的门轴处，将其插入到门洞内。

③ 使用“镜像”、“移动”命令调整门扇的开启方向。

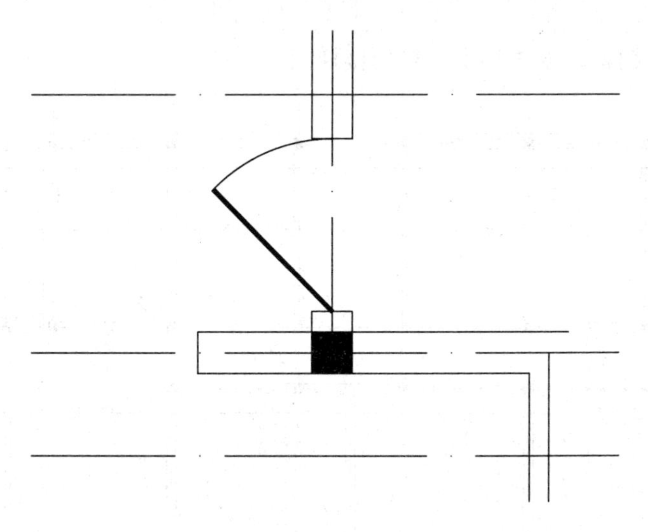

图 6-34

(3) 用同样的方法绘出所有的门

(4) 用“直线”命令绘出厕所、厨房和阳台的门口线

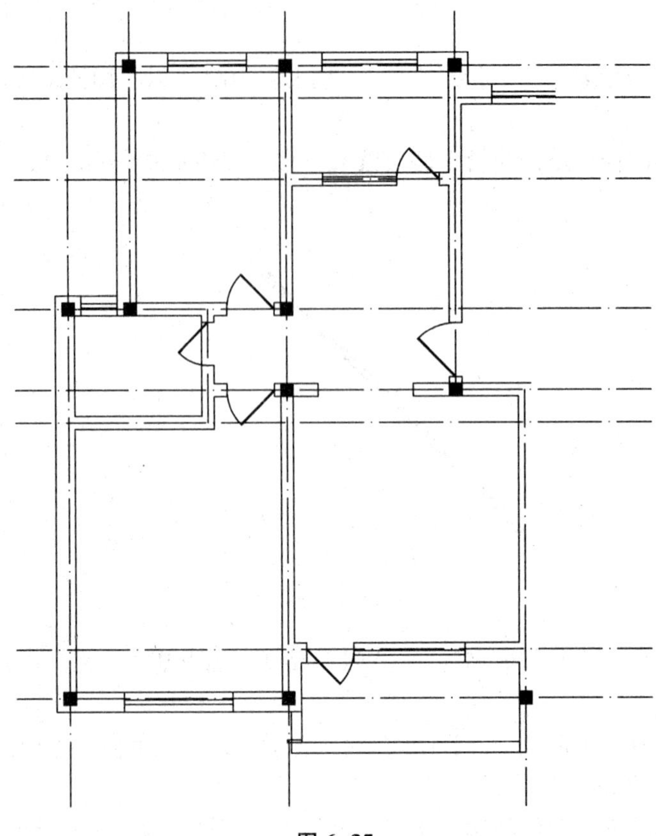

图 6-35

4）绘制楼梯

为了方便绘制楼梯，需要先绘出完整的楼梯间。

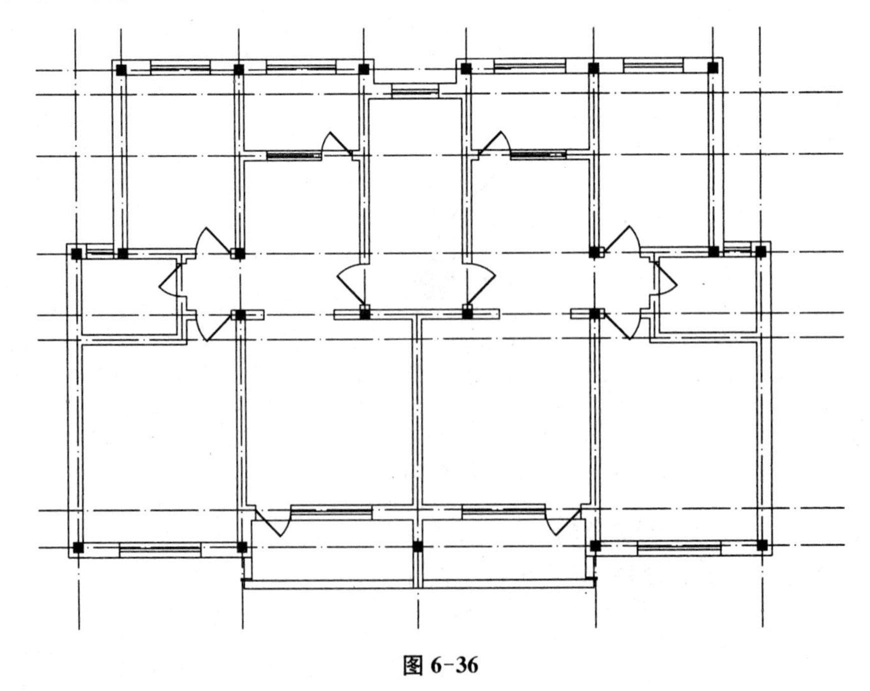

图 6-36

(1) 生成一个单元

使用“镜像”命令，以分户墙的轴线为对称轴，生成对侧住户，包括墙线、柱、门窗和纵轴线。

注意镜像时可能会产生重复的图元，在选取对象时不要选中它们(包括中轴线、中轴线上的柱、中轴线上下两端的墙线以及楼梯间的窗)，所有横轴线也不要选取。

镜像完成后，再将中轴线上下两端的水平墙线延长，以闭合墙体。

(2) 设置图层

① 新建“楼梯”和“符号”图层。

② 设置“楼梯”和“符号”图层的颜色。

③ 将“楼梯”层设为当前图层。

(3) 绘制楼梯

① 使用“偏移”命令将楼梯间最下端的水平墙线向上偏移“1620”，生成踏步线。

② 将其由“墙线”层改为“楼梯”层。

③ 继续使用“偏移”命令将其向上偏移生成其他踏步线，间距“280”。

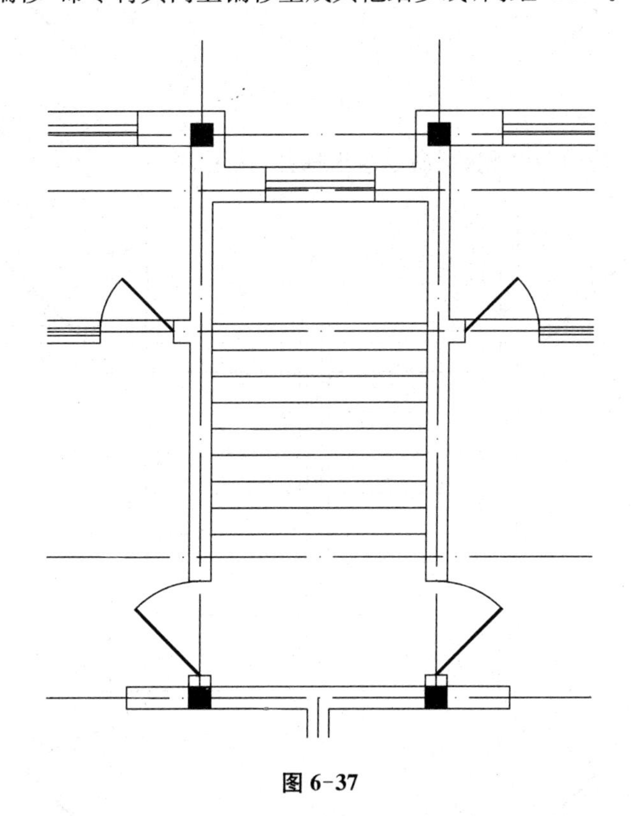

图 6-37

④ 打开“中点捕捉”，使用“直线”命令连接上下两端踏步线的中点形成梯段分界线。

⑤ 使用“偏移”命令，将分界线和上下端踏步线向外偏移，形成楼梯段和扶手辅助线，偏移量为“50”。

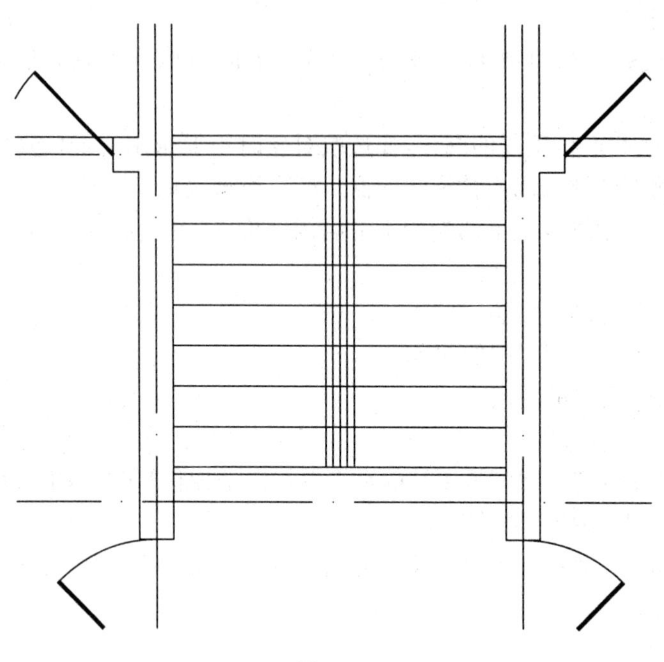

图 6-38

⑥ 使用“圆角”、“修剪”和“删除”命令绘出梯井、扶手。

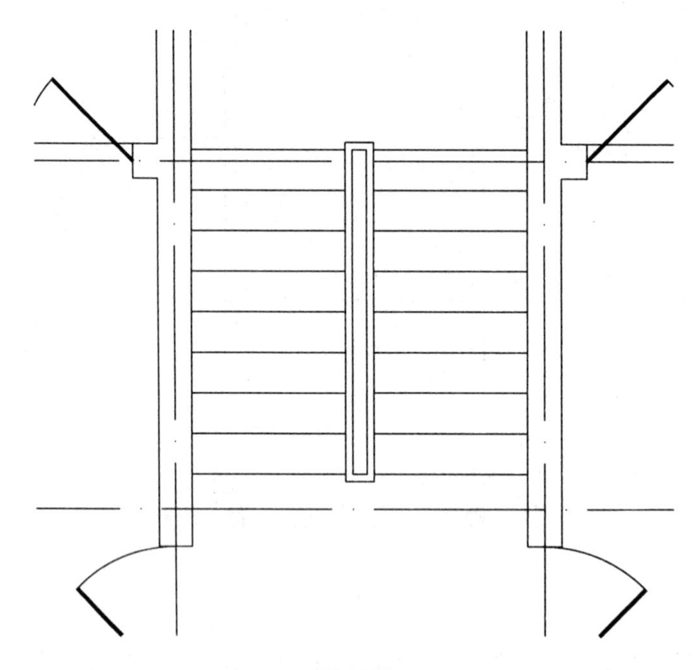

图 6-39

(4) 绘制符号

① 将“符号”层设为当前图层。

② 使用“直线”、“多段线”和“修剪”命令绘制并修剪出折断线。

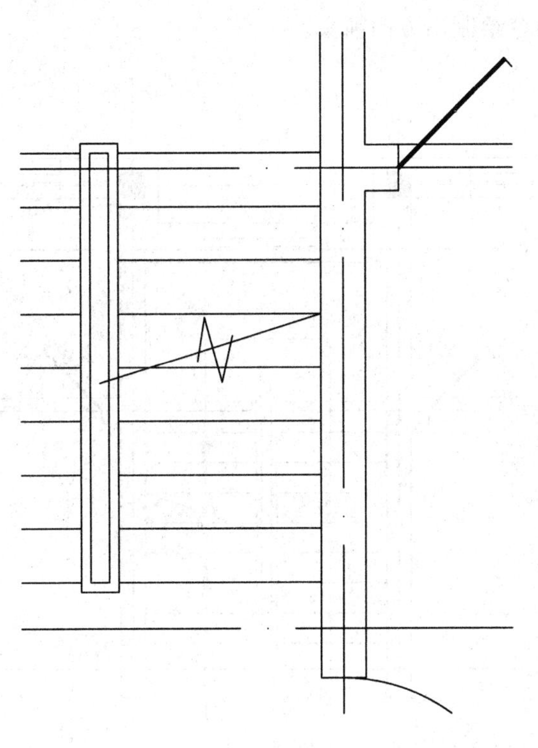

图 6-40

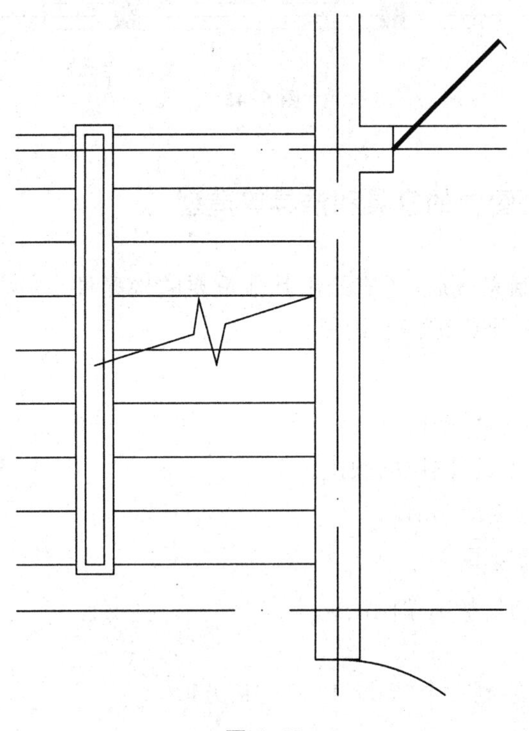

图 6-41

③ 使用“多段线”命令绘制出方向箭头。

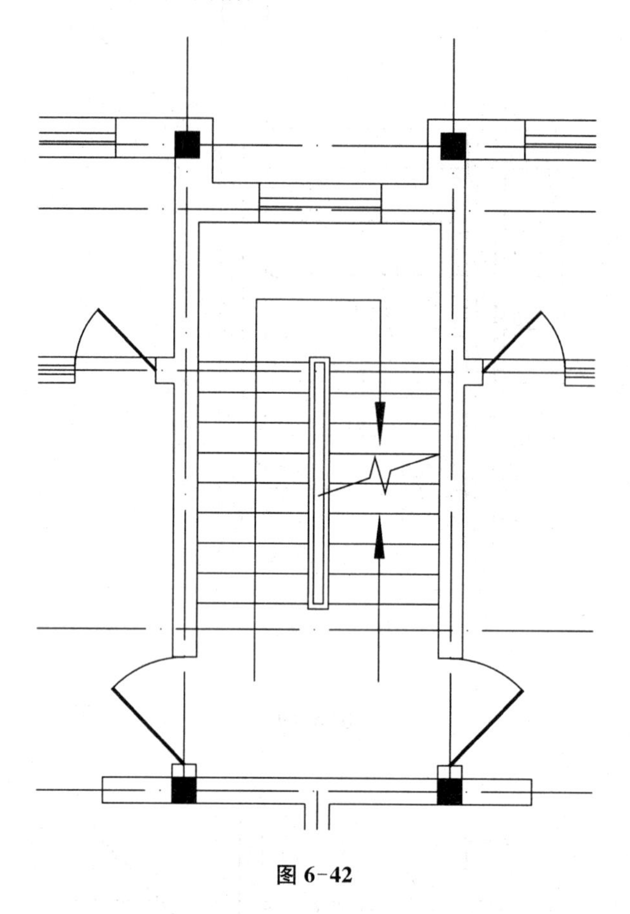

图 6-42

6.2.3 绘制平面图中的家具和洁具等造型

建筑物主体部分绘制完成后，还应绘出其他重要的构配件，本例中应绘出卫生洁具和厨具。建筑配景(如家具等)则根据需要绘制。

1）设置图层

(1) 新建“洁具”和“家具”图层。

(2) 设置“洁具”和“家具”图层的颜色。

(3) 将“洁具”层设为当前图层。

2）绘制卫生洁具和厨具

以下列举几种常见洁具的简单画法。

(1) 浴缸的画法

① 使用“矩形”命令绘制一个 750×1700 的长方形。

图 6-43

② 使用“偏移”命令向内偏移“70”形成内壁，使用“分解”命令将内壁分解。

图 6-44

③ 使用“圆角”命令生成内壁端部的半圆和角部的 1/4 圆(圆角半径“60”)。

图 6-45

④ 使用“移动”、“修剪”和“删除”命令进行修改。

图 6-46

⑤ 使用“圆”、“移动”命令绘出排水孔，完成绘制。

图 6-47

(2) 坐便器的画法

① 使用“矩形”命令绘制一个 400×240 的长方形。

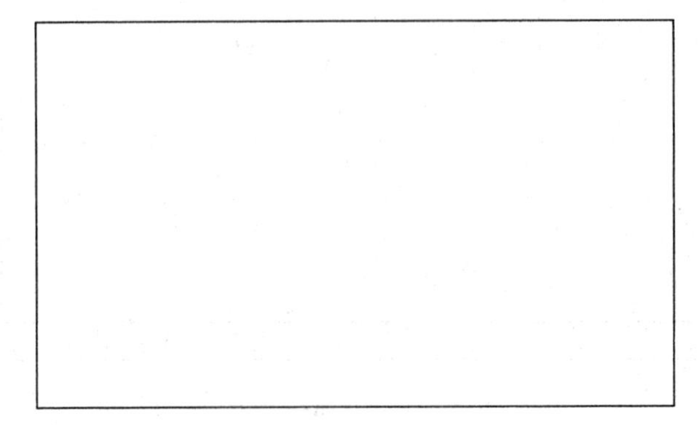

图 6-48

② 打开“对象捕捉”，使用“椭圆”命令绘制一个半短轴为“180”、半长轴为“300”的椭圆，使椭圆的圆心与矩形上边沿中点对齐。

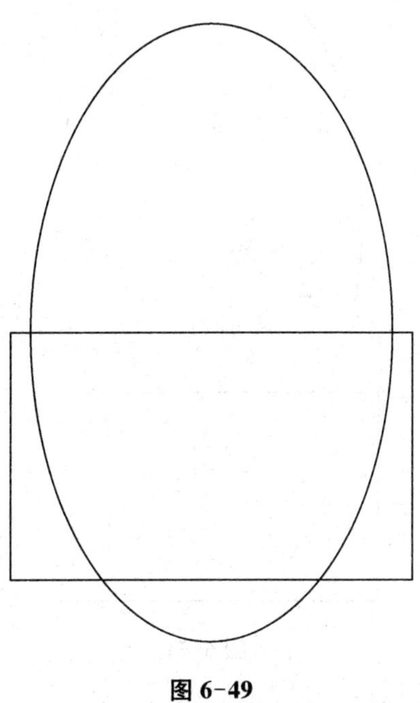

图 6-49

③ 使用“移动”命令将椭圆上移“200”。

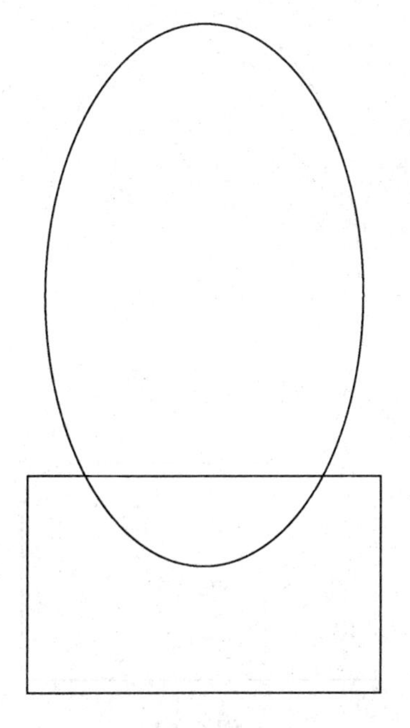

图 6-50

④ 使用“修剪”命令剪去椭圆下部。

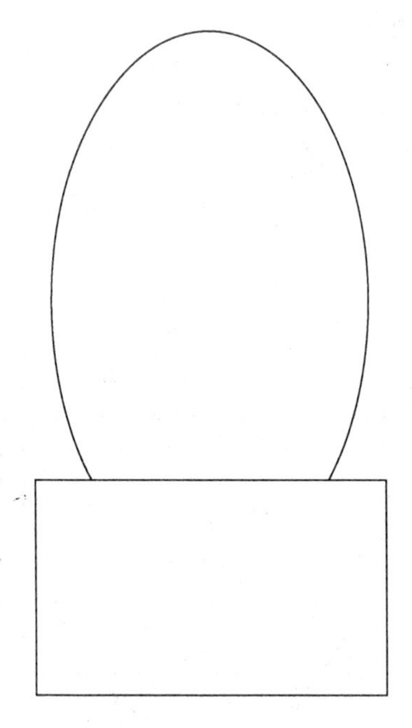

图 6-51

⑤ 使用“分解”命令将矩形分解，然后使用“圆角”命令将上部两角抹圆（圆角半径“60”），完成绘制。

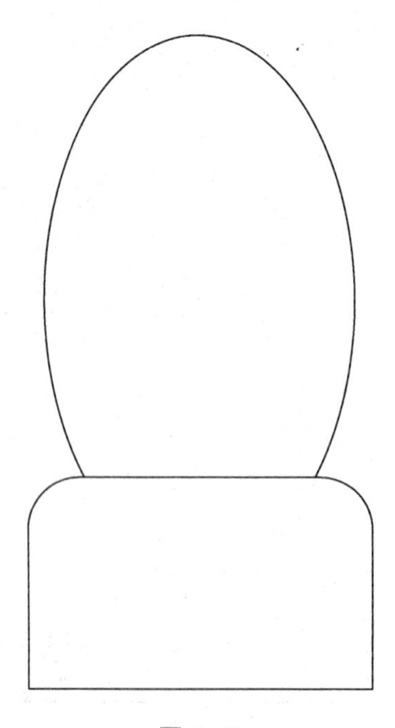

图 6-52

(3) 洗手盆的画法

① 使用“矩形”命令绘制一个 600×900 的长方形。

图 6-53

② 打开“对象捕捉”，使用“椭圆”命令绘制一个半短轴为“180”、半长轴为“250”的椭圆，使椭圆的圆心与矩形上边沿中点对齐。

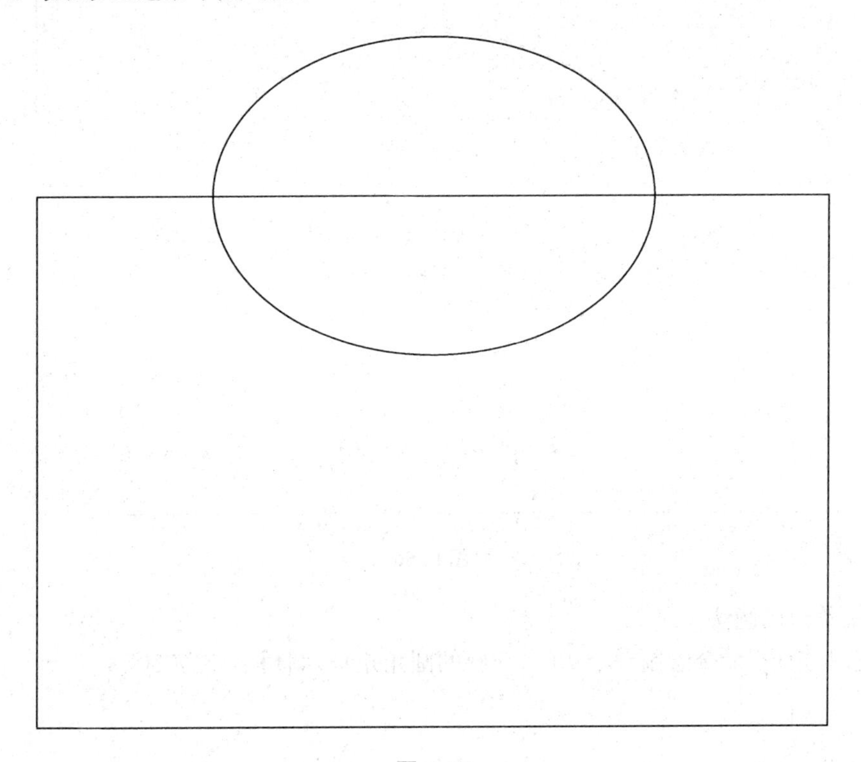

图 6-54

③ 使用“移动”命令将椭圆下移“250”。

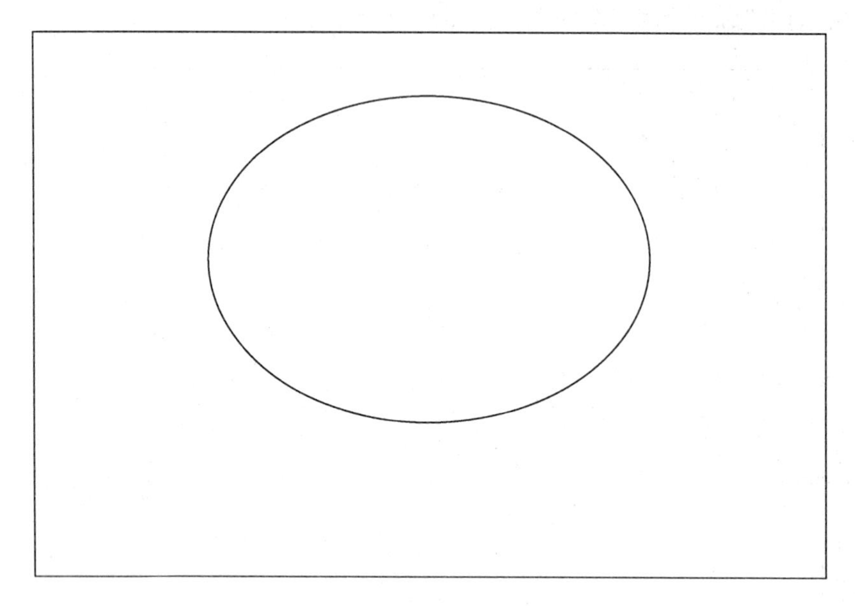

图 6-55

④ 使用“圆”、“移动”命令绘出排水孔，完成绘制。

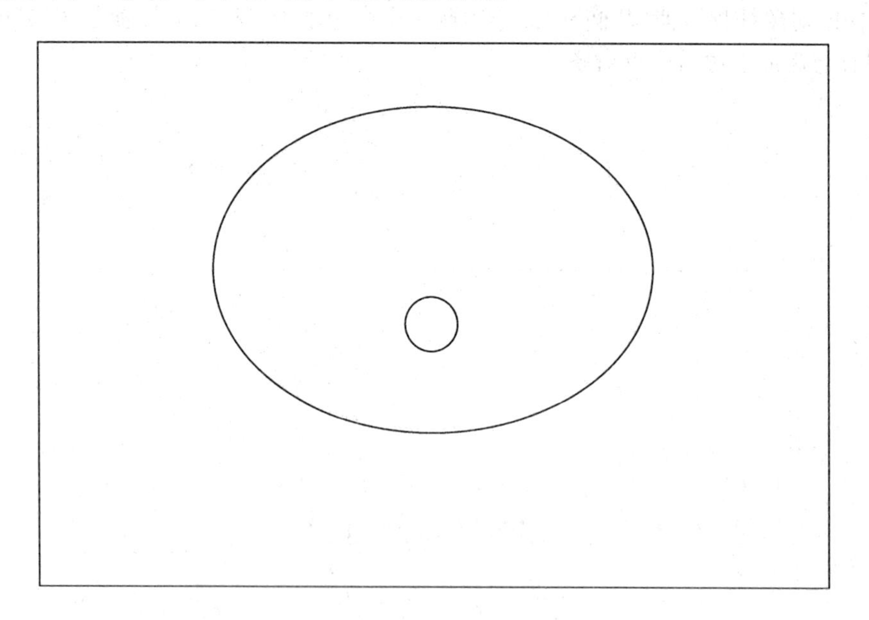

图 6-56

(4) 洗菜池的画法

① 使用“矩形”命令绘制一个 400×600 的圆角矩形，圆角半径为“30”。

图 6-57

② 使用“偏移”命令向外偏移“30”。

图 6-58

③ 使用“圆”、“移动”命令绘出排水孔，完成绘制。

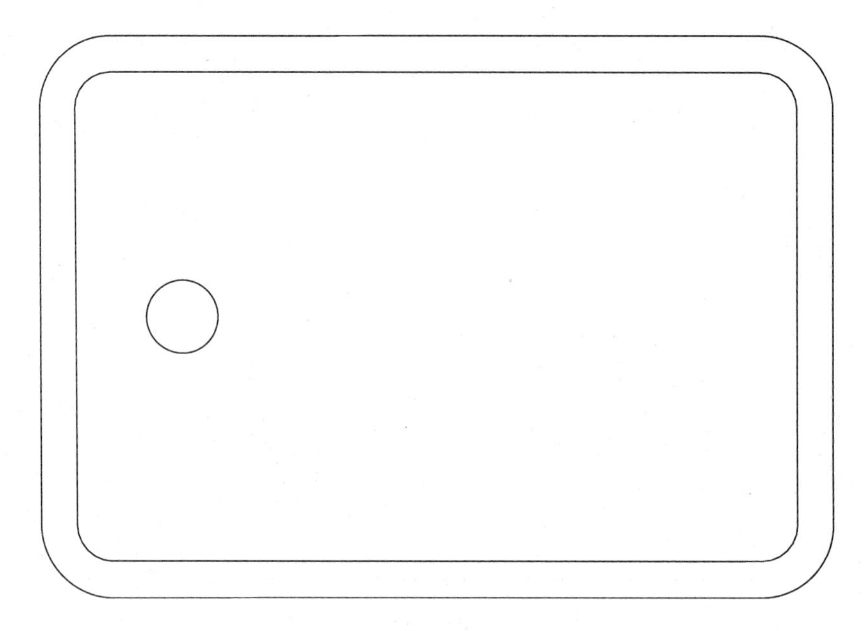

图 6-59

3）绘制家具

将“家具”层设为当前图层，参照上述方法继续绘制所需的家具，此处不再赘述。

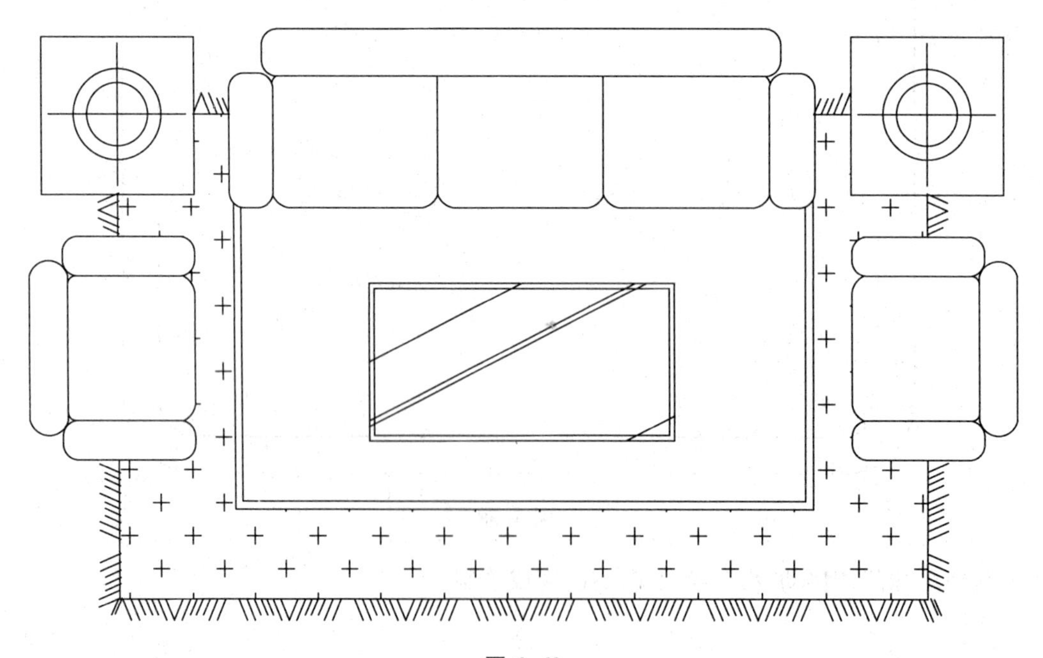

图 6-60

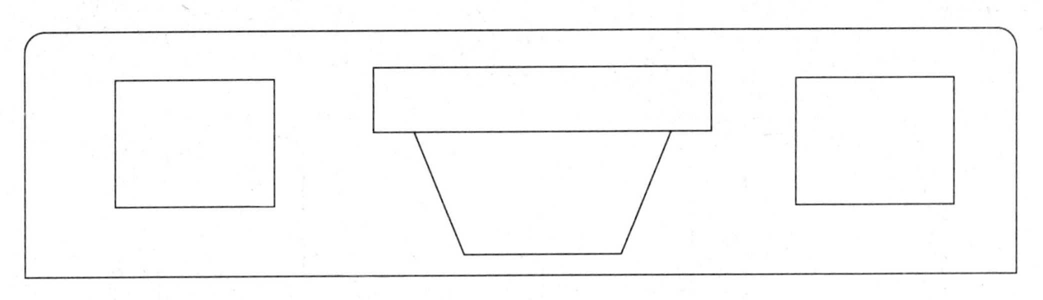

图 6-61

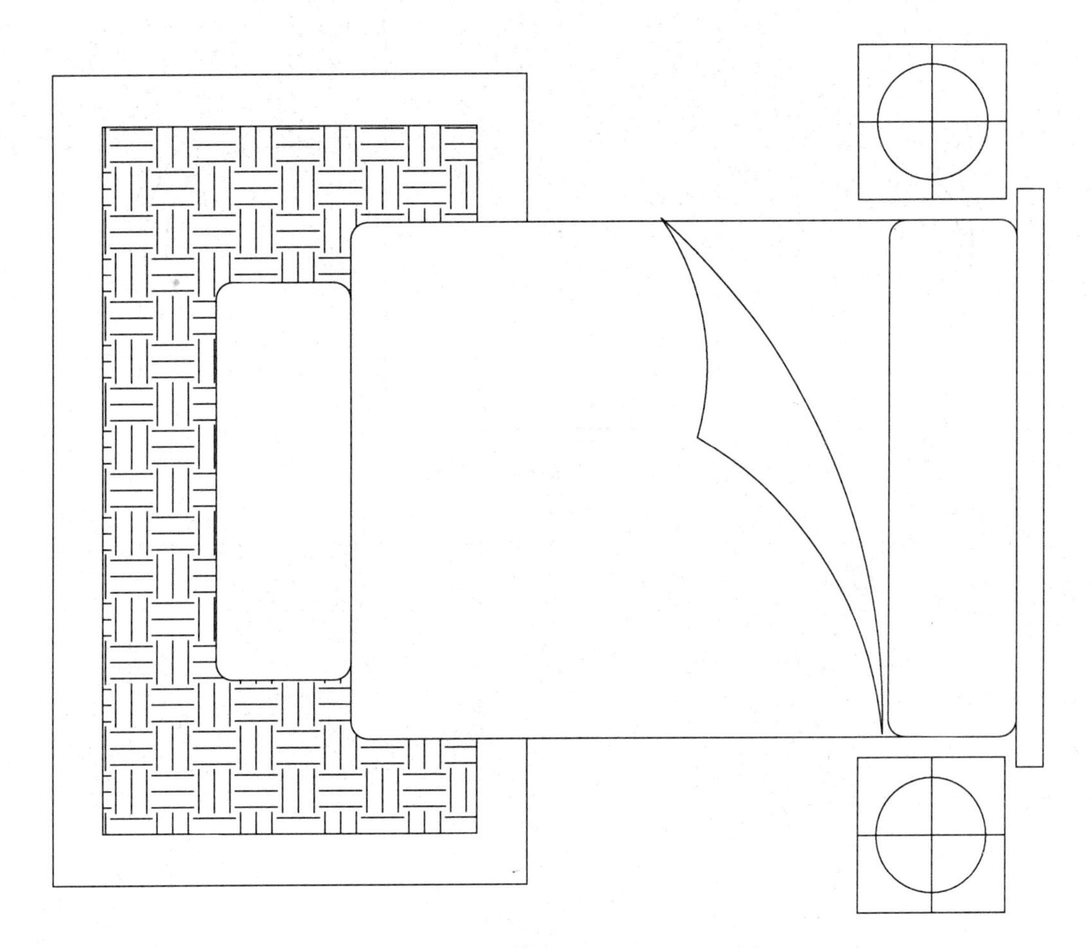

图 6-62

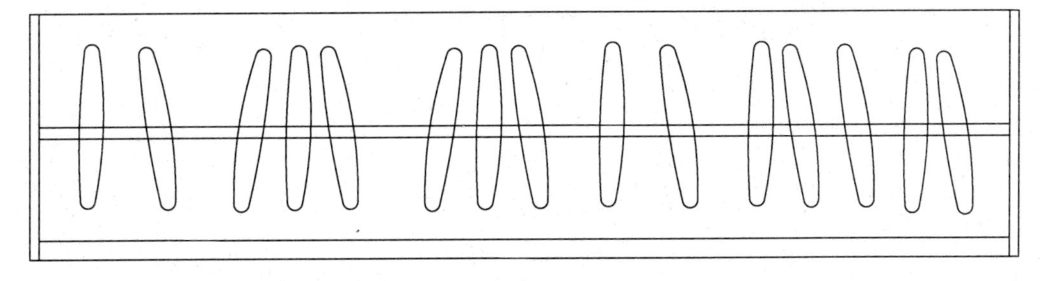

图 6-63

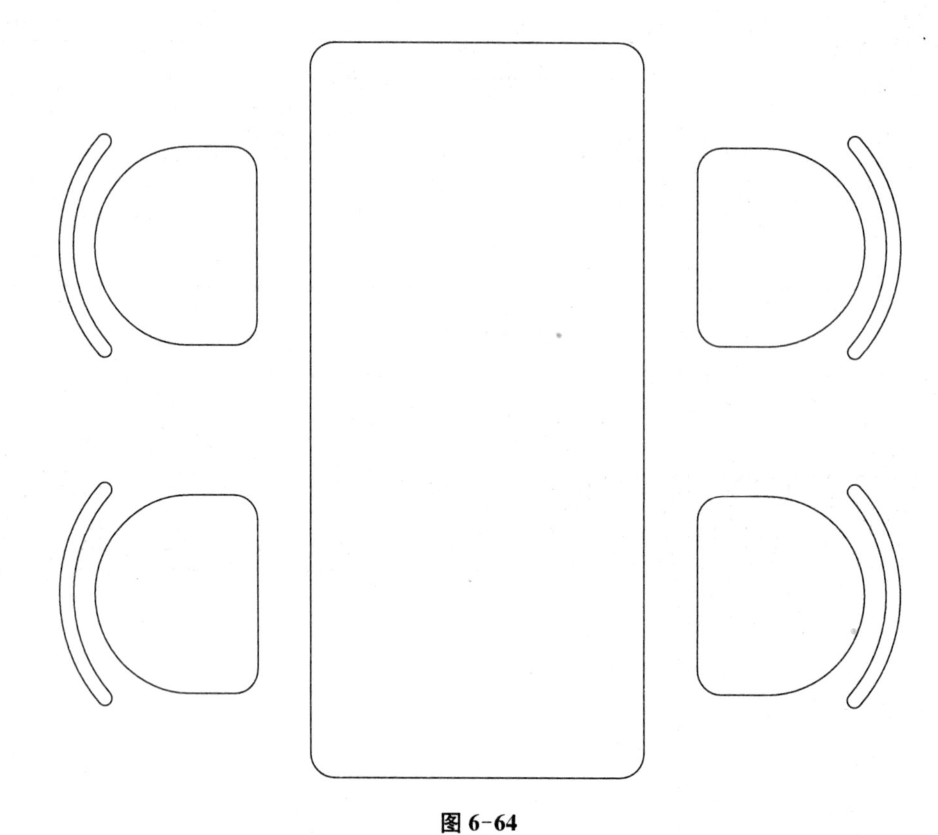

图 6-64

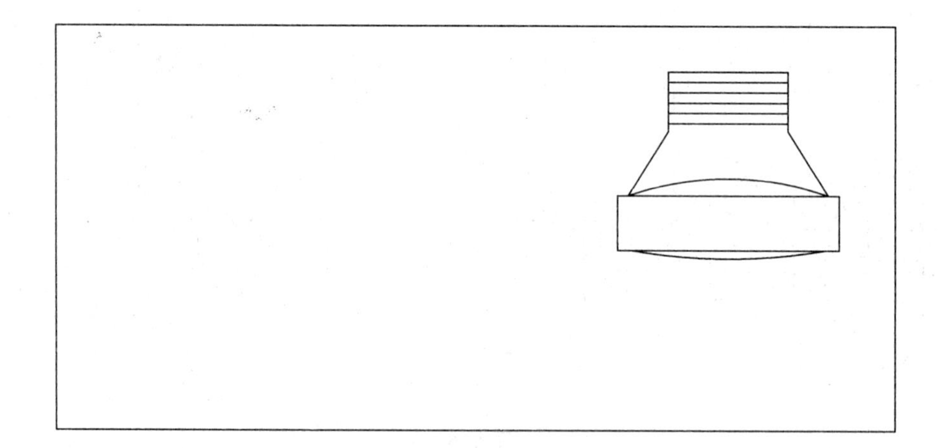

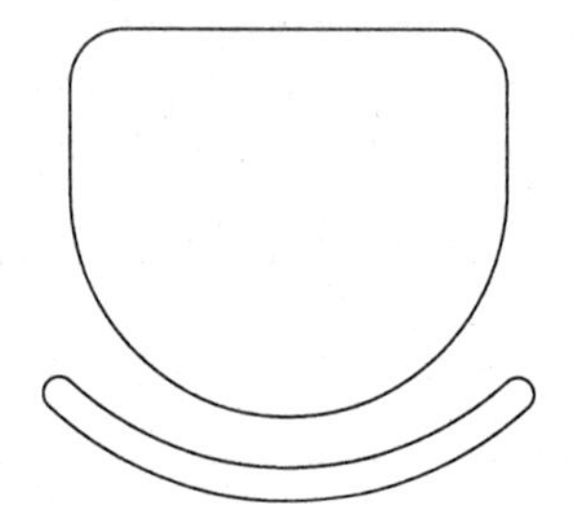

图 6-65

4）制作并插入图块

为了便于使用和编辑洁具、家具等图样，最好把它们做成图块，如果有条件，还可以通过交流等手段获得更多制作好的构配件和配景图块，这样在需要时直接用“插入”命令就能快速完成。

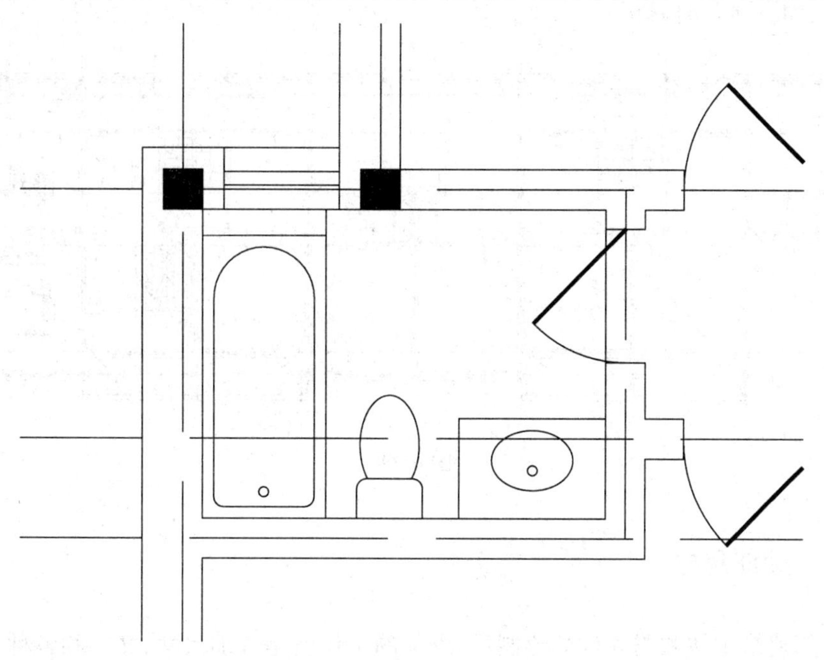

图 6-66

插入厨具后，使用“多段线”命令绘出操作台。

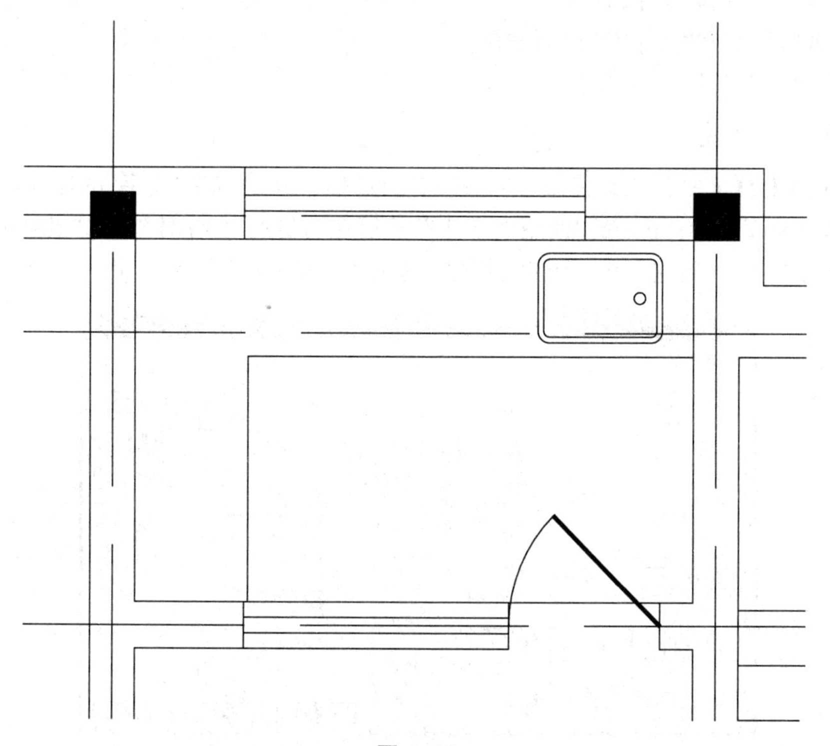

图 6-67

当一个单元内的所有建筑主体和构配件绘制完成后，就可以使用“镜像”或“复制”命令生成其他两个相同的单元了。注意楼梯的走向应一致。

复制结束后，同样要仔细检查一番，看是否有错误、遗漏、重线，墙体连接、转角处是否有缺口或交叉等，如有要及时修正。

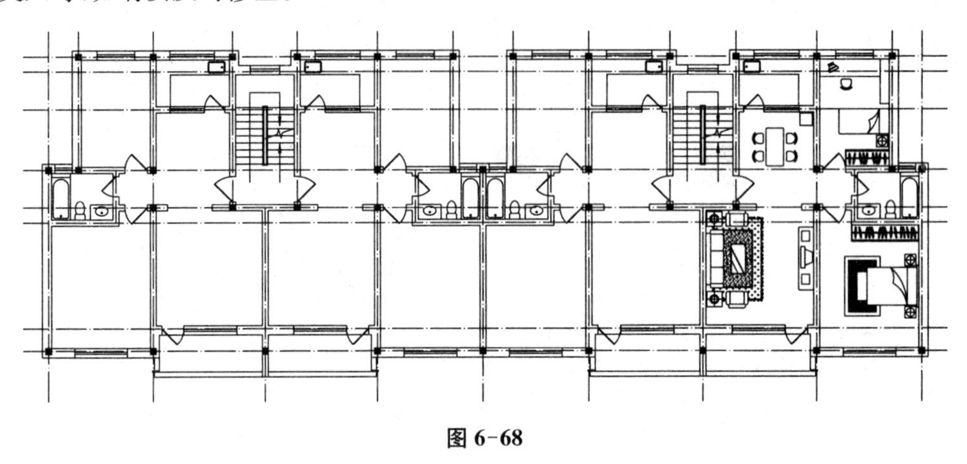

图 6-68

6.2.4 标注尺寸

完成全部建筑主体和构配件的绘制后，剩下的工作就是添加尺寸、文字和各种符号了。

1) 设置图层

(1) 新建“尺寸”和“文字”图层。

(2) 设置“尺寸”和“文字”图层的颜色。

(3) 将“尺寸”层设为当前图层。

2) 设置文字样式

选择【格式】→【文字样式】，弹出“文字样式”对话框。新建名为“文字”的样式，在“字体名”中选“simplex. shx”，选中下面的“使用大字体”，然后在右侧的“大字体”中选“gbcbig. shx”。

用同样的方法，再新建名为“标注”的样式，但将“宽度因子”设为“0. 6”。

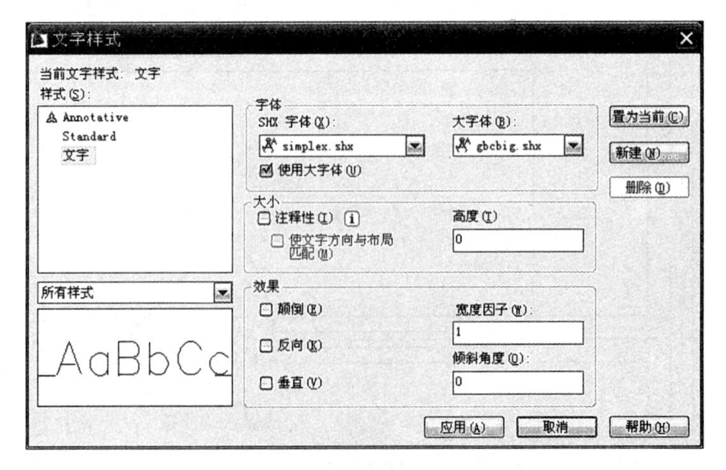

图 6-69

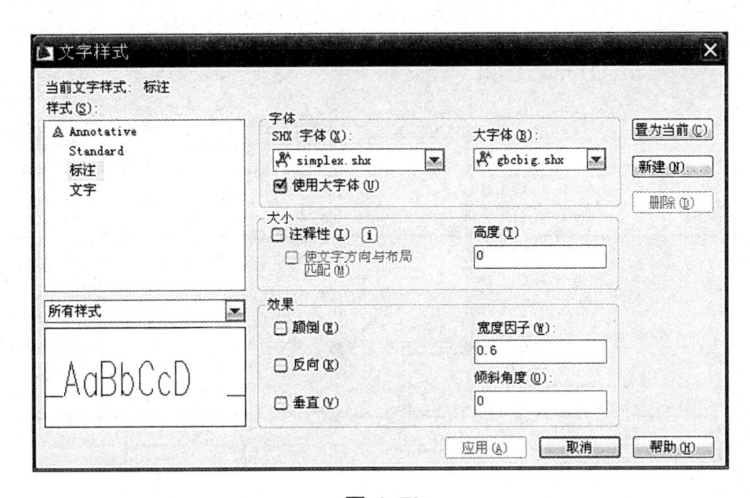

图 6-70

3）绘制轴号

(1) 制作轴号图块

使用“圆”命令绘制一个直径“800”的圆；使用“定义属性”居中添加一个轴线编号，编号的“文字样式”选“标注”，高度为“400”；使用“图块”命令将圆与属性一起做成图块。

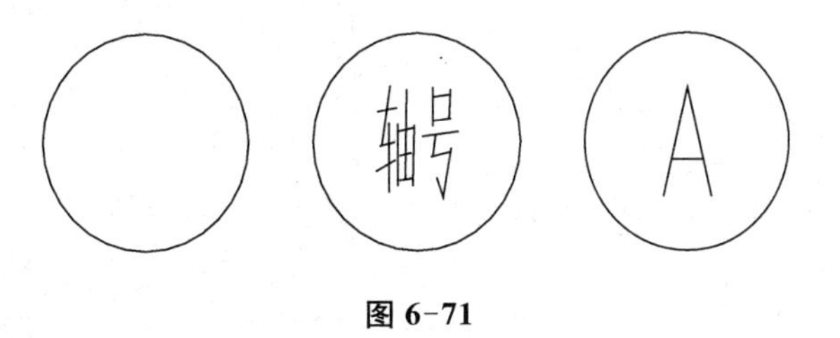

图 6-71

(2) 插入并编辑轴号

① 使用“直线”命令在 A 轴左端绘制一根适当长度的线段作为轴号柄，使用“插入”命令在轴号柄左端插入轴号图块，将轴线编号设为“A”。

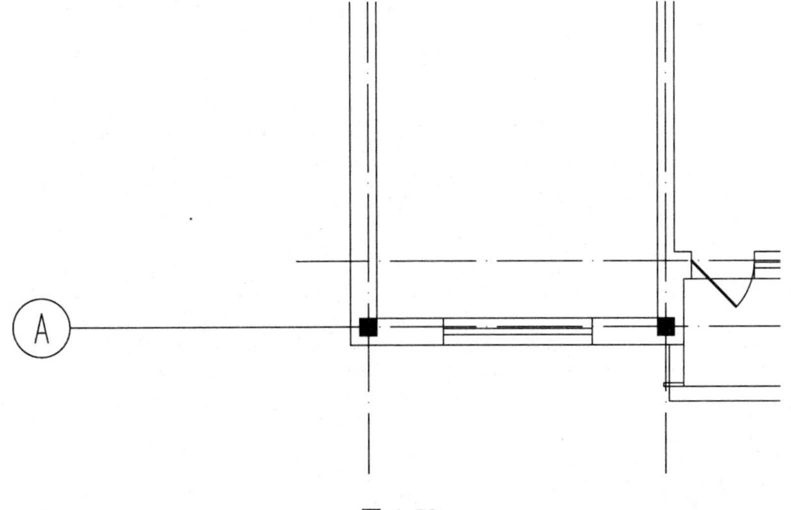

图 6-72

② 使用“复制”命令向上复制出其他轴号。

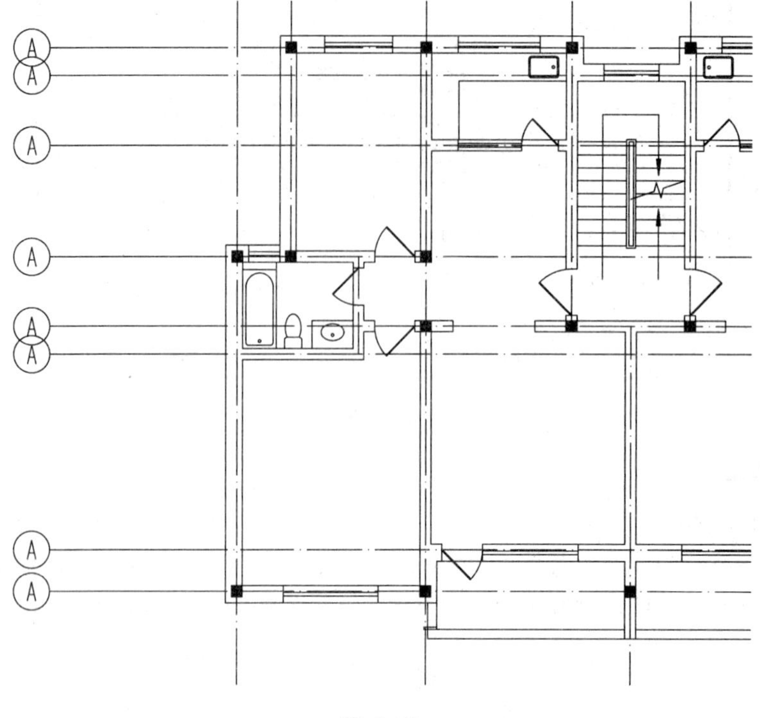

图 6-73

③ 将轴线编号修改为正确的号码。

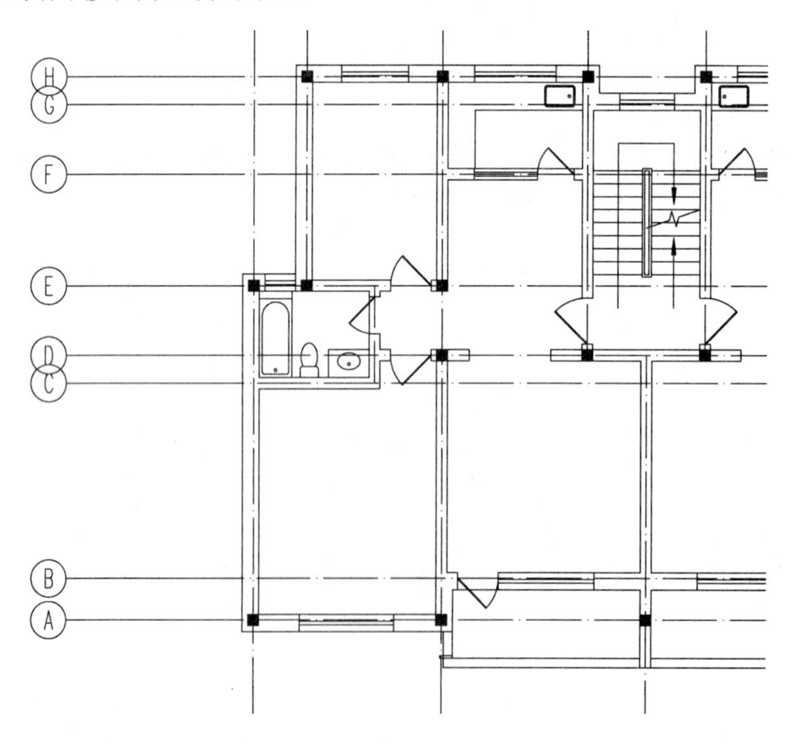

图 6-74

④ 对于相碰的轴号使用“移动”命令将其外偏，再以 45°短线连接。

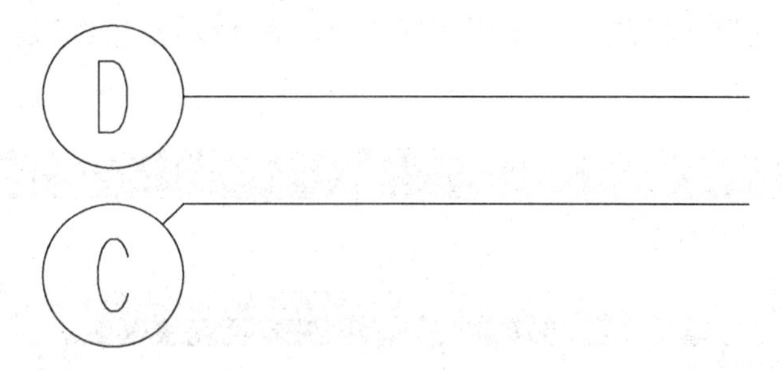

图 6-75

⑤ 用同样的方法绘出下侧轴号。

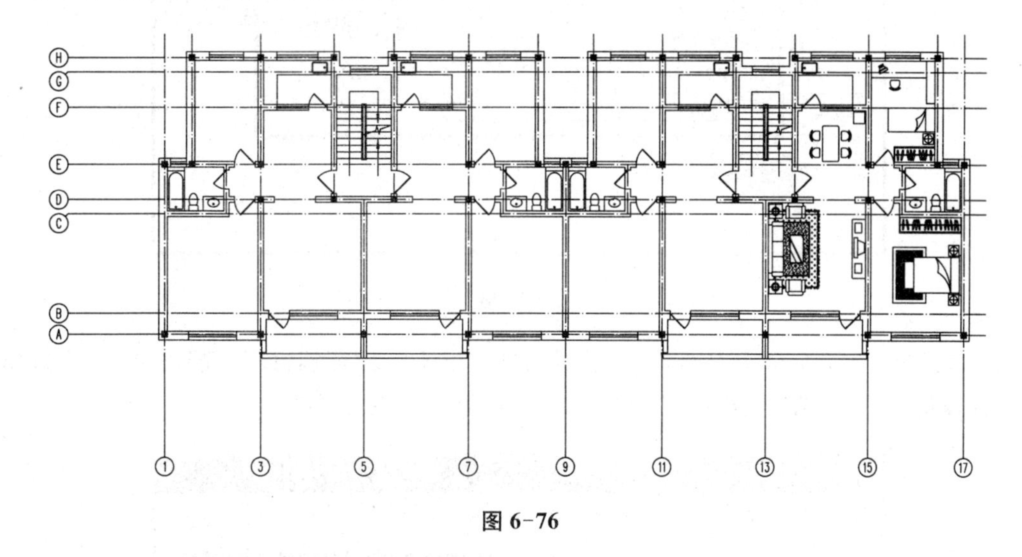

图 6-76

⑥ 使用“镜像”和“复制”命令生成右侧和上方的轴号，调整位置并修改为正确的号码。

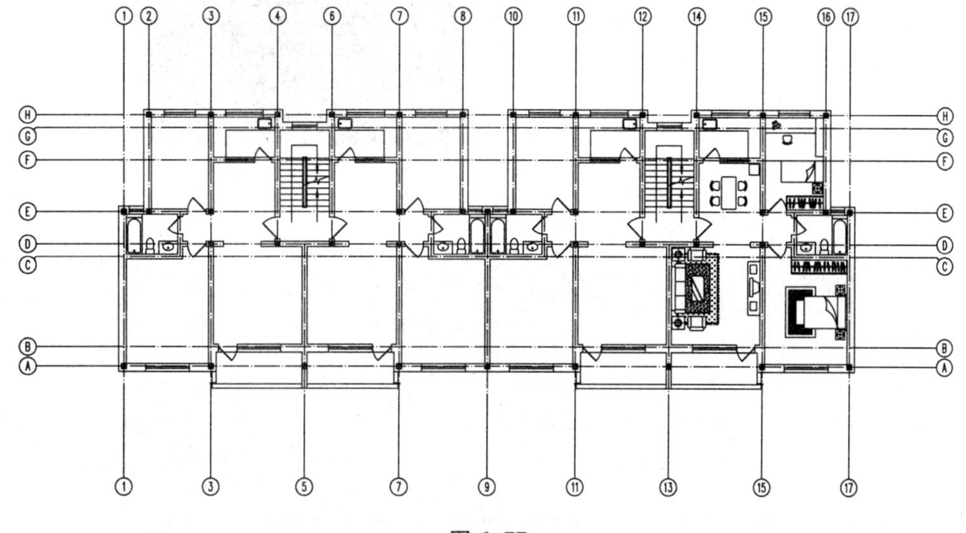

图 6-77

4）设置尺寸样式

① 单击“标注样式”按钮，弹出“标注样式管理器”对话框，点击“新建”，创建“100”标注样式用于 1∶100 的图样。

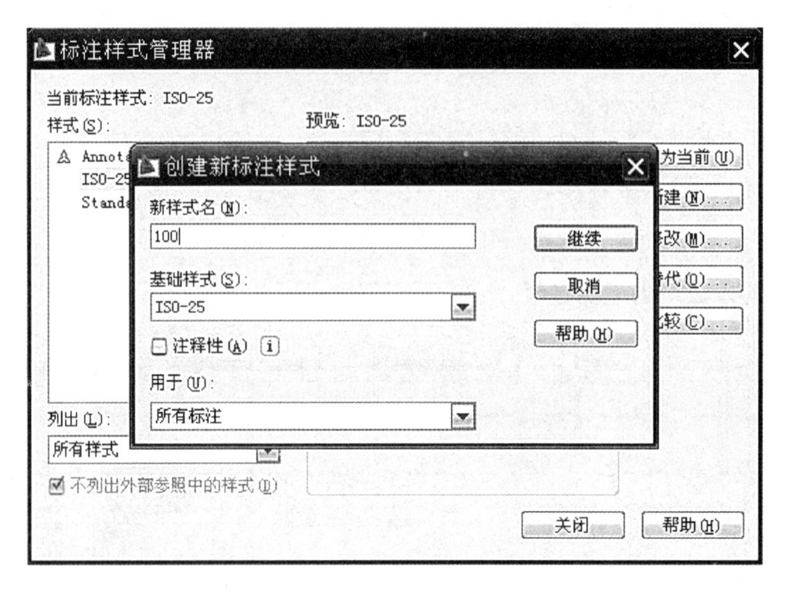

图 6-78

② 选择“继续”，进入“新建标注样式”对话框。点击“线”标签，设置“超出尺寸线”为“2”，“起点偏移量”为“3”，选中“固定长度的延长线”，将其长度设为“10”。

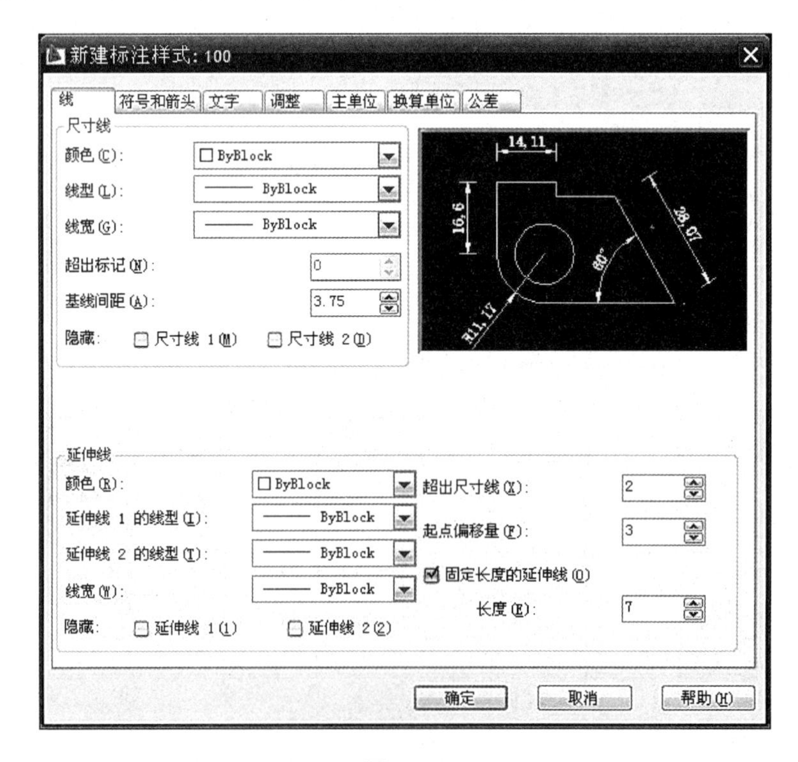

图 6-79

③ 点击“符号和箭头”标签，在“引线”中选“小点”，将“圆心标记”设为“无”。

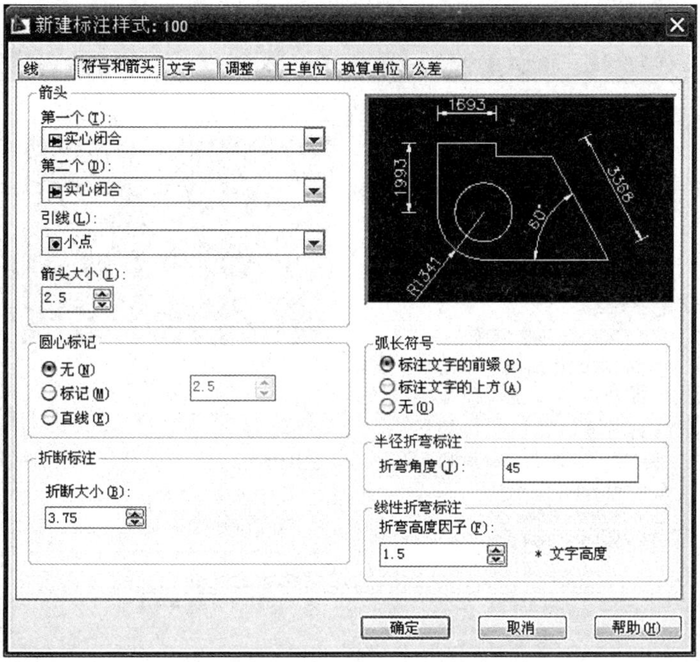

新建标注样式：100
线　符号和箭头　文字　调整　主单位　换算单位　公差
箭头
第一个(T)：实心闭合
第二个(D)：实心闭合
引线(L)：小点
箭头大小(I)：2.5
圆心标记
无(N)
标记(M)　2.5
直线(E)
折断标注
折断大小(B)：3.75
1693　1993　3368　60°　R1341
弧长符号
标注文字的前缀(P)
标注文字的上方(A)
无(O)
半径折弯标注
折弯角度(J)：45
线性折弯标注
折弯高度因子(F)：1.5　* 文字高度
确定　取消　帮助(H)

图 6-80

④ 点击“文字”标签，在“文字样式”中选已设置好的“标注”样式，设置“文字颜色”为“白”，“文字高度”为“3”，“从尺寸线偏移”为“1”。

图 6-81

⑤ 点击“调整”标签，选择“文字始终保持在延伸线之间”和“尺寸线上方，不带引线”，将“使用全局比例”设为“100”。

图 6-82

⑥ 点击“主单位”标签，设置“精度”为“0”，“小数分隔符”为“. ”(句点)。

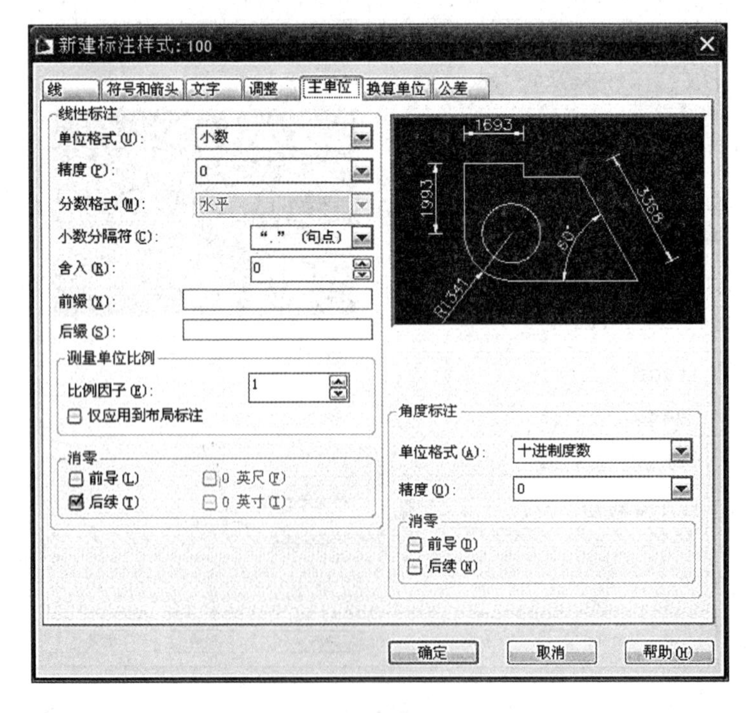

图 6-83

⑦ 点击“确定”，返回“标注样式管理器”对话框，再次点击“新建”，在“用于”中选择“线性标注”创建“100”标注样式的子样式。

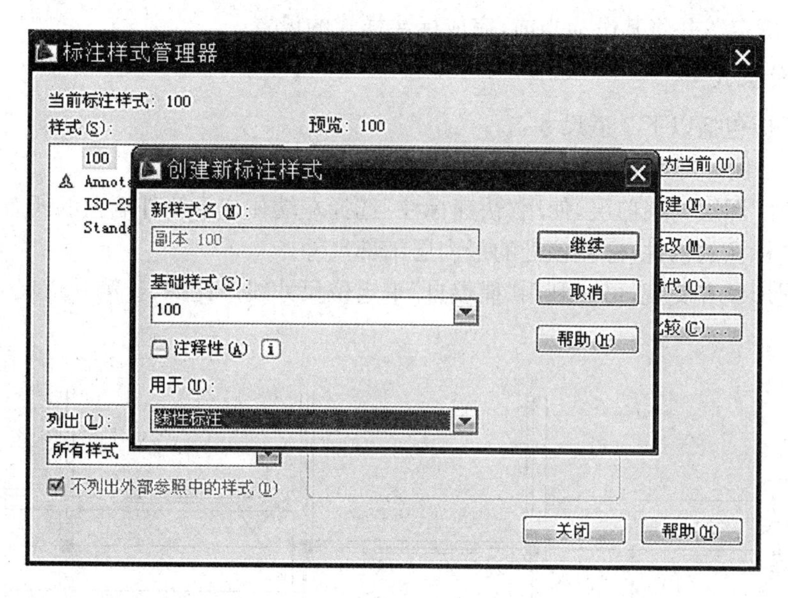

图 6-84

⑧ 选择“继续”，进入“新建标注样式”对话框。点击“符号和箭头”标签，将“箭头”改为“建筑标记”，“箭头大小”设为“2”。

图 6-85

如果图纸中有角度、直径、半径等尺寸标注，还应当在已完成的标注样式设置基础上设置其他子样式。

⑨ 点击“确定”，并将其设为当前，完成标注样式的设置。

5）标注外部尺寸

外部尺寸应包括以下 3 道尺寸：

（1）标注下侧外部尺寸

确认“尺寸”图层为当前层，使用“快速标注”选择左端住户下侧外墙上的所有门窗洞口、轴线和其他需要标注的构件，标注该处的最内层细部尺寸。

为了使图形整齐美观，可以利用“捕捉自”来定位尺寸线。比如，让第一道尺寸距离轴线端部“1000”。

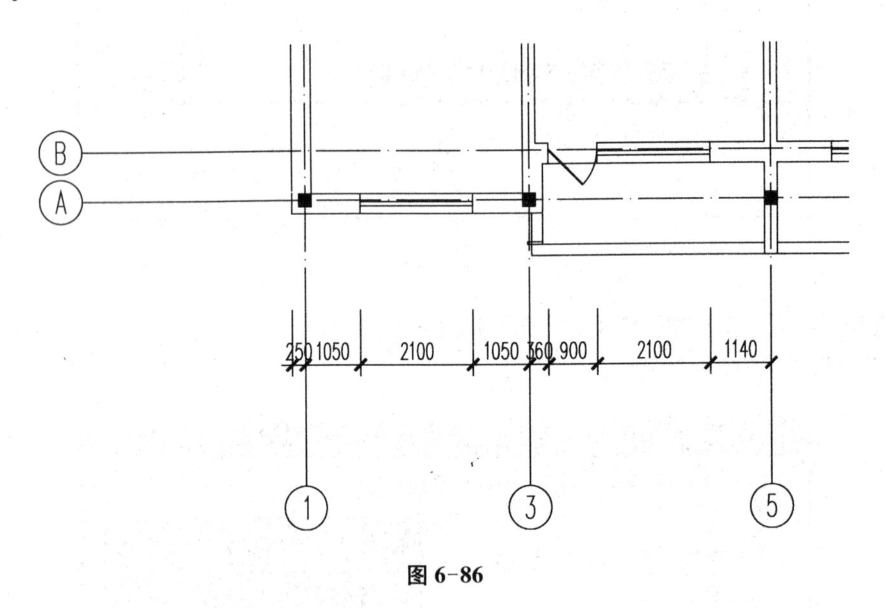

图 6-86

使用夹点编辑调整尺寸数字位置，经检查无误后，使用“镜像”或“复制”命令生成全部剩余住户的细部尺寸。

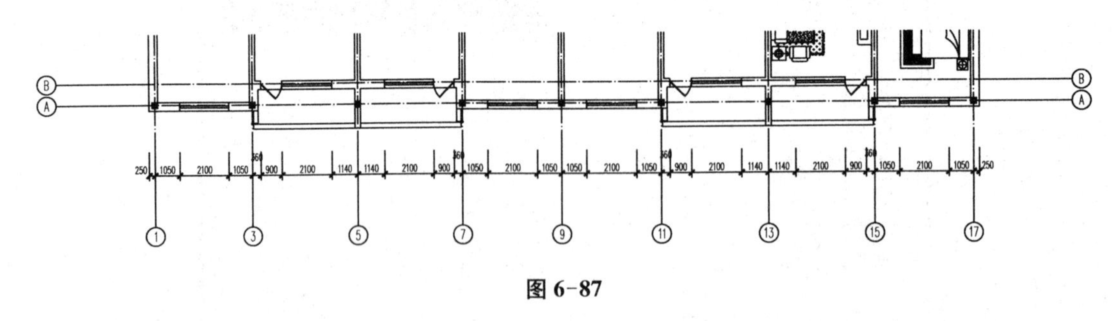

图 6-87

继续使用“快速标注”，选择下侧外墙上的所有轴线，注出中间层的轴线尺寸。同样利用“捕捉自”使其距第一道尺寸 800。

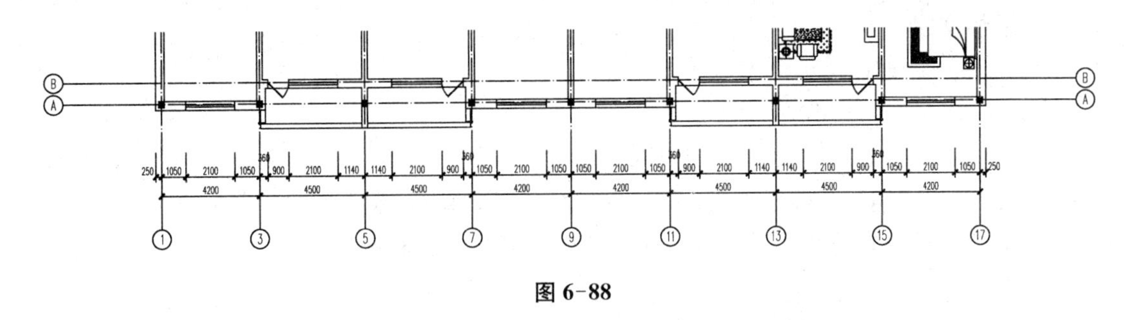

图 6-88

最后，使用"线性标注"选择左右两端最外侧墙线，向下标注出第三道总尺寸，使其距第二道尺寸 800。

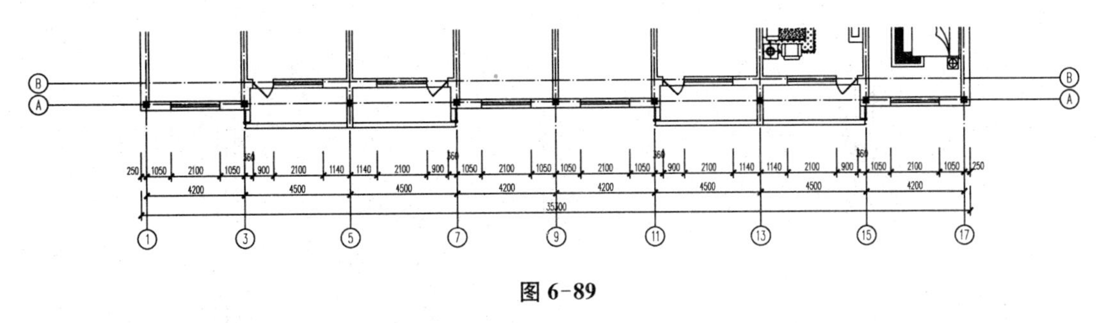

图 6-89

(2) 用同样的方法，标注其他 3 侧的外部尺寸

6）标注内部尺寸

根据实际情况，对图形内部需要标注的地方，用"对齐标注"、"快速标注"等进行标注。如卫生间纵墙位置、阳台外伸尺寸、起居室及餐厅的门洞大小等。

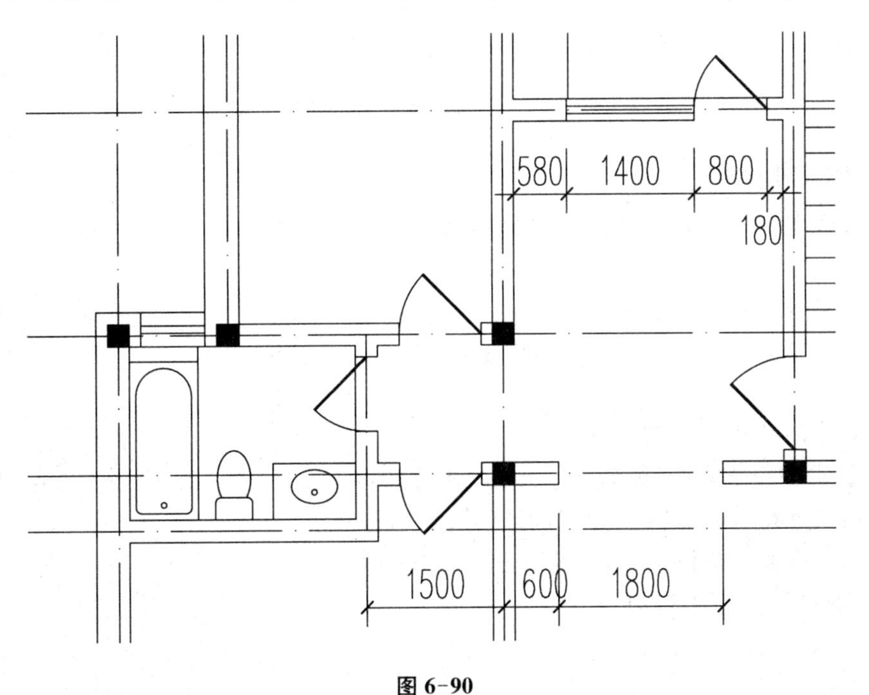

图 6-90

7）添加文字

(1) 将“文字”层设为当前图层。

(2) 确认“文字”为当前文字样式。

(3) 使用“单行文本”在图中注写出图名(字高“1000”)、图样比例(字高“800”)、房间名称(字高“500”)、门窗编号和楼梯走向(字高“300”)。使用“移动”命令调整好文字位置。

注意:图中有相同的文字时,可以使用“复制”、“镜像”等命令生成。

标准层平面图 1:100

图 6-91

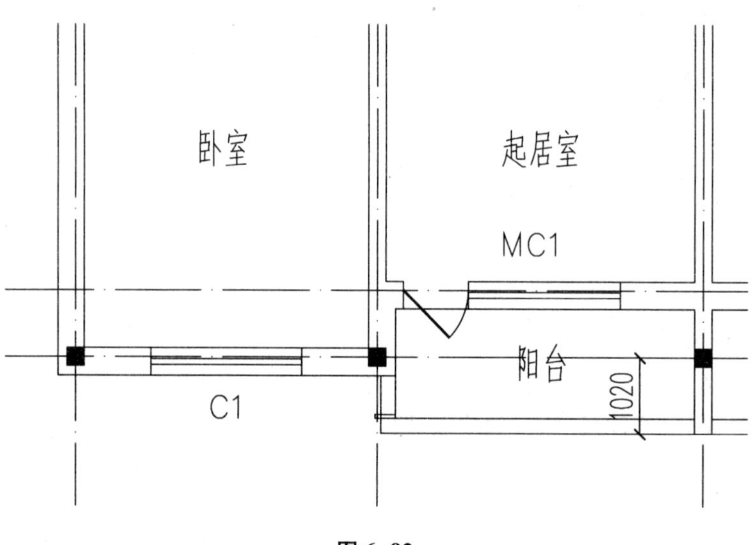

图 6-92

8）绘制其他符号

一幅完整的施工图还应包括一些重要的符号,如本例中的楼层标高。

(1) 将“符号”层设为当前图层。

(2) 使用“多段线”命令按建筑制图的要求在图中绘制标高符号。

(3) 将“标注”设为当前文字样式。

(4) 使用“单行文本”在标高符号上注写出标高。

其他常用的符号还有指北针、索引符号、剖切符号等,可以使用各种绘图命令按制图要求绘制。所有这些常用符号宜做成图块,需要时直接插入即可。

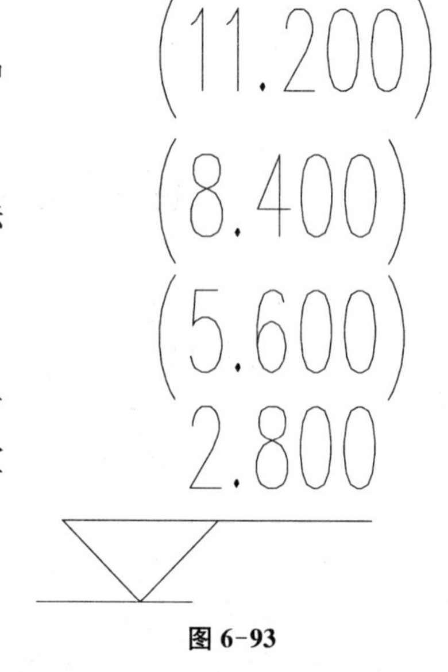

图 6-93

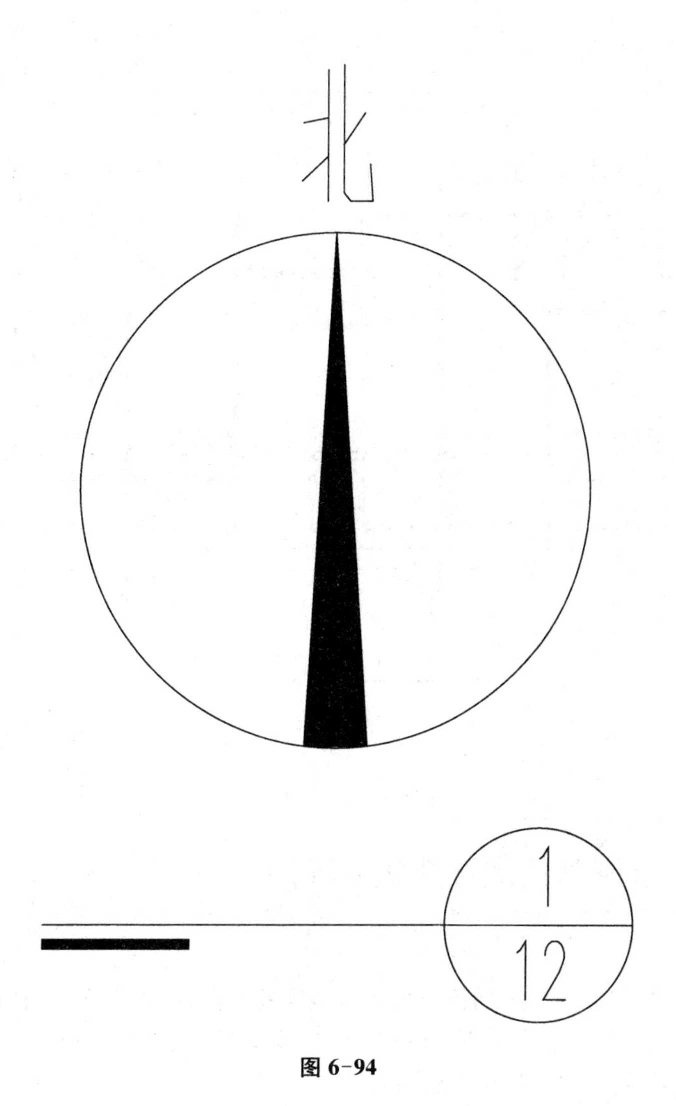

图 6-94

9）加粗墙线

由于本图是比例为 1∶100 的砖混结构住宅平面图，实心砖墙通常采用简化图例绘制，因此墙线应当加粗。

一种方法是在“图层特性管理器”中设置“砖墙”的线宽，当打开“线宽”显示开关时，墙体就呈现出加粗的状态。但这种做法是将墙线向两侧加宽，既不美观，又与墙的实际宽度不符。它的好处是简单方便。

另一种方法是严格遵守向内加粗的原则，可以使用“多段线编辑”或“边界”命令沿墙体生成封闭的多段线，将多段线向内偏移“25”，然后变线宽为“50”。

最后，经检查无误，标准层平面图完成绘制。

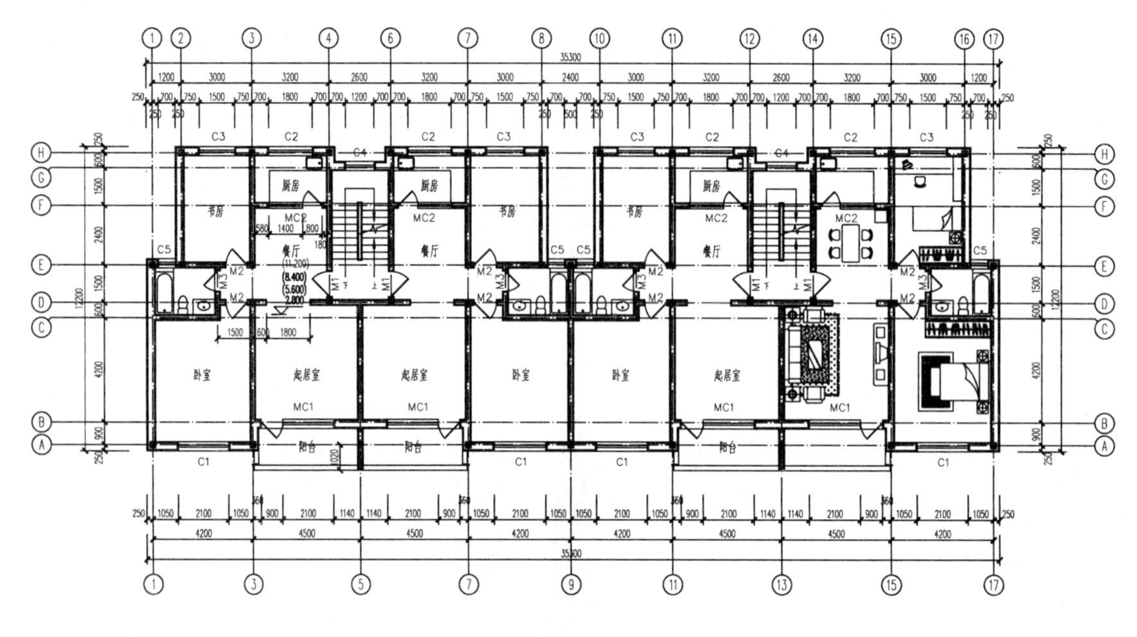

图 6-95

6.3 任务二:绘制某住宅楼建筑立面图

立面图是建筑物向竖直投影面作正投影所得到的图样,主要用来表明房屋的外形外貌,反映房屋的高度、层数,屋顶的形式,墙面的做法,门窗的形式、大小和位置,以及窗台、阳台、雨篷、檐口、勒脚、台阶等构配件各部位的标高。

立面图中需要绘制的内容有墙、柱、门窗、屋顶等构配件的投影线、轴线及其编号、尺寸标注、标高、文字说明等。

建筑立面图的识读不但要以平面图为基础,还要做到各立面图之间相互对照,甚至与详图相对照。因此,其绘制过程也应当根据需要穿插进行。

下面以住宅楼正立面图为例介绍立面图的一般绘制方法。

6.3.1 建筑立面主体轮廓的绘制

画新图样时,可以重新建立一个文件,也可以在原有平面图文件中继续进行,这样可借助平面图来定位,并充分利用各种相同的设置和文字、图形。

(1) 设置图层

① 新建“砖墙立面”和“地坪”图层。

② 设置“砖墙立面”和“地坪”图层的颜色。

③ 将“砖墙立面”层设为当前图层。

(2) 作辅助线

① 使用“直线”命令从平面图两侧最外端向下引出竖直线。

② 使用“直线”命令在竖直线下端画一条水平线，水平线与平面图的间距要大于建筑立面的高度。

③ 使用“偏移”命令将水平线向上偏移出各楼层楼面位置，间距“2800”。将最上面一根水平线向上偏移“3275”形成屋脊线，最下面一根水平线向下偏移“1200”，并修改至“地坪”图层，成为地面线。

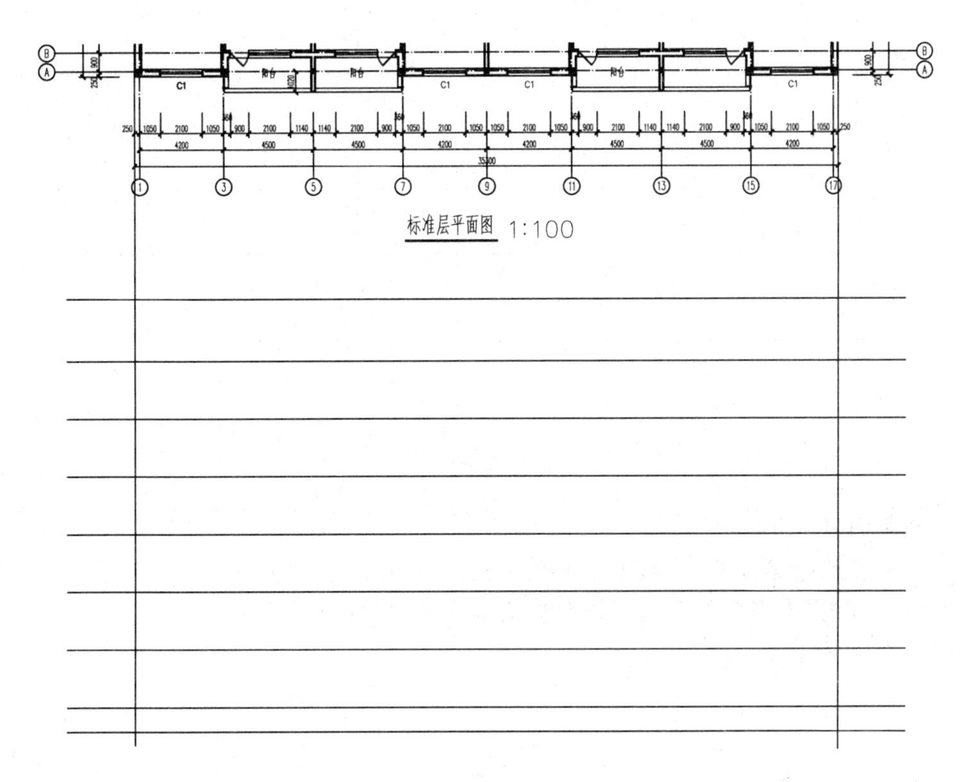

图 6-96

(3) 使用“修剪”命令简单修剪出立面主体的大致轮廓。

6.3.2　建筑门窗立面造型绘制

根据本例的特点，可以先画出一户的门窗，再通过“镜像”、“复制”等编辑方法生成全部立面。

(1) 设置图层

① 新建“门窗立面”图层。

② 设置“门窗立面”图层的颜色。

③ 将“门窗立面”层设为当前图层。

(2) 作辅助线

① 使用"直线"命令,从平面图 1～5 轴间的南外墙门窗洞口处向下引出竖直线。

② 使用"偏移"命令将一层楼面的辅助线向上偏移"900"和"1600",形成门窗洞口位置线。

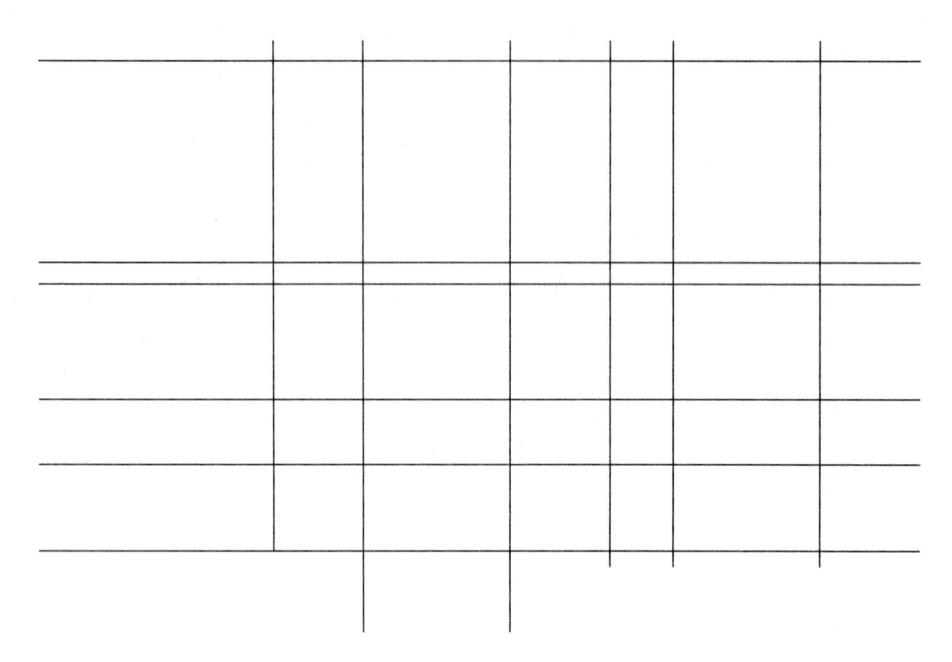

图 6-97

(3) 绘制门窗

① 打开"交点捕捉",使用"矩形"命令绘出门窗洞口。

② 使用"直线"、"偏移"、"移动"、"修剪"等命令绘出门窗框和窗扇。

③ 删除竖直辅助线。

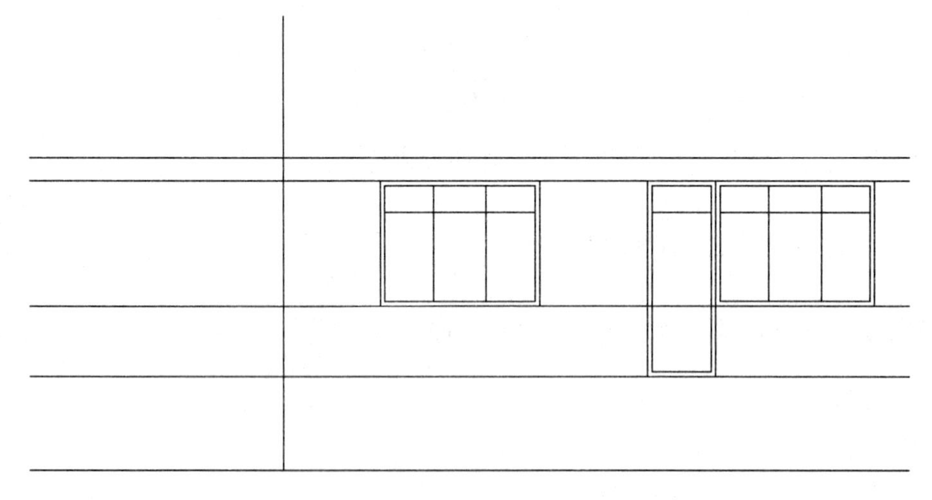

图 6-98

(4) 绘制阳台

① 将“砖墙立面”层设为当前图层。

② 使用“直线”命令，从平面图 3～5 轴间的南外墙转角处向下引出竖直线。

③ 使用“偏移”命令，将左侧竖直辅助线向左偏移“200”形成阳台侧边栏；将本层楼面辅助线向上偏移“1000”，向下偏移“300”，形成阳台上下沿。

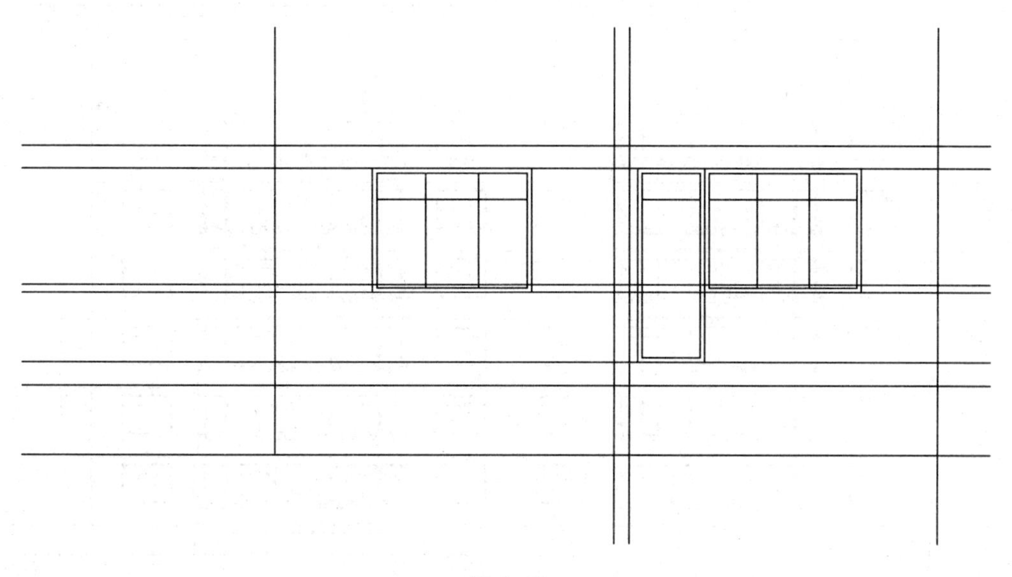

图 6-99

④ 继续使用“偏移”、“修剪”等命令绘出阳台栏板细部。

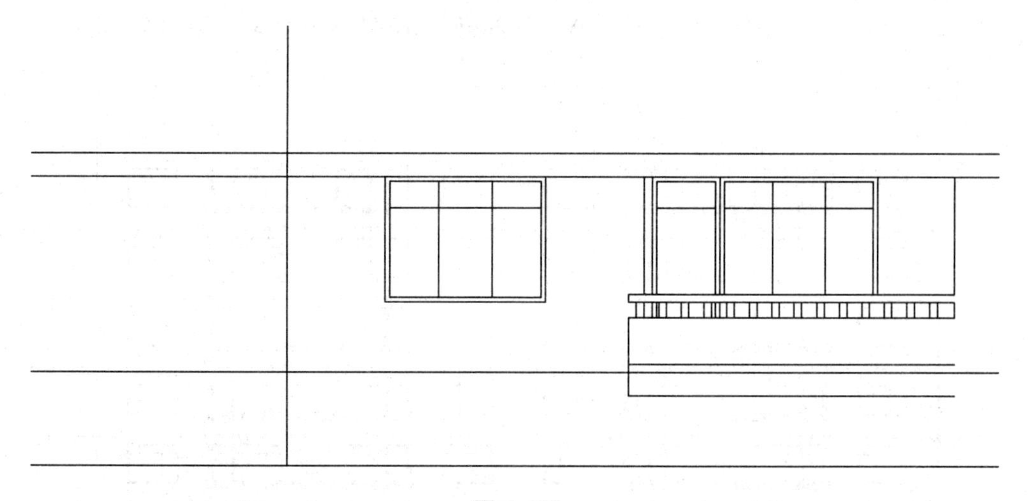

图 6-100

(5) 使用“镜像”命令，利用已画出的门窗和阳台完成本层，再使用“复制”命令完成整个立面。

图 6-101

(6) 用同样的方法绘出半地下室的外窗。

(7) 检查图形,查漏补缺,清理重线,修正细部(如一层阳台下方与其他楼层不同)。

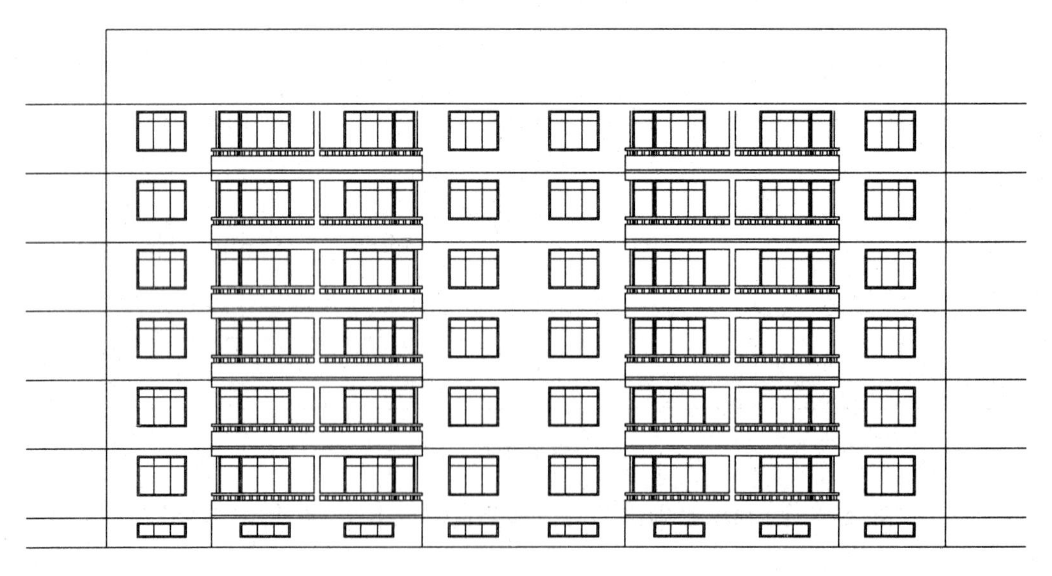

图 6-102

6.3.3　建筑立面细部造型的绘制

(1) 设置图层

① 新建“屋顶”、“勒脚”、“配件”等图层。

② 设置“屋顶”、“勒脚”、“配件”图层的颜色。

(2) 绘制屋顶

① 将“砖墙立面”层设为当前图层。

② 根据檐口详图的尺寸，使用“直线”、“偏移”、“修剪”、“镜像”等命令绘出檐口、正立面山花和两侧山墙压顶的各轮廓线。使用“多段线”命令画出立面山花上的装饰图案。

图 6-103

③ 将“门窗立面”层设为当前图层，使用“直线”、“偏移”、“修剪”、“镜像”等命令绘出阁楼老虎窗。

图 6-104

④ 将“屋顶”层设为当前图层,使用“图案填充”命令画出屋面瓦。

(3) 绘制雨水管

① 将“配件”层设为当前图层。

② 使用“矩形”、“直线”命令画出雨水斗和雨水管,使用“复制”命令生成全部雨水管。

(4) 绘制勒脚

① 将“勒脚”层设为当前图层。

② 使用“偏移”、“修剪”命令绘出勒脚上边缘线脚,注意在雨水管处应断开。

③ 使用“图案填充”命令画出勒脚饰面砖。

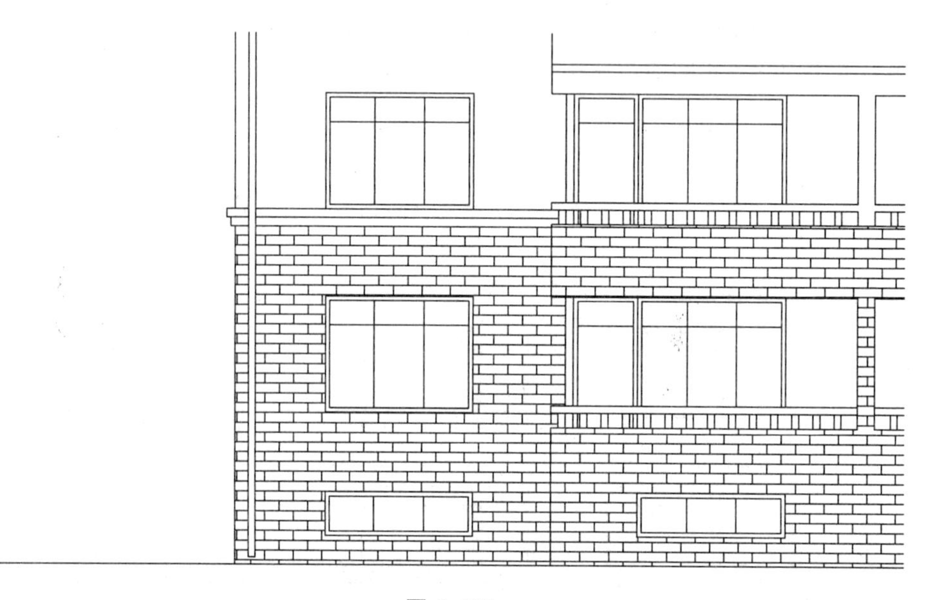

图 6-105

(5) 清理全部辅助线,检查图形,看是否有错误、遗漏、重线,图线连接、转角处是否有缺口或交叉等,及时修正。

图 6-106

6.3.4　标注尺寸

(1) 绘制轴线及其编号。可使用"复制"命令将平面图两端的轴号复制到立面图中。

(2) 标注标高

① 使用"复制"命令将平面图的标高符号复制到立面图中。

② 使用"复制"命令标注地面、窗洞口、檐口、屋脊等各处的标高，并修改为正确的数值。注意，主要的立面标高符号最好在图样一侧沿竖向对齐排列。

(3) 添加引注

① 将"符号"层设为当前图层。

② 设置"多重引线样式"。

③ 使用"多重引注"命令，在需要引出注明的地方添加引注，如立面做法、饰面材料等。

(4) 添加其他符号，如索引符号。

(5) 添加文字，如图名、比例，可从平面图中复制过来后再进行修改。

(6) 加粗轮廓线

① 将"砖墙立面"层设为当前图层。

② 使用"多段线"命令，沿建筑立面外廓、墙面转折等处描绘出一定宽度的轮廓线。

③ 加粗地坪线。

经检查无误后，立面图完成绘制。

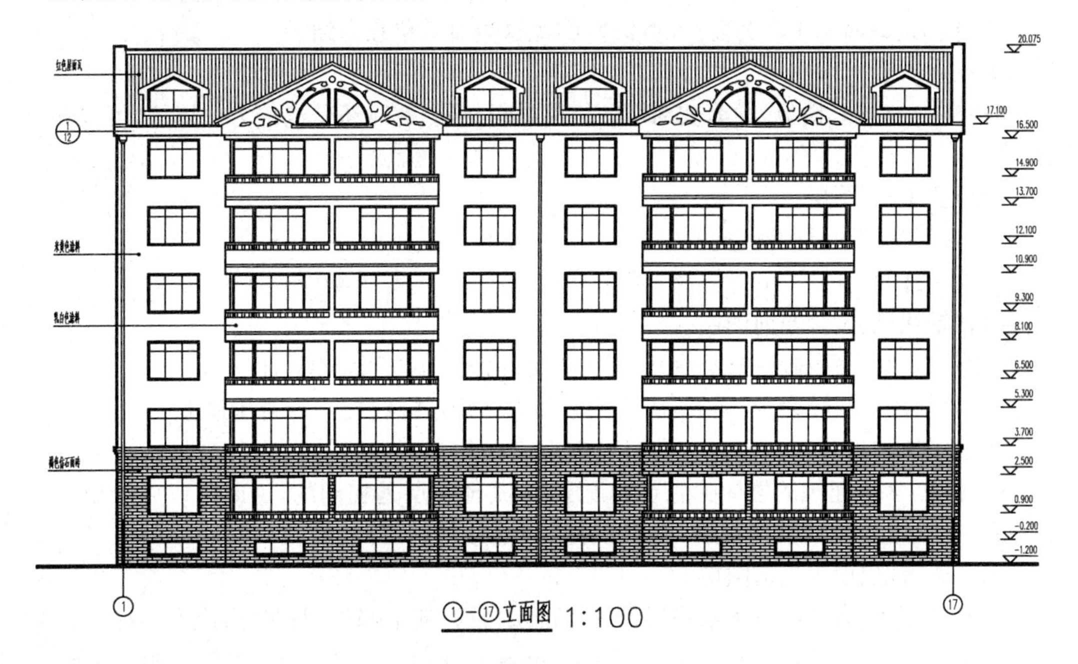

图 6-107

6.4 任务三:绘制某住宅楼建筑剖面图

为了显示出建筑的内部结构,可以假想一个竖直剖切平面,将房屋剖开,移去剖开平面与观察者之间的部分,并作出剩余部分的正投影图,此时得到的图样称为建筑剖面图。

剖面图主要用来表示房屋内部的竖向分层、结构形式、构造方式、材料、作法、各部位间的联系及高度等情况。如楼板的竖向位置、梁板的相互关系、屋面的构造层次等。它与建筑平面图、立面图相配合,是建筑施工图中不可缺少的基本图样之一。

剖面图中需要绘制的内容有:轴线及其编号、梁板柱和墙体、门窗、楼梯、其他建筑构配件(如台阶、坡道、雨篷、挑檐、女儿墙、阳台、踢脚、吊顶、水箱、花坛、雨水管等)、尺寸标注、标高、文字说明、索引符号、其他符号(如箭头、折断线、连接符号、对称符号等)。

下面以住宅楼剖面图为例介绍剖面图的一般绘制方法。

6.4.1 绘制建筑楼梯剖面图

剖面图的剖切位置应选在房屋的主要部位或建筑构造较为典型的部位,通常应通过门窗洞口和楼梯间。2 层以上的楼房一般至少要有一个通过楼梯间剖切的剖面图。

由于楼梯是剖面图中较为复杂的部分,因此这里对其单独介绍。

(1) 设置图层

剖面图中的楼梯、楼板、梁等被剖切的构件材料相同,有时还是连接为一体的,可以共用一个图层。

① 新建“梁板”图层。

② 设置“梁板”图层的颜色。

(2) 绘楼梯间

① 将“轴线”层设为当前图层。

② 使用“直线”命令画一条竖直线作为 D 轴,偏移“5400”生成 G 轴。

③ 继续使用“偏移”命令将轴线向两侧偏移出墙线,并修改至“砖墙”图层。

(3) 绘楼梯踏步

一般来说,多层建筑的楼梯除底层和顶层外,其他各层是相同的,因此可以先绘出一个标准层的楼梯,再复制生成其他各层,最后修改底层和顶层即可。

① 将“梁板”层设为当前图层。

② 使用“直线”命令画一条水平线作为标准层楼面,向上偏移“2800”形成上层楼面。

③ 打开“端点捕捉”,使用“直线”命令画一条竖直辅助线,连接两楼面线一侧的端点,使用“定数等分”将其 18 等分,删除辅助线。

图 6-108

④ 打开“节点捕捉”，使用“直线”命令从最下一个等分点画一条水平线，作为第一步踏步的踏面位置辅助线。

⑤ 使用“偏移”命令将 D 轴右侧的墙线依次向右偏移“1620”和“280”，形成第一步踏步的踢面和踏面位置辅助线。

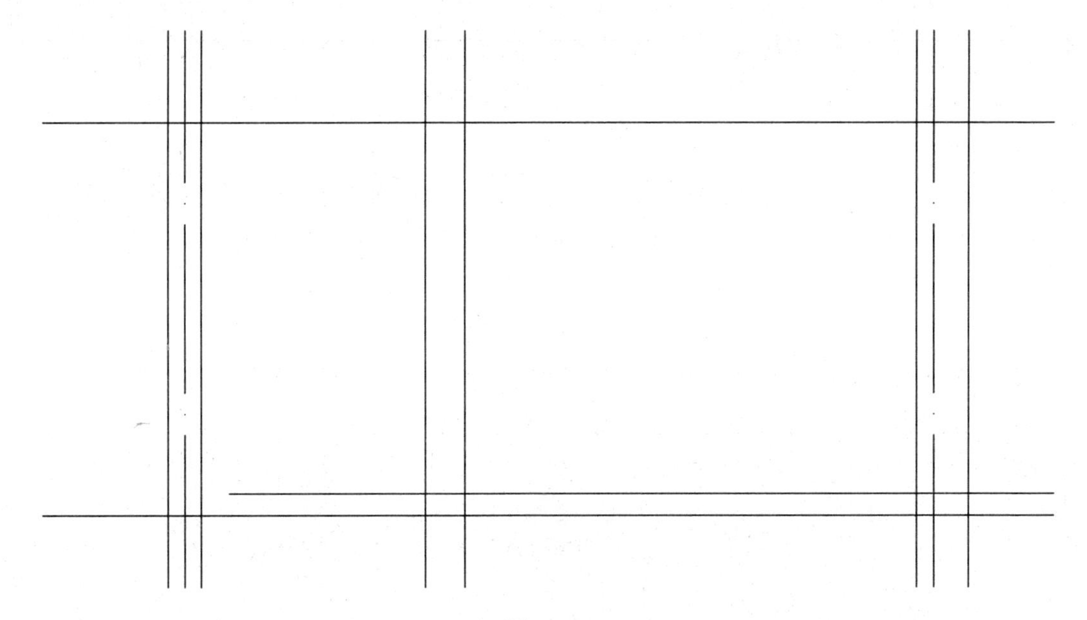

图 6-109

⑥ 使用"直线"命令沿辅助线绘出完整的第一步踏步，然后删除多余的辅助线和点。

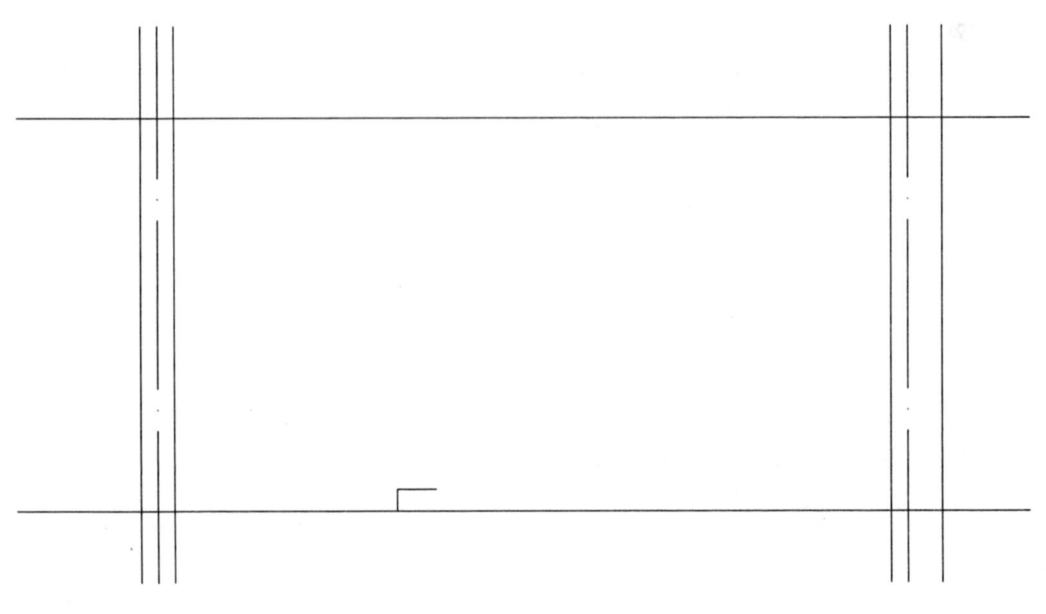

图 6-110

⑦ 使用"复制"命令连续复制出一跑梯段上的 9 个踏步。

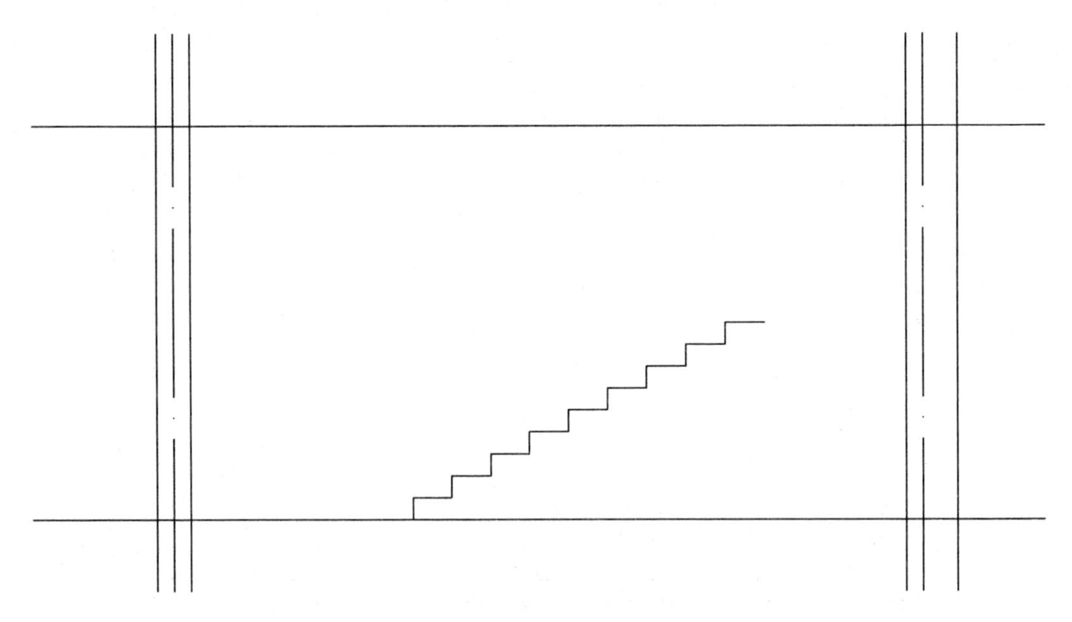

图 6-111

⑧ 使用“镜像”命令生成第二跑梯段上的踏步，并将其修改至“配件”图层。

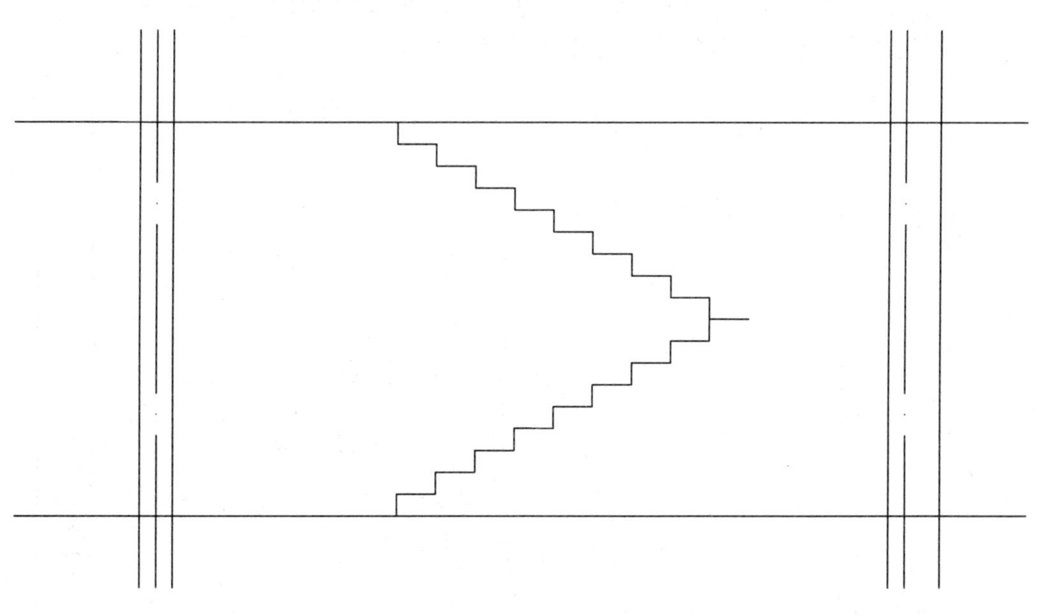

图 6-112

⑨ 使用“修剪”命令将右侧多余的楼面线剪掉，使用“延伸”命令将休息平台线延长。

(4) 绘楼板和楼梯板

① 打开“端点捕捉”，使用“直线”命令沿踏步线下侧画两条斜线作为梯段板辅助线。

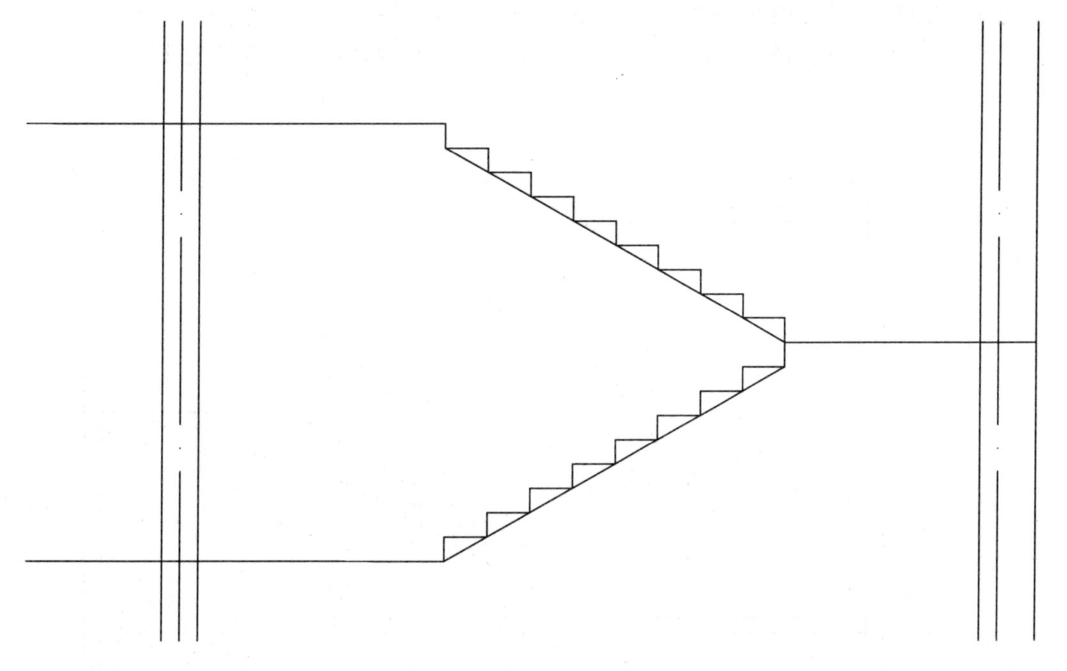

图 6-113

② 使用“偏移”命令将楼面线、梯段板辅助线和休息平台线向下偏移“100”。

③ 使用“修剪”、“圆角”、“延伸”等命令修剪出楼板、梯段板和休息板，删除辅助线。

④ 使用“直线”、“偏移”、“修剪”、“圆角”等命令绘出楼梯梁和平台梁。

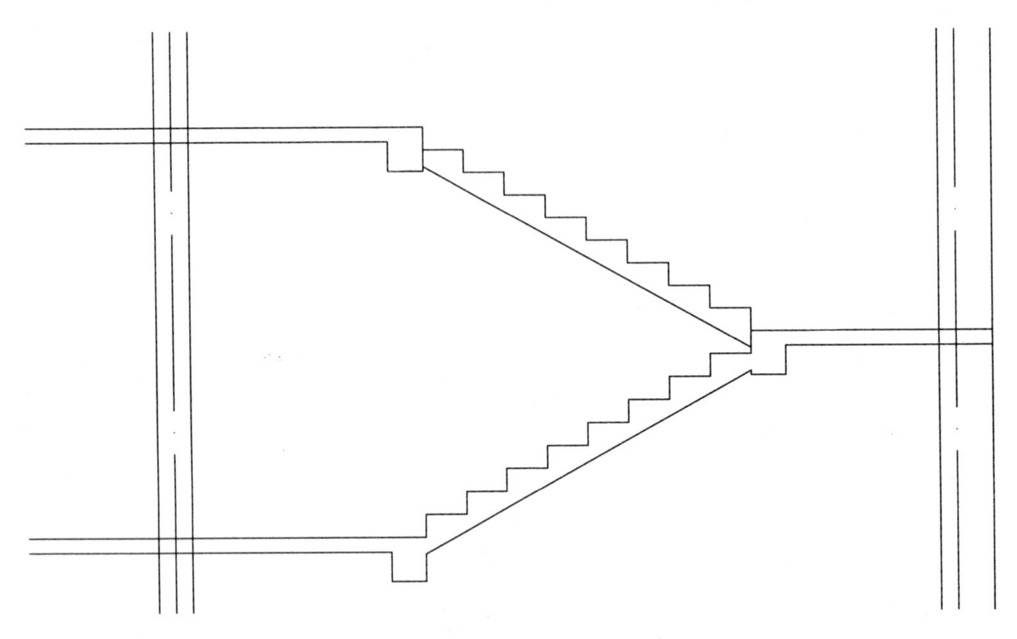

图 6-114

（5）绘栏杆

① 将“配件”层设为当前图层。

② 打开“端点捕捉”，使用“直线”命令沿踏步线上侧画两条斜线作为辅助线。

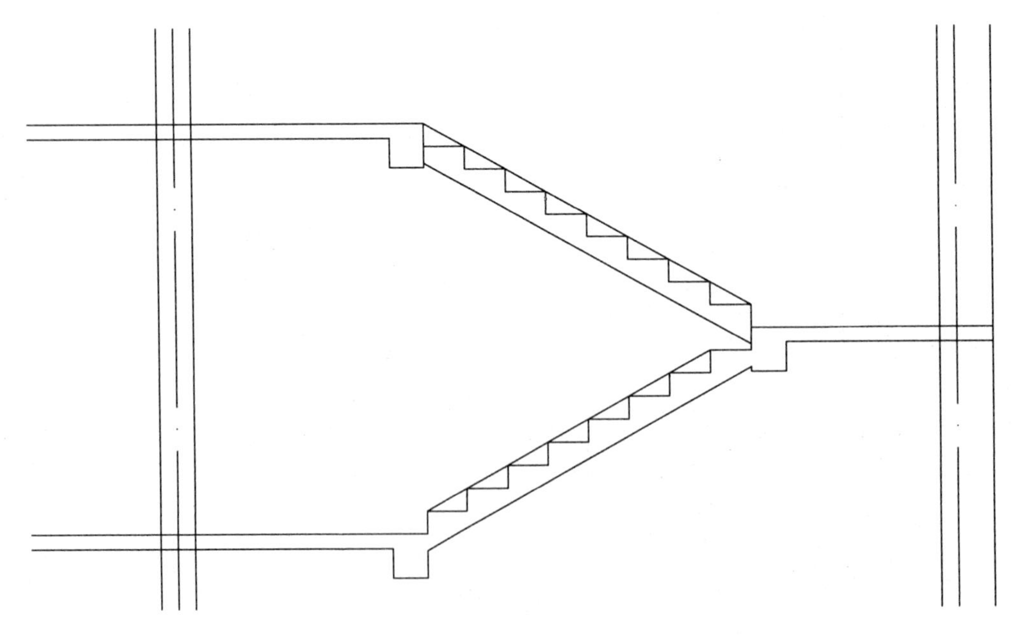

图 6-115

③ 使用“复制”命令将辅助线和楼面线向上复制“150”形成踢脚线。

④ 使用“移动”命令将扶手辅助线向上移动“900”，并向下偏移“100”形成扶手。

⑤ 使用“直线”等命令在一个踏面绘出栏杆，修剪后再将其连续复制到各踏步。

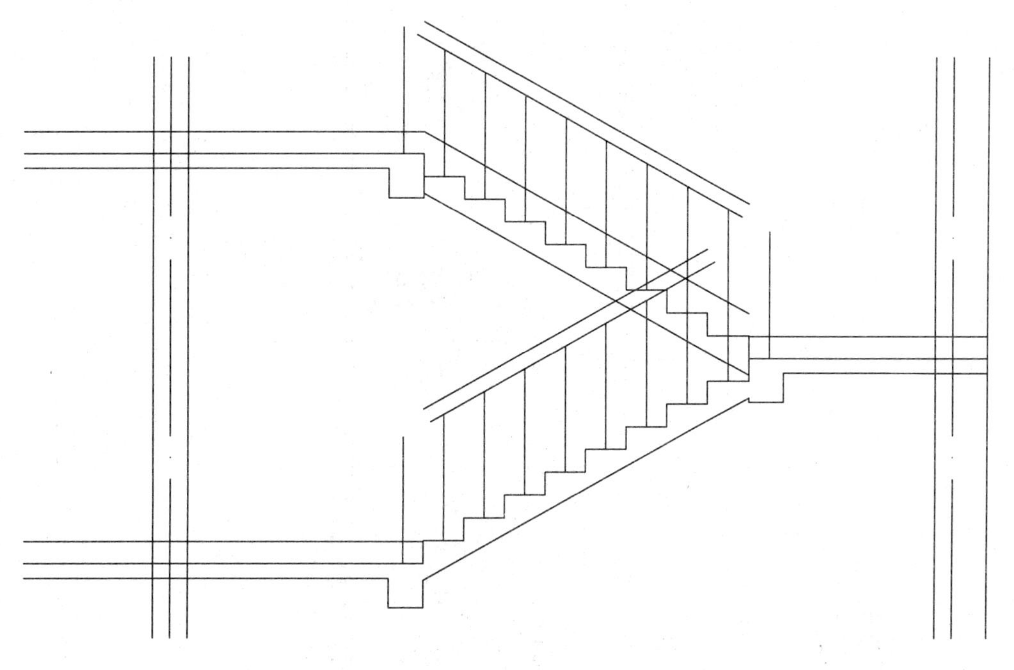

图 6-116

⑥ 根据可见性使用“修剪”命令对楼梯及栏杆被遮挡部分进行修剪，将所有非剖切线修改至“配件”图层。

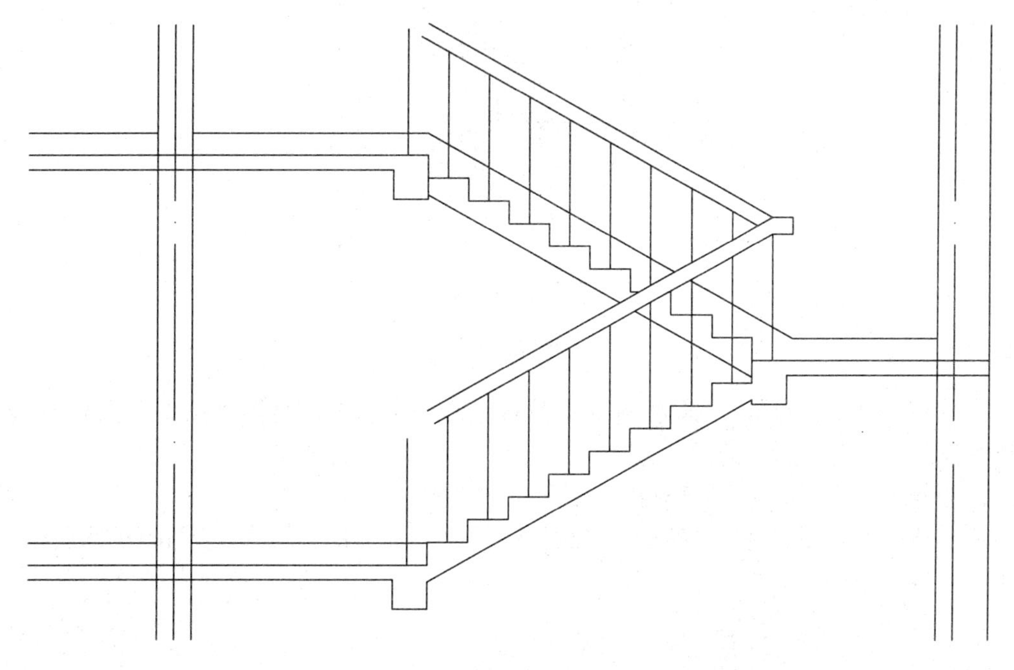

图 6-117

(6) 生成楼梯

① 使用“复制”或“阵列”命令生成全部楼梯。

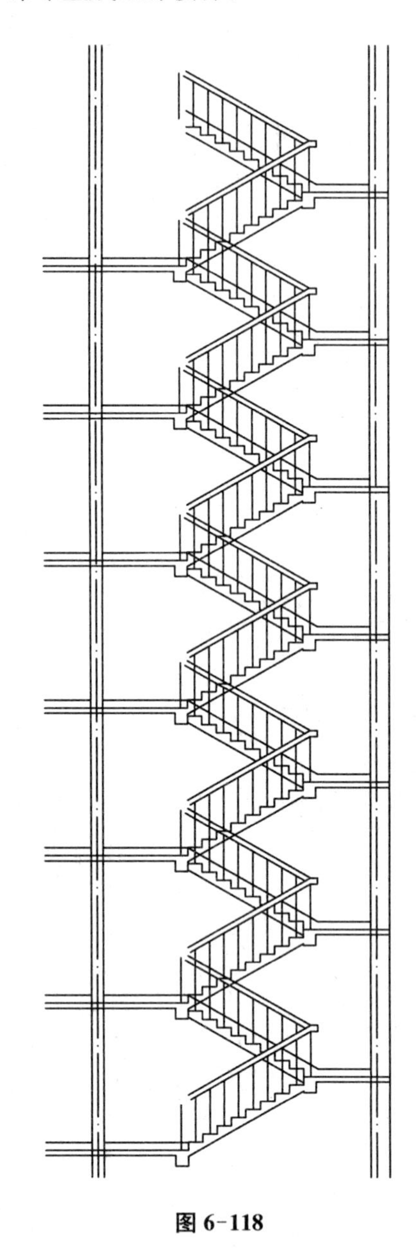

图 6-118

② 使用“修剪”、“圆角”、“延伸”等命令对刚生成的楼梯，尤其是楼梯板及扶手的转折处进行修剪。

③ 根据工程实际情况，继续对首层及顶层楼梯进行修正。

④ 检查图形，查漏补缺，清除重线，根据可见性将所有非剖切线修改至“配件”图层。

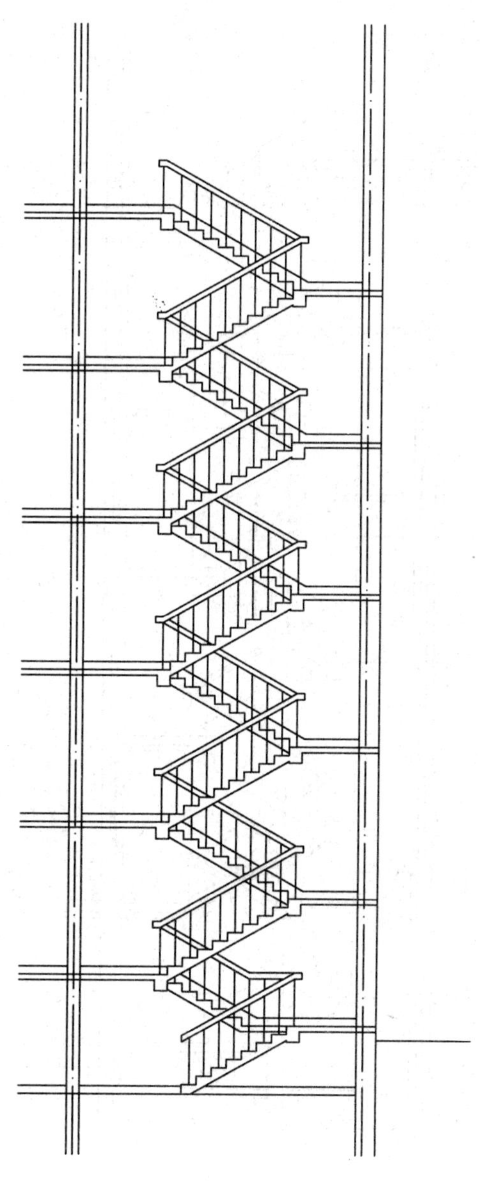

图 6-119

(7) 绘门窗等其他构配件

① 将“门窗”层设为当前图层。

② 使用“偏移”、“修剪”、“多线”等命令在 G 轴外墙开出门窗洞口，绘出各层楼梯间外窗。

③ 将“梁板”层设为当前图层。

④ 使用“矩形”命令在剖面窗上绘出过梁断面。绘出圈梁，完善雨篷、台阶等。

⑤ 将“门窗立面”层设为当前图层。

⑥ 使用“矩形”、“复制”等命令绘出各层入户门立面投影，修剪踢脚线。

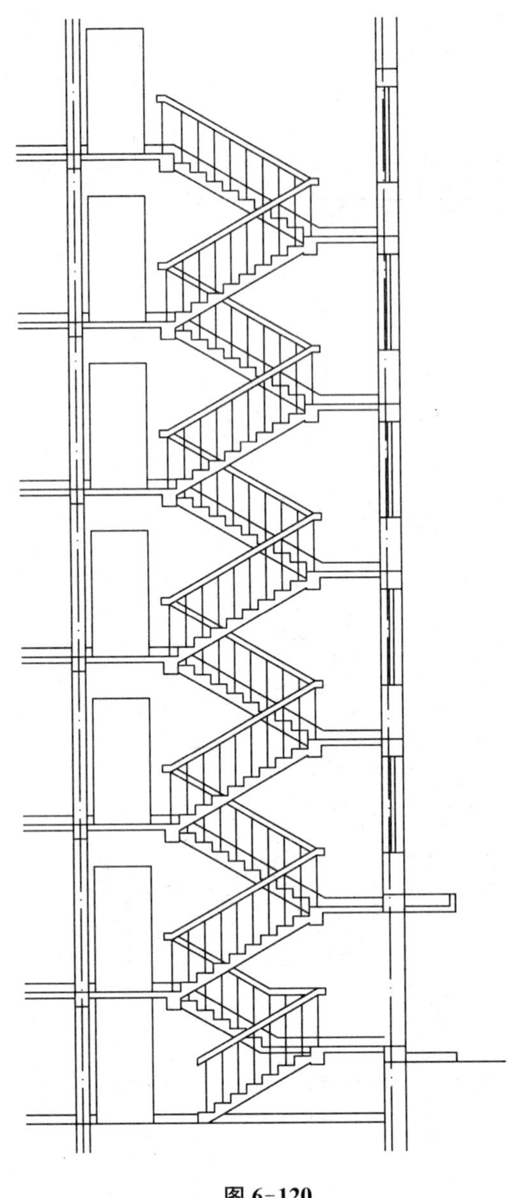

图 6-120

(8) 标注尺寸

① 使用“插入”命令在轴线下端插入轴号。

② 将“尺寸”层设为当前图层。

③ 使用“快速标注”在轴线底部和楼梯间右侧标注出尺寸。楼梯标注通常以梯段为标注单元，而不是踏步，但应注明踏步数。

④ 使用“插入”命令插入标高，使用“复制”命令生成全部标高，再将标高值修改为正确值。标高符号应在标注外侧沿竖向对齐排列。

(9) 根据需要添加索引符号、折断线、引注、文字等。

(10) 填充材质

剖面图中被剖切部分应按制图要求绘出材质图例，在本例 1∶100 图样中可使用简化图例（下同）。

① 将“梁板”层设为当前图层。

② 使用“填充”命令将楼板、楼梯板、梁等被剖切的钢筋混凝土断面填实。注意，填充前应将填充区域封闭。

③ 使用“偏移”、“编辑多段线”等命令将被剖切的砖墙断面向内加粗，地面向下加粗。

④ 绘出地面下的素土夯实图例。

经检查无误后，楼梯剖面图完成绘制。

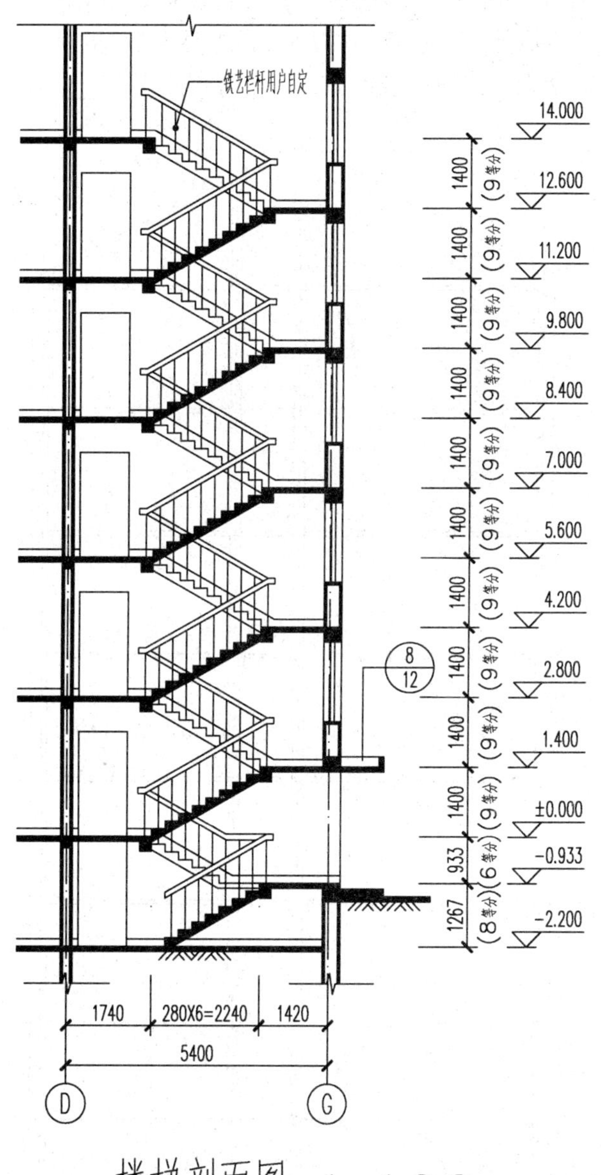

图 6-121

6.4.2 绘制建筑剖面图

与楼梯部分相比，建筑剖面图的其他部分绘制方法类似，但更简单。

(1) 绘主体

① 将“轴线”层设为当前图层。

② 使用“直线”、“偏移”等命令绘出被剖切砖墙的轴线。

③ 将“梁板”层设为当前图层。

④ 使用“直线”、“偏移”等命令绘出被剖切的楼、地面和屋面线。

⑤ 使用“偏移”命令生成墙体和楼板，并将墙体线修改至“砖墙”层。

⑥ 使用“修剪”等命令大致修剪出楼板、屋面、地面和墙体。

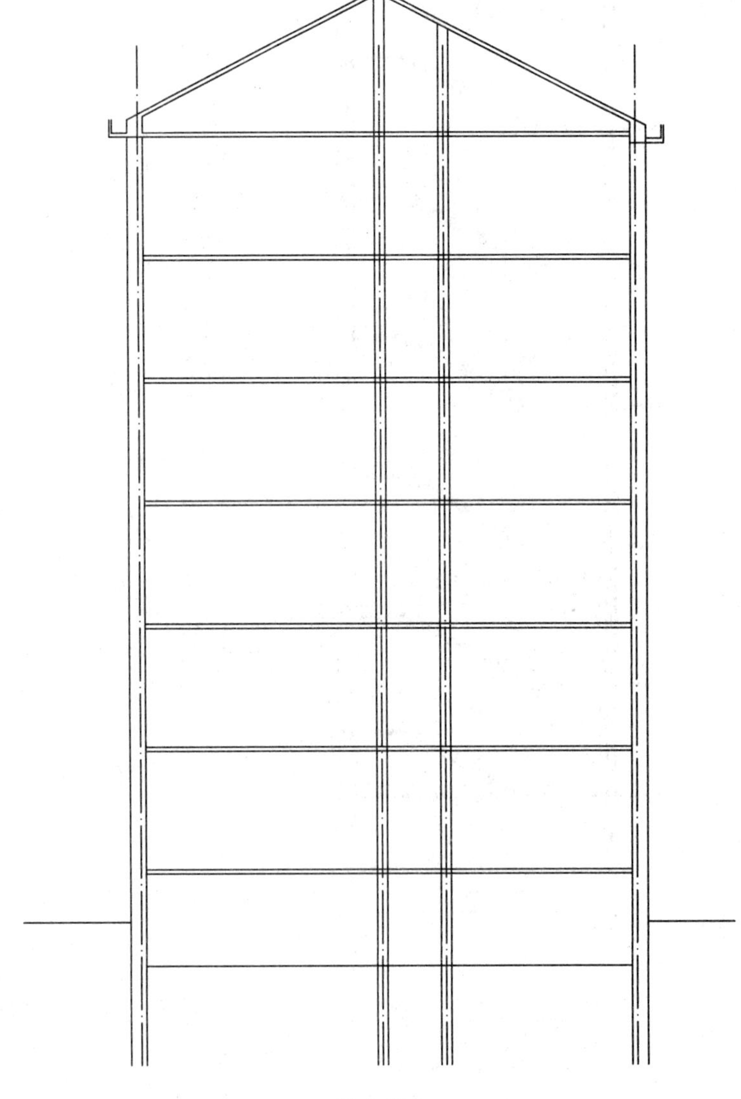

图 6-122

(2) 画细部

① 使用“偏移”、“修剪”等命令开出被剖切墙体上的门窗洞口。

② 使用“矩形”、“直线”、“偏移”、“修剪”等命令绘出过梁、圈梁等梁断面以及檐口、老虎窗等各处细部。

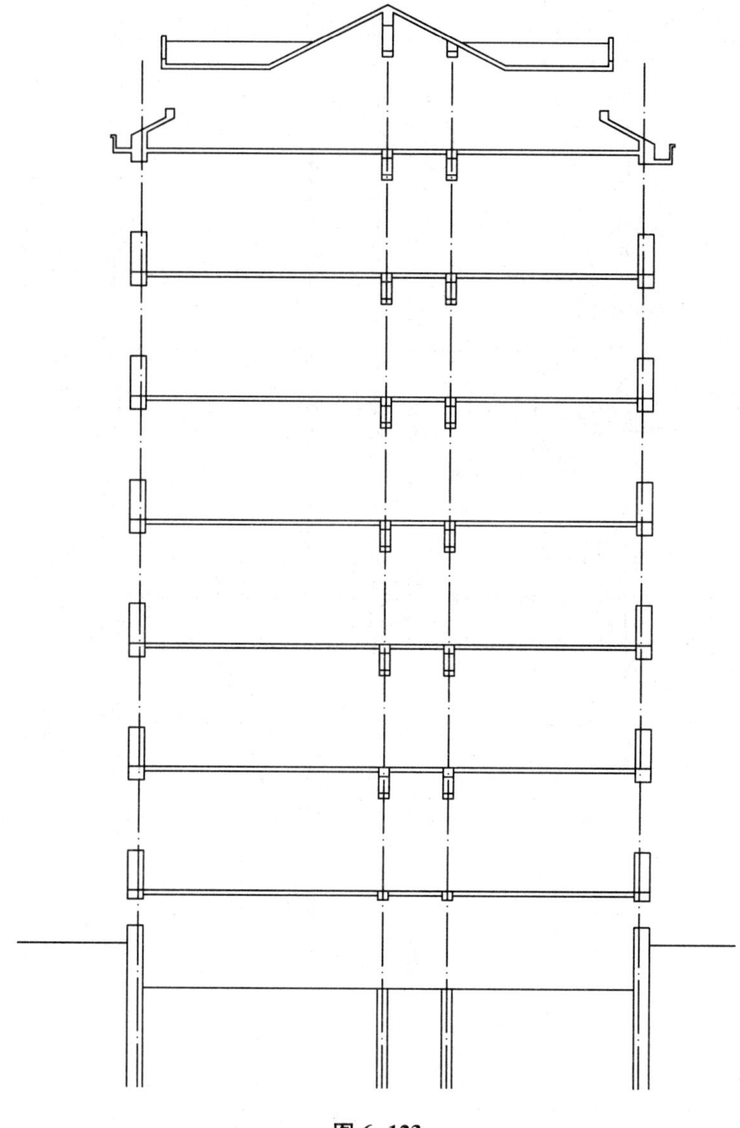

图 6-123

③ 将“门窗”层设为当前图层。

④ 使用“多线”命令绘出被剖切的门窗。

⑤ 将“门窗立面”层设为当前图层。

⑥ 绘出可见门窗及踢脚等其他配件的投影线。

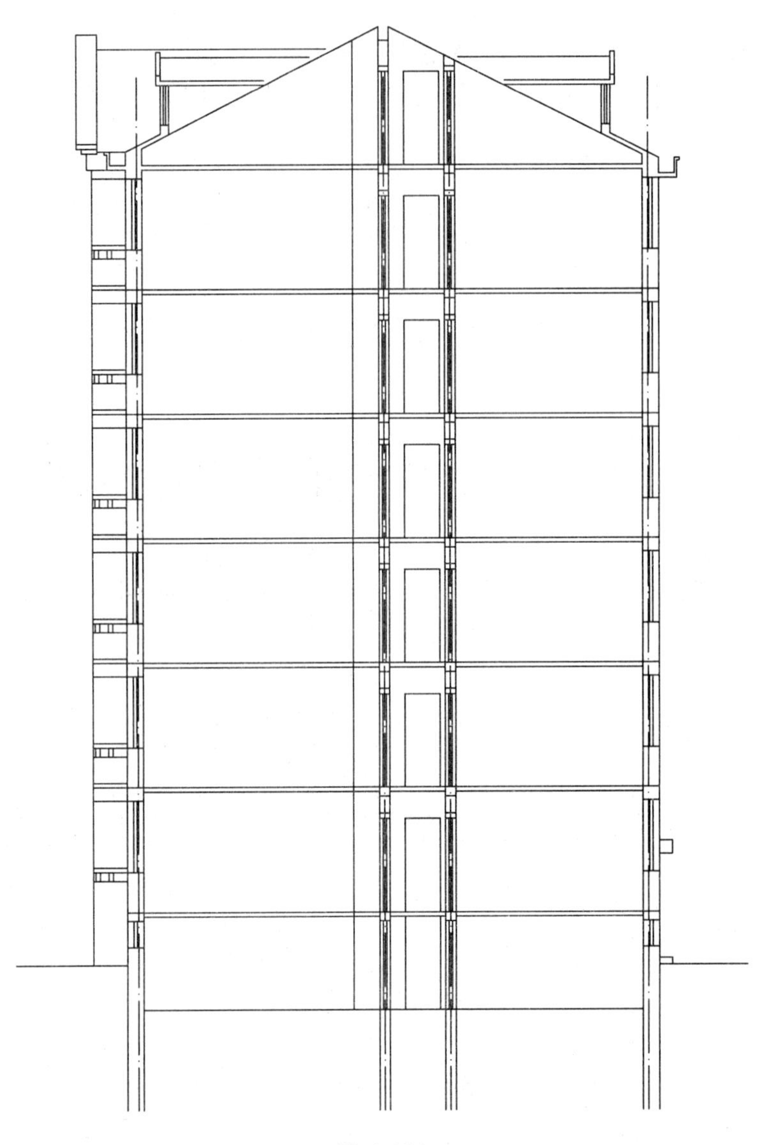

图 6-124

(3) 标注尺寸

① 使用“插入”命令在轴线下端插入轴号。

② 将“尺寸”层设为当前图层。

③ 使用“快速标注”在轴线底部和建筑两侧标注出细部尺寸、楼层尺寸和总尺寸。

④ 使用“插入”命令插入标高,使用“复制”命令生成全部标高,再将标高值修改为正确值。标高符号应在标注外侧沿竖向对齐排列。

(4) 根据需要添加索引符号、折断线、引注、文字等。

(5) 填充材质。方法同楼梯剖面图的绘制。

经检查无误后,建筑剖面图绘制完成。

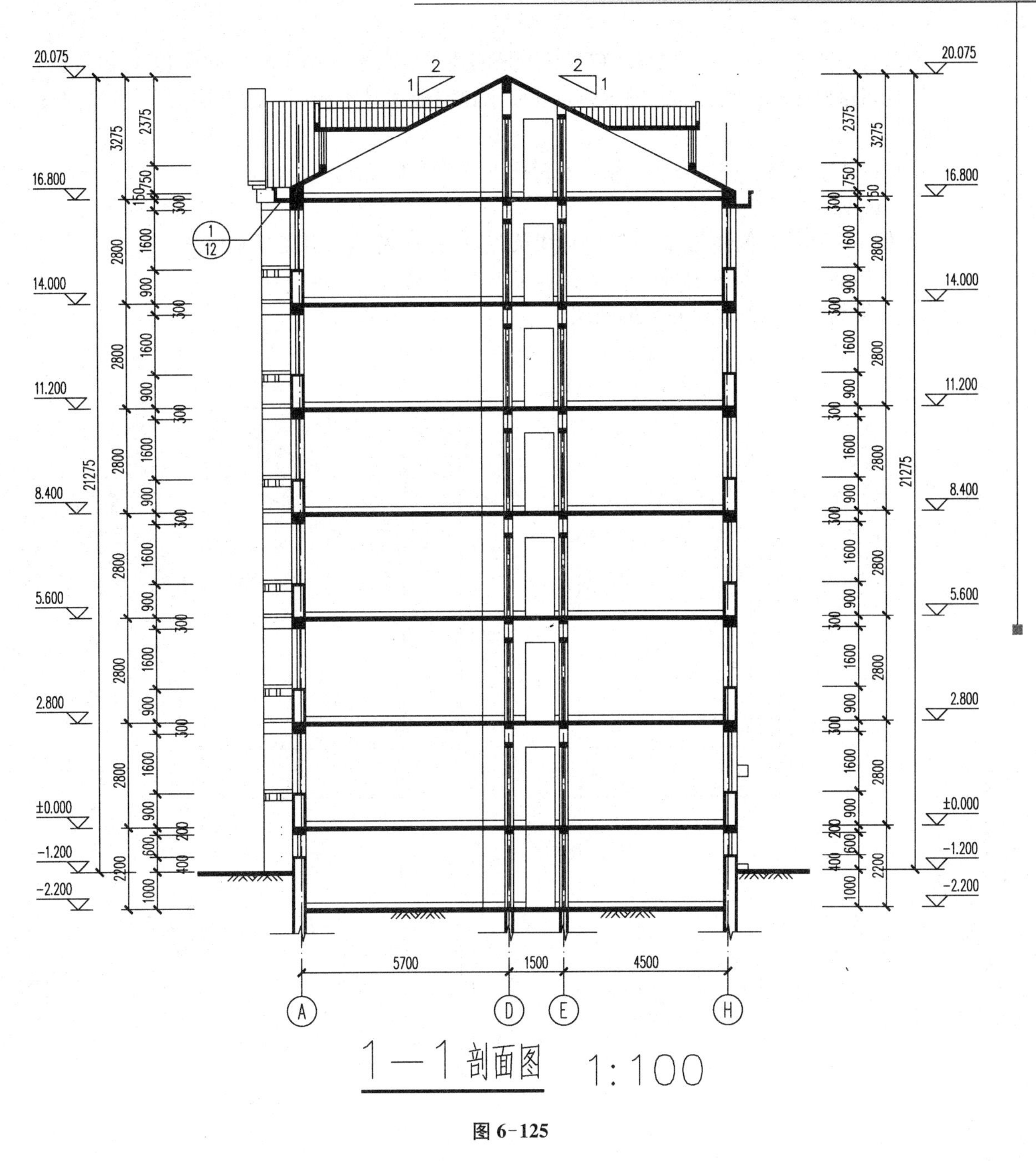

图 6-125

6.5　任务四:绘制某住宅楼建筑详图

将建筑细部或构、配件用较大的比例绘制出来,以便清晰表达构造层次、做法、用料和详细尺寸等内容,指导施工的图样,称为建筑详图,也称为大样图或节点详图。某些十分简单的工程可以不画详图或采用标准图,而有的工程则含有较多详图。

建筑详图并非一种独立的图样，它实际上是前述平、立、剖面图中的一种或几种的局部组合。因此，各种详图的绘制方法、图示内容和要求也与前述基本相同。所不同的是，详图出图比例较大。

下面以住宅楼檐口详图为例介绍建筑详图的一般绘制方法。

（1）绘主体

① 使用“直线”、“偏移”等命令绘出轴线及砖墙、屋面、檐沟等各处的辅助线。

② 使用“修剪”、“删除”等命令大致修剪出屋面板、檐沟和墙体。

③ 将得到的图线修改至各自的图层。

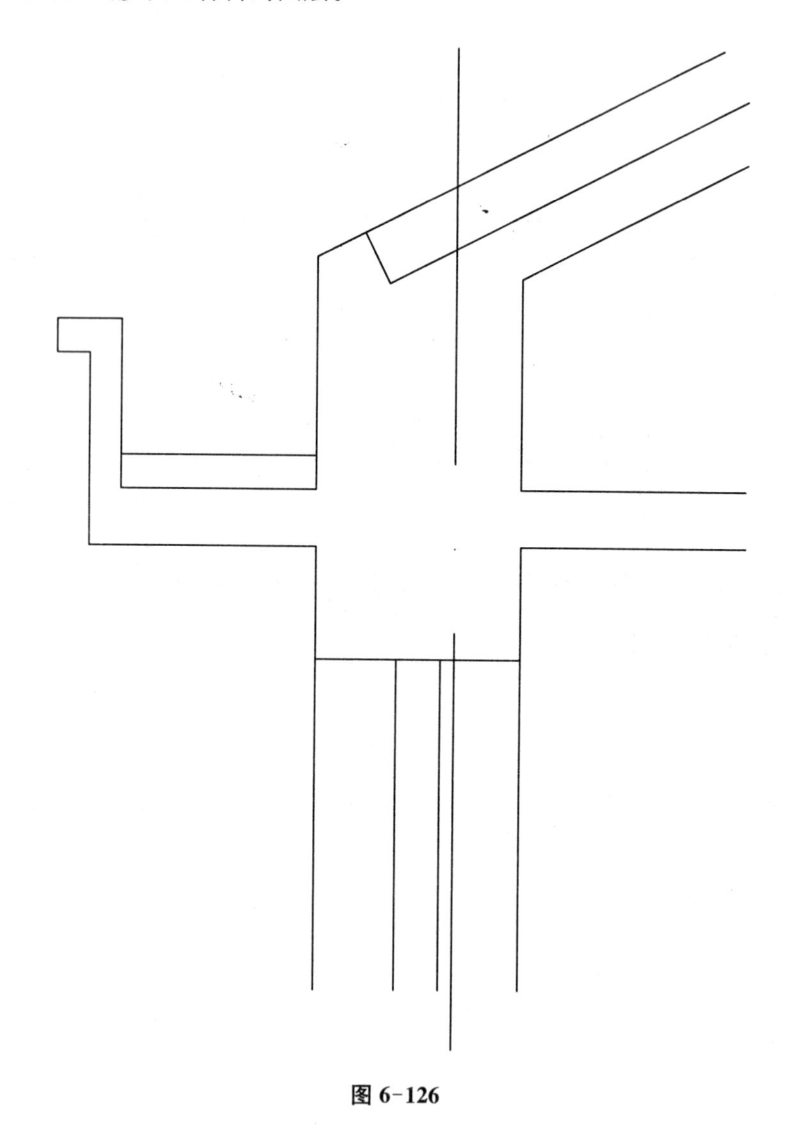

图 6-126

（2）完成细部

继续使用“直线”、“偏移”、“修剪”等命令详细绘制屋面板各构造层次及檐沟、线脚、装饰面层等细部。

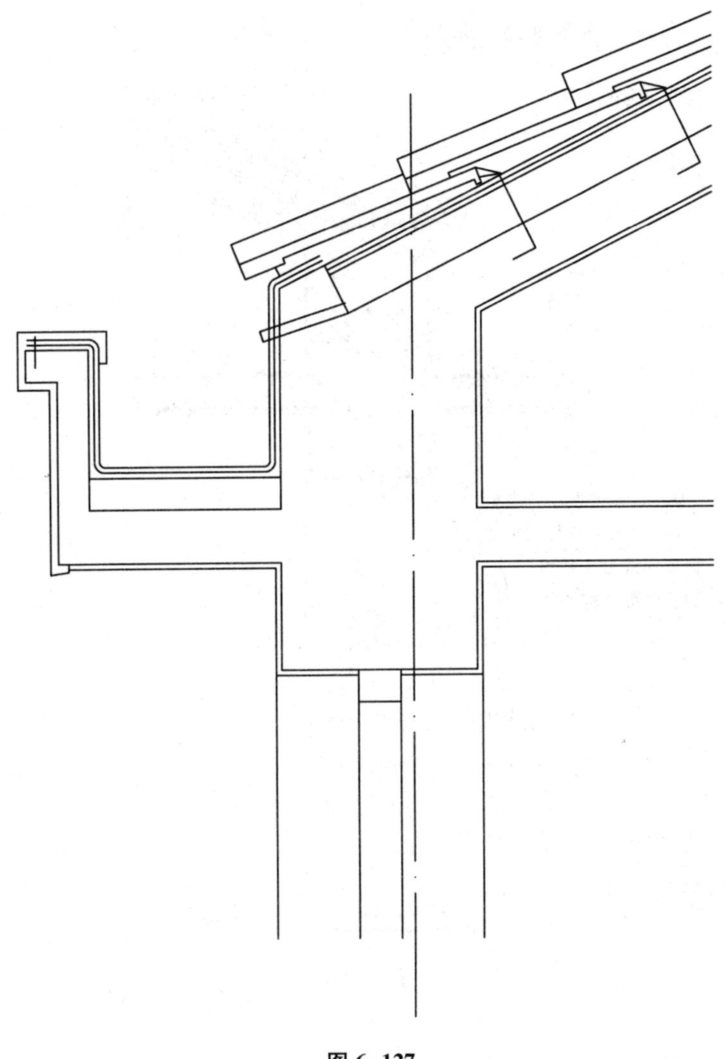

图 6-127

(3) 标注尺寸

① 使用“插入”命令在轴线下端插入轴号。

② 创建用于 1：20 图形的尺寸样式。以已有的“100”样式为基础样式，新建“20”样式，设置方法同前述。

③ 将“20”设为当前样式，对各处尺寸进行标注。

④ 使用“插入”命令插入标高。

(4) 根据需要添加详图符号、折断线、引注、文字等。

(5) 填充材质。方法同楼梯剖面图的绘制，但详图中不能使用简化图例，因此要注意调整各种图例图案的比例。

(6) 加粗图线。按制图规范要求，被剖切部分的图线应为粗线，加粗方法同前述。

经检查无误后，檐口详图绘制完成。

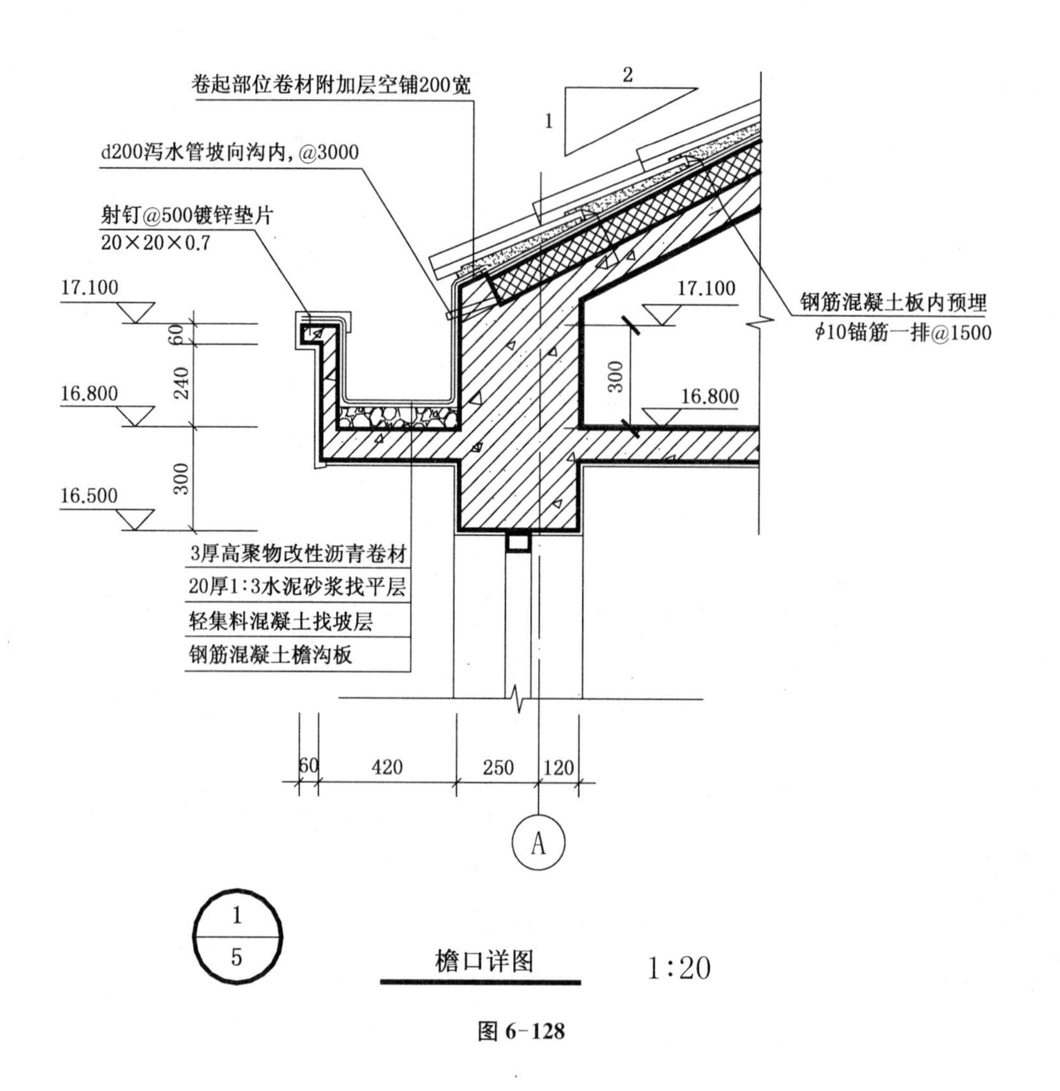

图 6-128

6.6 任务五:绘制某住宅楼建筑总平面图

总平面图是建设工程及其邻近建筑物、构筑物、周边环境等的水平正投影,是表明基地所在范围内总体布置的图样。它主要反映当前工程的平面轮廓形状和层数、与原有建筑物的相对位置、周围环境、地形地貌、道路和绿化的布置等情况。总平面图是建设工程房屋定位、土方施工及设计其他专业管线平面图和施工总平面布置图的依据。

可以利用已经完成的图样,在最后绘制总平面图。

总平面图一般采用 1∶500、1∶1000 或 1∶2000 等比例较小绘制,方法、步骤与详图类似。下面以住宅楼总平面图为例介绍总平面图的一般绘制方法。

(1) 设置图层

① 新建“原有建筑”、“新建建筑”、“道路”、“绿化”等图层。

② 设置各图层的颜色。

(2) 绘制环境

主要包括原有建筑、道路、水体、重要构筑物、地形地物(如等高线)等,绘制方法较灵活。

① 如有可利用的测绘 CAD 图形文件,可直接插入,然后调整比例,使之与将要绘制的图形尺度相符。这种做法方便,精确度高。

注意,目前一些测绘图是三维图形,当地形起伏较大时,各等高线的图线具有不同高度值。

② 如果没有可利用的测绘 CAD 图形文件,可将工程地图用图档扫描仪矢量化;或者复印成光栅图后,将其插入,再进行描绘。

矢量化后的图形仍然要调整比例,使之与将要绘制的图形尺度相一致。这种做法精确度较低。

③ 如果环境较为简单规整,也可使用绘图和编辑命令,根据已知数据直接绘制。

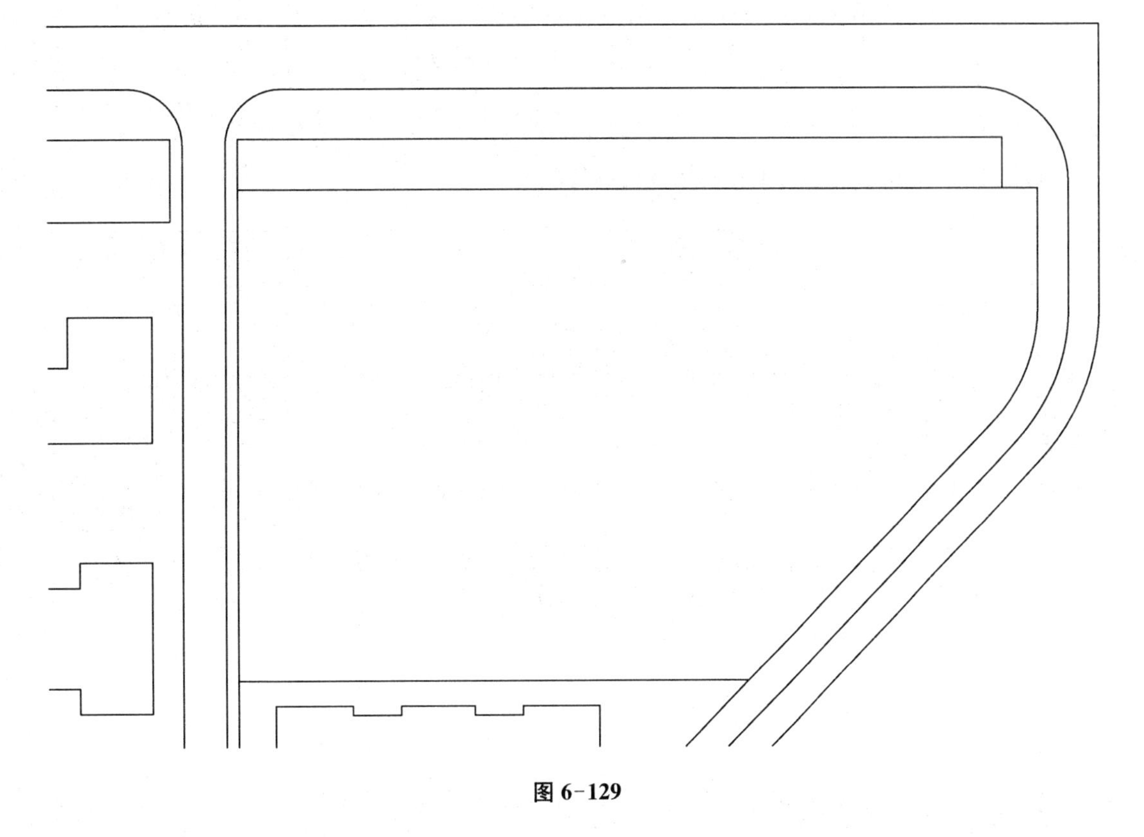

图 6-129

(3) 绘新建建筑

① 将“新建建筑”层设为当前图层。

② 使用“多段线”命令沿已有的首层建筑平面图的外墙描出建筑外廓线。

③ 使用“移动”、“复制”等命令将建筑轮廓线放置到地界图中。

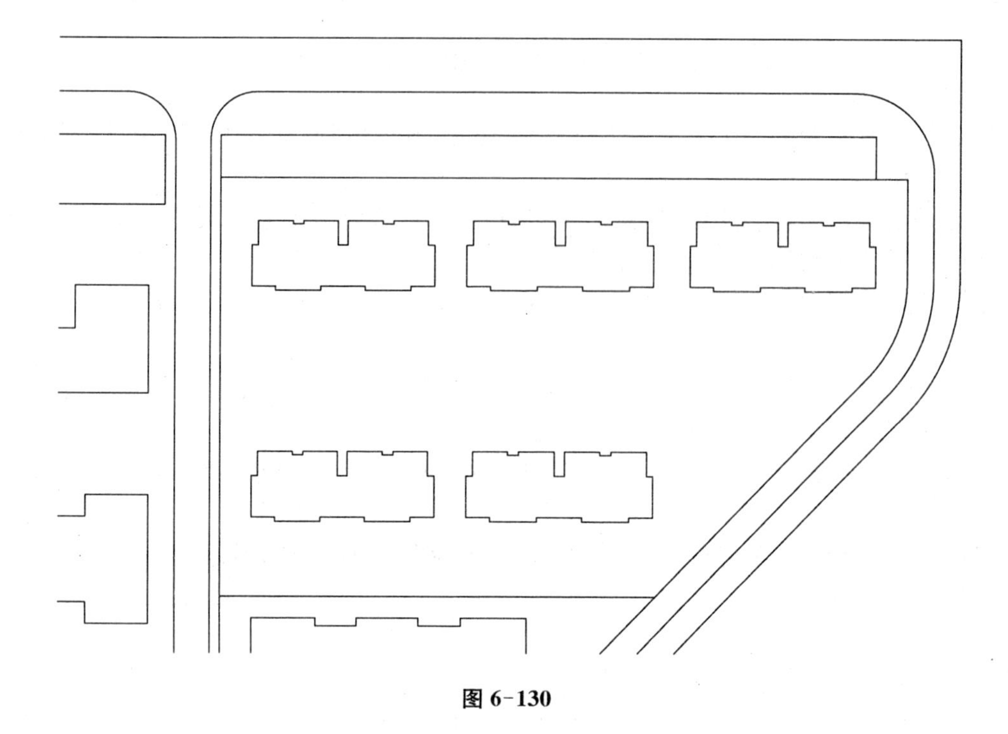

图 6-130

(4) 绘新建道路、场地及附属建(构)筑物等细节。

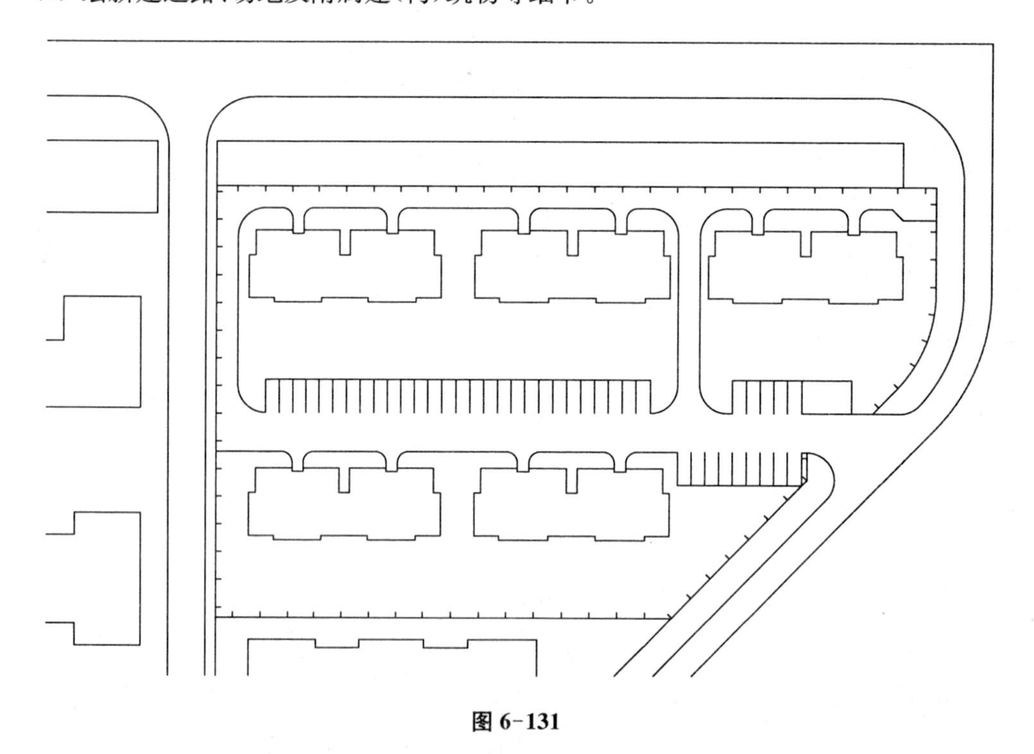

图 6-131

(5) 标注尺寸(本例仅对新建建筑进行定位)

① 创建用于 1∶500 图形的尺寸样式。以已有的“100”样式为基础样式，新建“500”样式，设置方法同前述，但要在“主单位”标签中将标注的“精度”设为“0.00”，还要注意不要将“消零”

的“后续”项勾选上。

② 将“500”设为当前样式，对图样进行标注。

③ 使用“插入”命令插入标高。

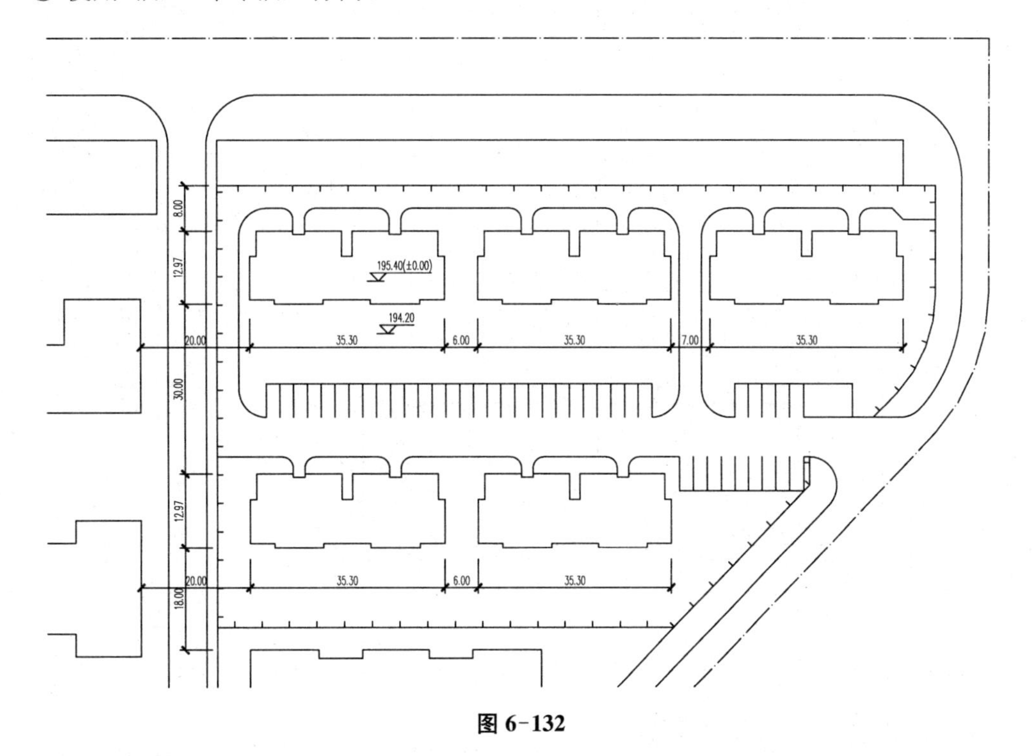

图 6-132

(6) 根据需要添加符号、引注、文字等。

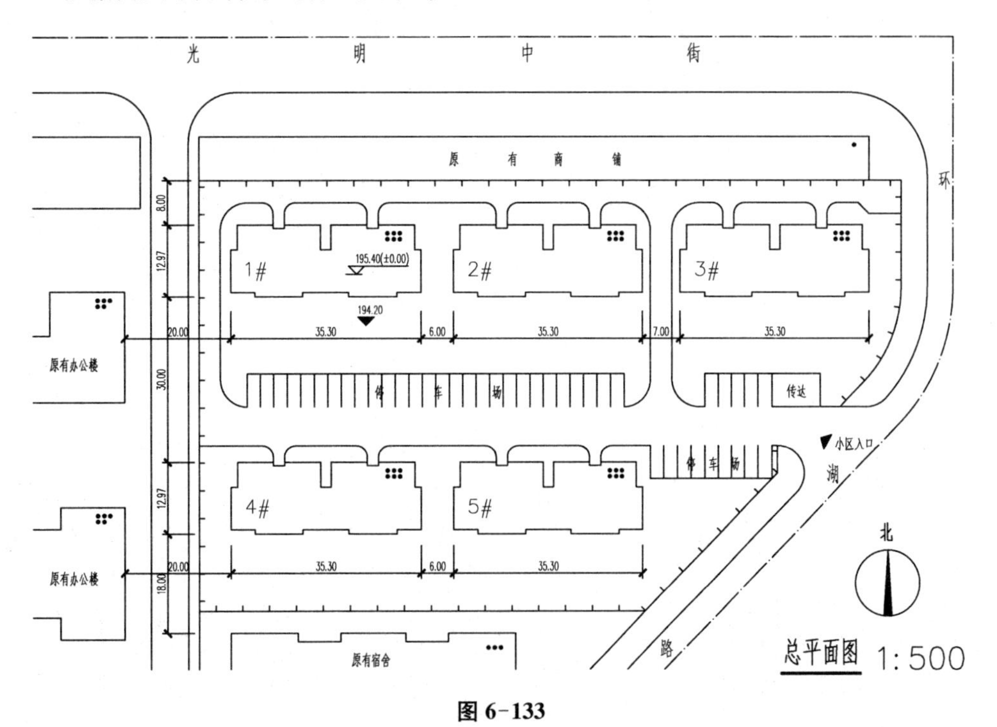

图 6-133

(7) 绘制绿地及绿化等配景，填充图案，加粗图线。

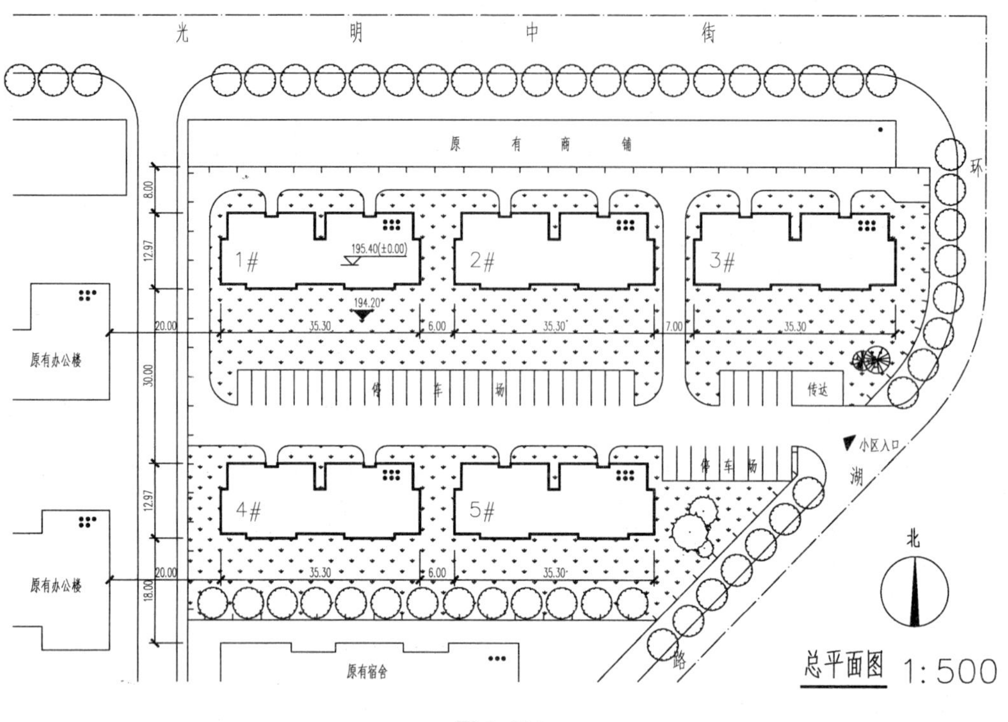

图 6-134

经检查无误后，总平面图绘制完毕。

项目七 认识天正建筑软件

会使用天正建筑软件的基本命令。

知识目标

通过本节的学习，读者认识天正系列建筑软件，了解天正建筑软件绘制建筑专业图纸的方法、步骤。

7.1 天正建筑软件简介

天正系列软件是由北京天正工程软件公司开发的一整套工程制图的软件。天正系列软件全部是在 AutoCAD 平台下二次开发的。从 1994 年开始北京天正工程软件公司就在 AutoCAD 图形平台上开发了一系列建筑、结构、给排水、暖通、电气等专业制图软件，这些软件中天正建筑软件应用最为广泛。近十年来，天正建筑软件版本不断推陈出新，深受中国建筑设计界的推崇。在中国大陆的建筑设计领域，天正建筑软件已成为通用的设计制图软件。

由于天正建筑制图软件是在 AutoCAD 平台下二次开发的，与 AutoCAD 软件有着基本一致的界面、命令，天正建筑制图软件在绘制建筑施工图，特别是绘制建筑平面图、立面图和剖面图以及尺寸、符号标注方面和 AutoCAD 软件相比有着极高的效率，所以在学习 AutoCAD 建筑制图的基础上进一步学习天正建筑制图软件是十分必要的。

天正建筑软件目前有多种版本，本书将介绍天正建筑 7.5 版的安装和使用。

7.2 天正建筑软件的安装与使用

1）安装天正建筑 7.5 版

天正建筑软件是在 AutoCAD 平台下二次开发的，安装天正建筑软件，需要预装 AutoCAD 软件。天正建筑 7.5 版可以在 AutoCAD 2007、2008、2009 等多个图形平台下安装运行。

首先要安装 AutoCAD,安装完成后方可安装天正建筑 7.5 版。在 Windows 下双击天正建筑 7.5 版软件包中的 Setup.exe 文件,根据安装向导程序的屏幕提示就能够完成安装,安装完成后会在桌面上生成快捷图标。

2）天正建筑 7.5 版界面与命令

完成安装后可进入天正建筑 7.5 版绘图界面,如图 7-1 所示。由图中可知,天正建筑界面与 AutoCAD 的界面组成基本相同。由于天正建筑是运行在 AutoCAD 之下的,所以天正建筑的界面只是在 AutoCAD 的基础上增加了一些专门绘制建筑图形的命令,这些命令显示在屏幕左侧的屏幕菜单中。在增加的天正菜单中,包含着轴线柱网、墙体、门窗、房间屋顶等一级菜单(图 7-2),在每个一级菜单中还包含有若干个二级菜单,如轴线柱网菜单中包含直线轴网、弧线轴网、墙生轴网等二级菜单,有的二级菜单还包含有三级菜单。单击相应菜单即可进入对应的命令。

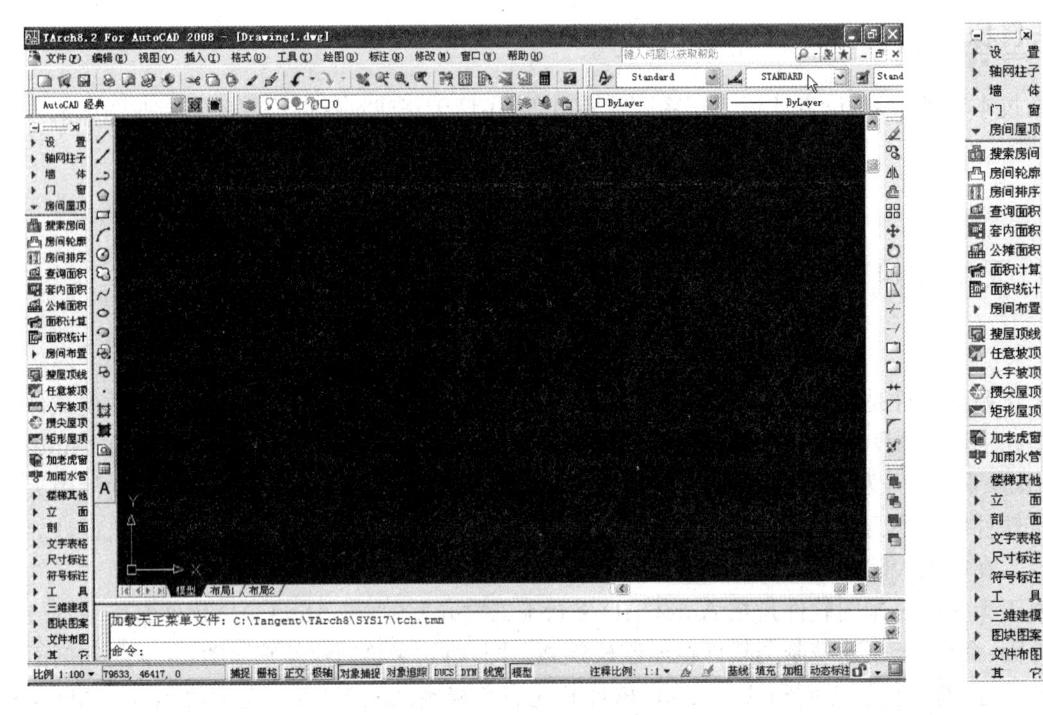

图 7-1　天正建筑界面　　　　图 7-2　天正工具栏

除了使用屏幕菜单中的工具按钮调用命令的方法外,天正建筑还可以通过在命令行输入命令的方式进行人机对话。为了符合中国人的使用习惯,天正建筑的命令名称都是使用其中文名称的每一个汉字拼音的第一个字母来表示的。例如,要调入“门窗”命令,可以在命令行输入“mc”,系统就会进入绘制门窗状态。

如果对天正建筑命令的使用功能不太熟悉,可以将鼠标移到天正某一命令按钮上,这时在屏幕最下方就会显示该命令的功能简介以及该命令的简称。例如将鼠标指针指向门窗按钮,屏幕最下方就会显示“在墙上插入各种门窗:MC”。

在天正建筑屏幕菜单中“帮助”选项中可以得到天正建筑的在线帮助、教学演示、日积月累以及常见问题等内容。

3）天正建筑与 AutoCAD 的异同

(1)兼容性

天正建筑是在 AutoCAD 平台下经过二次开发的软件，一般情况下天正建筑软件与 AutoCAD 有较好的兼容性。二者绘制的文件均为 dwg 格式，但是使用 AutoCAD 打开天正建筑绘制的文件可能会出现显示不全的现象，天正建筑软件则可以完全兼容 AutoCAD 绘制的文件。

(2)差异性

天正建筑与 AutoCAD 的差异在于：天正建筑是针对建筑制图开发的；而 AutoCAD 则是通用设计软件，广泛应用于各个设计领域。所以说天正建筑软件具有更强的专业性，使用它绘制建筑图更加方便、快捷。但是 AutoCAD 是天正建筑的基础与核心，要想更好地学习天正建筑软件，学习 AutoCAD 是必不可少的。

(3)命令的异同

天正建筑除了所特有的建筑制图命令菜单以外，其余菜单命令、快捷命令与 AutoCAD 完全一致，因此，完成了 AutoCAD 的学习后再来学习天正建筑软件是没有任何障碍的。

7.3　天正建筑通用工具命令

天正建筑在【工具】图标菜单中提供了一些通用工具命令，这些命令中与 AutoCAD 命令类似，但比 AutoCAD 的命令功能有所增强。点击天正主菜单下“工具”按钮打开【工具】菜单，其中提供了【自由复制】、【连接线段】、【图形裁剪】、【道路绘制】等多个实用命令。这些命令操作起来非常便捷，更加适合于建筑制图。

1）自由复制

【自由复制】命令用于动态连续的复制对象，对 AutoCAD 对象与天正建筑对象均起作用，能在复制对象之前对其进行旋转、镜像、改插入点等灵活处理，而且默认为多重复制，比 AutoCAD 的【复制】命令功能强大。

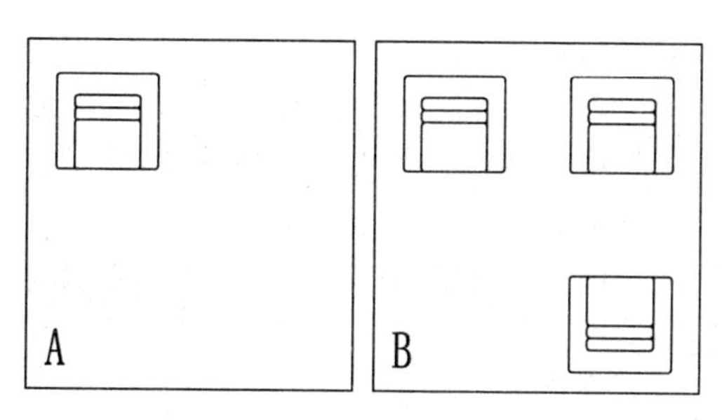

图 7-3

例如，将例图 A 中沙发复制出另外两个，完成图 B。

单击“自由复制”按钮，命令行提示为：

请选择要拷贝的对象：选中 A 图中沙发

点取位置或{转 90 度[A]/左右翻[S]/上下翻[D]/对齐[F]/改转角[R]/改基点[T]}<退出>:向右移动鼠标单击,插入一个沙发

点取位置或{转 90 度[A]/左右翻[S]/上下翻[D]/对齐[F]/改转角[R]/改基点[T]}<退出>:向下移动鼠标输入 d 同时点击鼠标,插入另外一个沙发

点取位置或{转 90 度[A]/左右翻[S]/上下翻[D]/对齐[F]/改转角[R]/改基点[T]}<退出>:

2) 自由移动

【自由移动】命令用于动态地进行移动、旋转和镜像,对 AutoCAD 图形与天正建筑图形均起作用,能在移动对象就位前使用键盘先行对其进行旋转、镜像、改插入点等灵活处理。

单击"自由移动"按钮,命令行提示为:

请选择要移动的对象:选取要移动的对象

点取位置或{转 90 度[A]/左右翻转[S]/上下翻转[D]/改转角[R]/改基点[T]}<退出>:点取位置或输入相应字母进行其他操作

【自由移动】与【自由复制】使用方法类似,但不生成新的对象。

3) 移位

【移位】命令用于按照指定方向精确移动图形对象的位置,可提高移动效率。

单击"移位"按钮,命令行提示为:

请选择要移动的对象:选择要移动的对象,回车结束

请输入位移(x、y、z)或{横移[*X*]/纵移[*Y*]/竖移[*Z*]}<退出>:

如果用户仅仅需要改变对象的某个坐标方向的尺寸,无需直接键入位移矢量,此时可输入 *X* 或 *Y*、*Z* 选项,指出要移位的方向,比如键入 *X*,进行竖向移动,命令行继续提示:

横移<0>:在此输入移动长度或在屏幕中指定,注意正值表示右移,负值左移。

则完成指定的精确位移。

4) 自由粘贴

【自由粘贴】命令用于粘贴已经复制在剪裁板上的图形,可以动态调整待粘贴的图形,对 AutoCAD 图形与天正建筑对象均起作用,能在粘贴对象之前对其进行旋转、镜像、改插入点等灵活处理。

单击"自由粘贴"按钮,命令行提示为:

点取位置或{转 90 度[A]/左右翻[S]/上下翻[D]/对齐[F]/改转角[R]/改基点[T]}<退出>:点取位置或者输入相应字母进行各种粘贴前的处理。

可将图形对象贴入图形中的指定点。

此命令基于粘贴板的复制和粘贴,主要是为了在多个文档或者在 AutoCAD 中与其他应用程序之间交换数据而设立的。

5) 线变复线

【线变复线】命令用于将若干段彼此衔接的线(Line)、弧(Arc)、多段线(Pline)连接成整段的多段线(Pline)。

单击"线变复线"按钮,命令行提示为:

请选择要连接成 POLYLINE 的 LINE(线)和 ARC(弧)<退出>:选择要连接的图线

选择对象：回车结束选择

则将所选择线连接为多段线。

6）Pline 编辑

Pline 多段线的应用在天正建筑十分普遍，天正建筑中许多功能都要通过多段线实现，如各种轮廓、轨迹、基线等，有了 Pline 的编辑命令，就可以获得更为丰富的造型手段。如图 7-4 所示。菜单中有 4 个多段线编辑的命令。

曲线工具
线变复线
连接线段
交点打断
虚实变换
加粗曲线
消除重线
反　　向
布尔运算

图 7-4

(1) 反向

【反向】命令可以对多段线的方向进行逆转。

单击“反向”按钮，命令行提示为：

选择要反转的 pline：选择多段线

pline 现在变为逆时针！

多段线(PLine)经常被用于表示路径或断面，因此线的生成方向影响到路径曲面的正确生成，本功能用于改变 Pline 线方向，即顶点的顺序，而不必重新绘制。

(2) 并集

【并集】命令用于对两段相交的封闭 Pline 做并集运算，运算的结果将合称为一条多段线。

单击“并集”按钮，命令行提示为：

选择第一根封闭的多段线：选择第一根

选择第二根封闭的多段线：选择第二根

系统对选择的两个多段线区域进行指定的布尔运算，运算结果也是封闭的多段线。如图 7-5 所示。

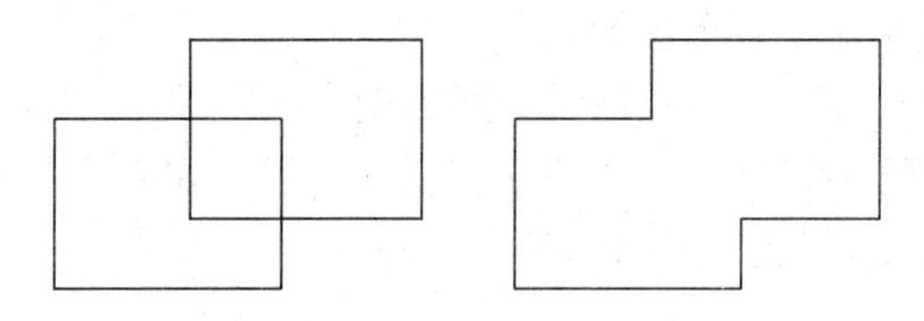

图 7-5

(3) 差集

【差集】命令用于对两段相交的封闭 Pline 做差集运算，运算的结果仍然产生一条多段线。

命令的使用方式与【并集】相同。

差集运算结果见图 7-6。

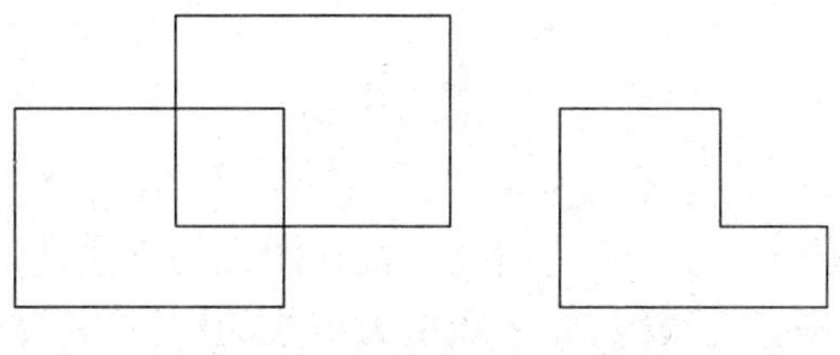

图 7-6

(4) 交集

【交集】命令用于对两段相交的封闭 Pline 做交集运算，运算的结果仍然产生一条多段线。

命令的使用方式与【并集】相同。

交集运算结果见图 7-7。

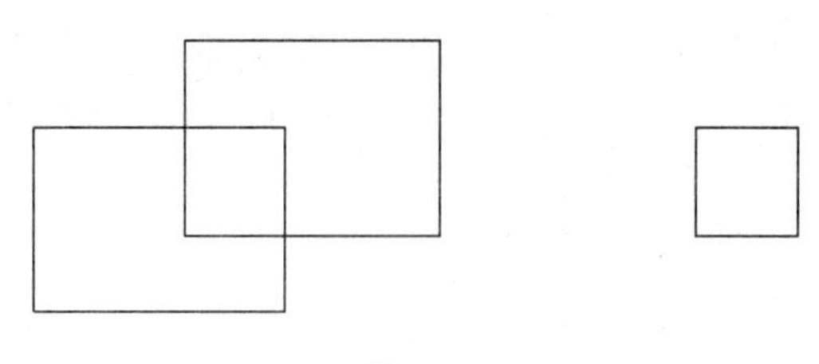

图 7-7

7）连接线段

【连接线段】命令用于连接位于同一条直线上的两条线段或弧。

单击“连接线段”按钮，命令行提示为：

请拾取第一根 LINE(线)或 ARC(弧)<退出>：点取第一根直线或弧

再拾取第二根 LINE(线)或 ARC(弧)进行连接<退出>：点取第二根直线或弧

如果两根线位于同一直线上，或两根弧线同圆心和半径，或直线与圆弧有交点，便将它们连接起来。

8）交点打断

【交点打断】命令用于打断相交的直线或弧(包括多线段)，前提是相交的线或弧位于同一平面上。

单击“交点打断”按钮，命令行提示为：

请点取要打断的交点<退出>：点取线或弧的交点

交点中的线段被打断，通过该点的线或弧变成为两段。如果相交线段是直线，可以一次打断多根线段，如果是多段线，每次只能打断其中一根线。

9）虚实变换

【虚实变换】命令使对象(包括图块)中的线型在虚线与实线之间进行切换(图 7-8)。

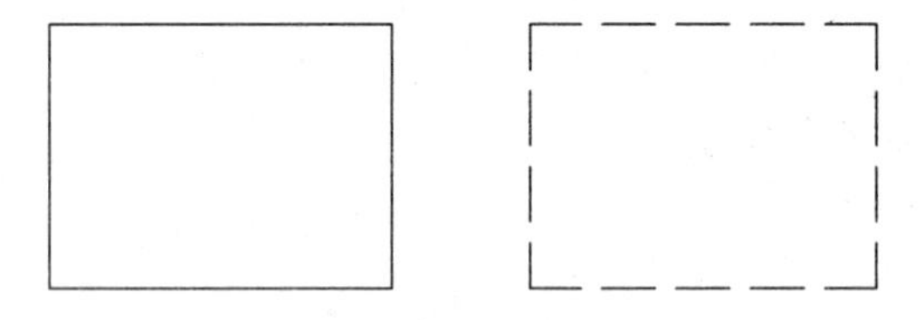

图 7-8

单击“虚实变换”按钮，命令行提示为：

请选取要变换线型的图元<退出>：用任一选择图元的方法选取

则原来线型为实线的则变为虚线；原来线型为虚线的则变为实线。

本命令不适用于天正图块。如需要变换天正图块的虚实线型，应先把天正图块分解为标准图块。若虚线的效果不明显，可使用系统变量 LTSCALE 调整其比例。

10）加粗实线

【加粗实线】命令用于将图线按指定宽度加粗(图 7-9)。

图 7-9

单击“加粗实线”按钮,命令行提示为:

请指定加粗的线段:选择要加粗的线和圆弧

选择对象:回车结束选择

线段宽＜50＞:给出加粗宽度 100

则图线按照指定宽度加粗。

11）消除重线

【消除重线】命令用于消除多余的重叠线条。

单击“消除重线”按钮,命令行提示为:

选择对象:指定对角点:找到 2 个

对图层 0 消除重线:由 2 变为 1

参与处理的重线包括直线、圆、圆弧的搭接、部分重合和全部重合。对于多段线的处理,用户必须先将其分解直线,才能参与处理。

12）测量边界

【测量边界】命令用于测量选定对象的外边界。

单击“测量边界”按钮,命令行提示为:

副本选择对象:找到 1 个

$$X = 815.85;\quad Y = 608.349;\quad Z = 0$$

点击菜单选择目标后,提示所选择目标的最大边界的 X 值、Y 值和 Z 值,并以虚框表示对象最大边界,包括图上的文字对象在内。

13）统一标高

【统一标高】命令用于整理二维图形,包括天正平面、立面、剖面图形,避免绘图中出现因错误的取点捕捉,造成各图形对象 Z 坐标不一致的问题。

单击“统一标高”按钮,命令行提示为:

是否重置包含在图块内的对象的标高?(Y/N)[Y]:按要求以 Y 或 N 回应

选择需要恢复零标高的对象:选择对象

14）搜索轮廓

【搜索轮廓】命令在二维图中自动搜索出内外轮廓,在上面加一圈闭合的粗实线,如果在二维图内部取点,搜索出点所在闭合区内轮廓,如果在二维图外部取点,搜索出整个二维图外轮廓。

单击“搜索轮廓”按钮,命令行提示为:

选择二维对象:选择 AutoCAD 的基本图形对象,不支持天正对象。

此时移动十字光标在二维图中搜索闭合区域，同时反白预览所搜索到的范围。

点取要生成的轮廓＜退出＞：点取后生成轮廓线。

15）图形剪裁

【图形剪裁】命令可以一次修剪掉指定区内的所有图线或部分图块。

单击“图形剪裁”按钮，命令行提示为：

请选择被裁剪的对象：单击图块

矩形的第一个角点或{多边形裁剪[P]/多段线定边界[L]/图块定边界[B]}＜退出＞：选择矩形第一角点

另一个角点＜退出＞：第二角点

则图中重叠部分的树被剪掉，如图 7-10 所示。

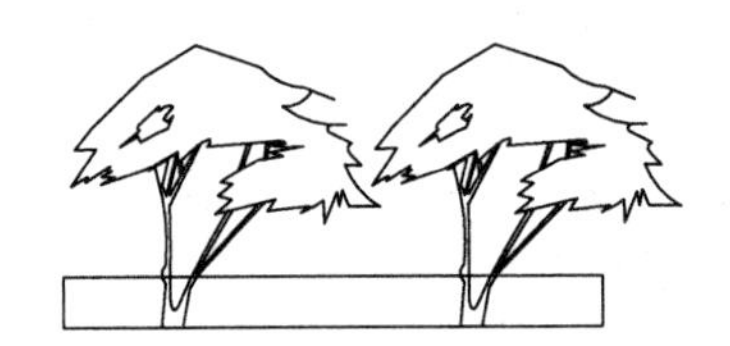

图 7-10

如果需裁剪的形状不规则，可以选用“多边形裁剪”选项。

16）图形切割

【图形切割】命令用于从图形中切割出一部分，图形切割后不破坏原有图形(如图 7-11 所示)。

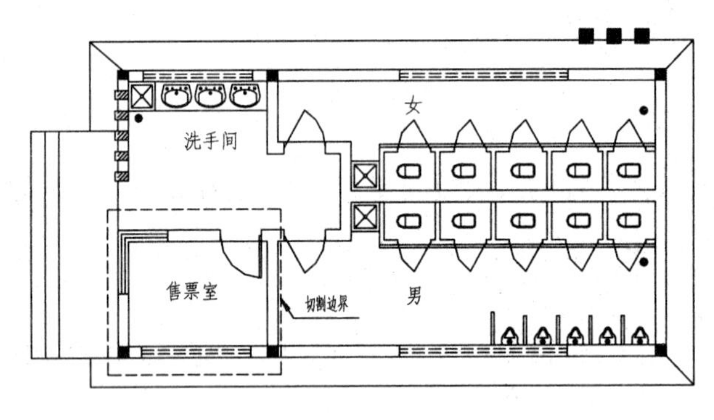

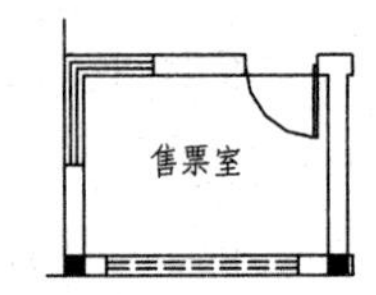

图 7-11

单击“图形切割”按钮，命令行提示为：

矩形的第一个角点或{多边形裁剪[P]/多段线定边界[L]/图块定边界[B]}＜退出＞：沿图所示的虚线矩形框位置点取第一个角点

另一个角点＜退出＞：输入第二角点定义裁剪矩形框

此时程序已经把刚才定义的裁剪矩形内的图形完成切割，并提取出来，在光标位置拖动，命令行继续提示：

请点取插入位置：在图中空白处给出该图形的插入位置。

附录一

快 捷 键

1）母类

(1) 对象特性

ADC　ADCENTER(设计中心"Ctrl＋2")

CH,MO　PROPERTIES(修改特性"Ctrl＋1")

MA　MATCHPROP(属性匹配)

ST　STYLE(文字样式)

COL　COLOR(设置颜色)

LA　LAYER(图层＊＊＊＊作)

LT　LINETYPE(线型)

LTS　LTSCALE(线型比例)

LW　LWEIGHT(线宽)

UN　UNITS(图形单位)

ATT　ATTDEF(属性定义)

ATE　ATTEDIT(编辑属性)

BO　BOUNDARY(边界创建,包括创建闭合多段线和面域)

AL　ALIGN(对齐)

EXIT　QUIT(退出)

EXP　EXPORT(输出其他格式文件)

IMP　IMPORT(输入文件)

OP,PR　OPTIONS(自定义 CAD 设置)

PRINT　PLOT(打印)

PU　PURGE(清除＊＊)

R　REDRAW(重新生成)

REN　RENAME(重命名)

SN　SNAP(捕捉栅格)

DS　DSETTINGS(设置极轴追踪)

OS　OSNAP(设置捕捉模式)

PRE　PREVIEW(打印预览)

TO　TOOLBAR(工具栏)

V　VIEW(命名视图)

AA　AREA(面积)

DI　DIST(距离)
LI　LIST(显示图形数据信息)
(2) AutoCAD 快捷绘图命令
PO　POINT(点)
L　LINE(直线)
XL　XLINE(射线)
PL　PLINE(多段线)
ML　MLINE(多线)
SPL　SPLINE(样条曲线)
POL　POLYGON(正多边形)
REC　RECTANGLE(矩形)
C　CIRCLE(圆)
A　ARC(圆弧)
DO　DONUT(圆环)
EL　ELLIPSE(椭圆)
REG　REGION(面域)
MT　MTEXT(多行文本)
T　MTEXT(多行文本)
B　BLOCK(块定义)
I　INSERT(插入块)
W　WBLOCK(定义块文件)
DIV　DIVIDE(等分)
H　BHATCH(填充)
(3) AutoCAD 快捷修改命令
CO　COPY(复制)
MI　MIRROR(镜像)
AR　ARRAY(阵列)
O　OFFSET(偏移)
RO　ROTATE(旋转)
M　MOVE(移动)
E,DEL 键　ERASE(删除)
X　EXPLODE(分解)
TR　TRIM(修剪)
EX　EXTEND(延伸)
S　STRETCH(拉伸)
LEN　LENGTHEN(直线拉长)
SC　SCALE(比例缩放)
BR　BREAK(打断)
CHA　CHAMFER(倒角).

F　FILLET(倒圆角)
PE　PEDIT(多段线编辑)
ED　DDEDIT(修改文本)
(4) AutoCAD 快捷视窗缩放
P　PAN(平移)
Z+空格+空格　实时缩放
Z　局部放大
Z+P　返回上一视图
Z+E　显示全图
(5) AutoCAD 快捷尺寸标注
DLI　DIMLINEAR(直线标注)
DAL　DIMALIGNED(对齐标注)
DRA　DIMRADIUS(半径标注)
DDI　DIMDIAMETER(直径标注)
DAN　DIMANGULAR(角度标注)
DCE　DIMCENTER(中心标注)
DOR　DIMORDINATE(点标注)
TOL　TOLERANCE(标注形位公差)
LE　QLEADER(快速引出标注)
DBA　DIMBASELINE(基线标注)
DCO　DIMCONTINUE(连续标注)
D　DIMSTYLE(标注样式)
DED　DIMEDIT(编辑标注)
DOV　DIMOVERRIDE(替换标注系统变量)

2) AutoCAD 快捷常用 Ctrl 快捷键

【Ctrl】+1　PROPERTIES(修改特性)
【Ctrl】+2　ADCENTER(设计中心)
【Ctrl】+O　OPEN(打开文件)
【Ctrl】+N、M　NEW(新建文件)
【Ctrl】+P　PRINT(打印文件)
【Ctrl】+S　SAVE(保存文件)
【Ctrl】+Z　UNDO(放弃)
【Ctrl】+X　CUTCLIP(剪切)
【Ctrl】+C　COPYCLIP(复制)
【Ctrl】+V　PASTECLIP(粘贴)
【Ctrl】+B　SNAP(栅格捕捉)
【Ctrl】+F　OSNAP(对象捕捉)
【Ctrl】+G　GRID(栅格)
【Ctrl】+L　ORTHO(正交)

【Ctrl】+W （对象追踪）

【Ctrl】+U （极轴）

3）AutoCAD 快捷常用功能键

【F1】 HELP(帮助)

【F2】 （文本窗口）

【F3】 OSNAP(对象捕捉)

【F7】 GRIP(栅格)

【F8】 ORTHO(正交)

附录二

AutoCAD 环境变量及系统参数

acadlspasdoc 0 仅将 acad. lsp 加载到 autocad 任务打开的第一个图形中；1 将 acad. lsp 加载到每一个打开的图形中。

acadprefix 存储由 acad 环境变量指定的目录路径（如果有的话），如果需要则附加路径分隔符。

acadver 存储 autocad 的版本号。这个变量与 dxf 文件标题变量 $ acadver 不同，“ $ acadver”包含图形数据库的级别号。

acisoutver 控制 acisout 命令创建的 sat 文件的 acis 版本。acisout 支持值 15～18、20、21、30、40、50、60 和 70。

aflags 设置 attdef 位码的属性标志：0 无选定的属性模式：1. 不可见；2. 固定；4. 验证；8. 预置。

angbase 类型：实数；保存位置：图形初始值：0. 0000 相对于当前 ucs 将基准角设置为 0 度。

angdir 设置正角度的方向初始值：0；从相对于当前 ucs 方向的 0 角度测量角度值。0. 逆时针；1. 顺时针。

apbox 打开或关闭 autosnap 靶框。当捕捉对象时，靶框显示在十字光标的中心。0. 不显示靶框；1. 显示靶框。

aperture 以像素为单位设置靶框显示尺寸。靶框是绘图命令中使用的选择工具。初始值为 10。

area area 既是命令又是系统变量。存储由 area 计算的最后一个面积值。

attdia 控制 insert 命令是否使用对话框用于属性值的输入：0. 给出命令行提示；1. 使用对话框。

attmode 控制属性的显示：0. 关，使所有属性不可见；1. 普通，保持每个属性当前的可见性；2. 开，使全部属性可见。

attreq 确定 insert 命令在插入块时默认属性设置。0. 所有属性均采用各自的默认值；1. 使用对话框获取属性值。

auditctl 控制 audit 命令是否创建核查报告（adt）文件：0. 禁止写 adt 文件；1. 写 adt 文件。

aunits 设置角度单位：0. 十进制度数；1. 度/分/秒；2. 百分度；3. 弧度；4. 勘测单位。

auprec 设置所有只读角度单位（显示在状态行上）和可编辑角度单位（其精度小于或等于当前 auprec 的值）的小数位数。

autosnap：0. 关（自动捕捉）；1. 开；2. 开提示；4. 开磁吸；8. 开极轴追踪；16. 开捕捉追踪；

32. 开极轴追踪和捕捉追踪提示。

backz　以绘图单位存储当前视口后向剪裁平面到目标平面的偏移值。viewmode 系统变量中的后向剪裁位，打开时才有效。

bindtype　控制绑定或在位编辑外部参照时外部参照名称的处理方式：0. 传统的绑定方式；1. 类似“插入”方式。

blipmode　控制点标记是否可见。blipmode 既是命令又是系统变量。使用 setvar 命令访问此变量：0. 关闭；1. 打开。

cdate　设置日历的日期和时间，不被保存。

cecolor　设置新对象的颜色。有效值包括 bylayer、byblock 以及从 1～255 的整数。

celtscale　设置当前对象的线型比例因子。

celtype　设置新对象的线型。初始值：“bylayer”

celweight　设置新对象的线宽：1. 线宽为“bylayer”；2. 线宽为“byblock”；3. 线宽为“default”。

chamfera　设置第一个倒角距离。初始值：0. 0000

chamferb　设置第二个倒角距离。初始值：0. 0000

chamferc　设置倒角长度。初始值：0. 0000

chamferd　设置倒角角度。初始值：0. 0000

chammode　设置 autocad 创建倒角的输入方法：0. 需要 2 个倒角距离；1. 需要 1 个倒角距离和 1 个角度。

circlerad　设置默认的圆半径：0. 表示无默认半径。初始值：0. 0000。

clayer　设置当前图层。初始值：0。

cmdactive　存储位码值，此位码值指示激活的是普通命令、透明命令、脚本还是对话框。

cmddia　输入方式的切换：0. 命令行输入；1. 对话框输入。

cmdecho　控制在 autolisp 的 command 函数运行时 autocad 是否回显提示和输入：0. 关闭回显；1. 打开回显。

cmdnames　显示当前活动命令和透明命令的名称。例如 line′zoom 指示 zoom 命令在 line 命令执行期间被透明使用。

cmljust　指定多线对正方式：0. 上；1. 中间；2. 下。初始值：0

cmlscale　初始值：1. 0000（英制）或 20. 0000（公制）控制多线的全局宽度。

cmlstyle　设置 autocad 绘制多线的样式。初始值：“standard”。

compass　控制当前视口中三维指南针的开关状态：0. 关闭三维指南针；1. 打开三维指南针。

coords：0. 用定点设备指定点时更新坐标显示。1. 不断地更新绝对坐标的显示；2. 不断地更新绝对坐标的显示。

cplotstyle　控制新对象的当前打印样式。

cprofile　显示当前配置的名称。

ctab　返回图形中当前（模型或布局）选项卡的名称。通过本系统变量，用户可以确定当前的活动选项卡。

cursorsize　按屏幕大小的百分比确定十字光标的大小。初始值：5。

cvport　设置当前视口的标识码。

date　存储当前日期和时间。

dbmod　用位码指示图形的修改状态：1. 对象数据库被修改；4. 数据库变量被修改；8. 窗口被修改；16. 视图被修改。

dctcust　显示当前自定义拼写词典的路径和文件名。

dctmain　显示当前的主拼写词典的文件名。

deflplstyle　指定图层 0 的默认打印样式。

defplstyle　为新对象指定默认打印样式。

delobj　控制创建其他对象的对象将从图形数据库中删除还是保留在图形数据库中：0. 保留对象；1. 删除对象。

demandload　当图形包含由第三方应用程序创建的自定义对象时，指定 autocad 是否以及何时按需加载此应用程序。

diastat　存储最近一次使用的对话框的退出方式：0. 取消；1. 确定。

dimadec　1. 使用 dimdec 设置的小数位数绘制角度标注；0～8 使用 dimadec 设置的小数位数绘制角度标注。

dimalt　控制标注中换算单位的显示：关，禁用换算单位；开，启用换算单位。

dimaltd　控制换算单位中小数位的位数。

dimaltf　控制换算单位乘数。

dimaltrnd　舍入换算标注单位。

dimalttd　设置标注换算单位公差值小数位的位数。

dimalttz　控制是否对公差值做消零处理。

dimaltu　为所有标注样式族(角度标注除外)换算单位设置单位格式。

dimaltz　控制是否对换算单位标注值做消零处理。dimaltz 值为 0～3 时只影响英尺-英寸标注。

dimapost　为所有标注类型(角度标注除外)的换算标注测量值指定文字前缀或后缀(或两者都指定)。

dimaso　控制标注对象的关联性开关。

dimassoc　控制标注对象的关联性设置值。

dimasz　控制尺寸线、引线箭头的大小并控制勾线的大小。

dimatfit　当尺寸界线的空间不足以同时放下标注文字和箭头时，本系统变量将确定这两者的排列方式。

dimaunit　设置角度标注的单位格式：0. 十进制度数；1. 度/分/秒；2. 百分度；3. 弧度。

dimazin　对角度标注做消零处理。

dimblk　设置尺寸线或引线末端显示的箭头块。

dimblk1　当 dimsah 系统变量打开时，设置尺寸线第一个端点的箭头。

dimblk2　当 dimsah 系统变量打开时，设置尺寸线第二个端点的箭头。

dimcen　控制由 dimcenter、dimdiameter 和 dimradius 命令绘制的圆或圆弧的圆心标记和中心线图形。

dimclrd　为尺寸线、箭头和标注引线指定颜色，同时控制由 leader 命令创建的引线颜色。

dimclre　为尺寸界线指定颜色。

dimclrt　为标注文字指定颜色。

dimdec　设置标注主单位显示的小数位位数。精度基于选定的单位或角度格式。

dimdle　当使用小斜线代替箭头进行标注时,设置尺寸线超出尺寸界线的距离。

dimdli　控制基线标注中尺寸线的间距。

dimdsep　指定一个单字符作为创建十进制标注时使用的小数分隔符。

dimexe　指定尺寸界线超出尺寸线的距离。

dimexo　指定尺寸界线偏移原点的距离。

dimfit　旧式,除用于保留脚本的完整性外没有任何影响。dimfit 被 dimatfit 系统变量和 dimtmove 系统变量代替。

dimfrac　在 dimlunit 系统变量设置为:4(建筑)或 5(分数)时设置分数格式;0. 水平;1. 斜;2. 不堆叠。

dimgap　当尺寸线分成段以在两段之间放置标注文字时,设置标注文字周围的距离。

dimjust　控制标注文字的水平位置。

dimldrblk　指定引线箭头的类型。要返回默认值(实心闭合箭头显示),请输入单个句点(.)。

dimlfac　设置线性标注测量值的比例因子。

dimlim　将极限尺寸生成为默认文字。

dimlunit　为所有标注类型(除角度标注外)设置单位制。

dimlwd　指定尺寸线的线宽。其值是标准线宽。-3. bylayer -2. byblock 整数代表百分之一毫米的倍数。

dimlwe　指定尺寸界线的线宽。其值是标准线宽。-3 bylayer -2 byblock 整数代表百分之一毫米的倍数。

dimpost　指定标注测量值的文字前缀或后缀(或者两者都指定)。

dimrnd　将所有标注距离舍入到指定值。

dimsah　控制尺寸线箭头块的显示。

dimscale　为标注变量(指定尺寸、距离或偏移量)设置全局比例因子,同时还影响 leader 命令创建的引线对象的比例。

dimsd1　控制是否禁止显示第一条尺寸线。

dimsd2　控制是否禁止显示第二条尺寸线。

dimse1　控制是否禁止显示第一条尺寸界线:关,不禁止显示尺寸界线;开,禁止显示尺寸界线。

dimse2　控制是否禁止显示第二条尺寸界线:关,不禁止显示尺寸界线;开,禁止显示尺寸界线。

dimsho　旧式,除用于保留脚本的完整性外没有任何影响。

dimsoxd　控制是否允许尺寸线绘制到尺寸界线之外:关,不消除尺寸线;开,消除尺寸线。

dimstyle dimstyle　既是命令又是系统变量。作为系统变量,dimstyle 将显示当前标注样式。

dimtad 控制文字相对尺寸线的垂直位置。

dimtdec 为标注主单位的公差值设置显示的小数位位数。

dimtfac 按照 dimtxt 系统变量的设置,相对于标注文字高度给分数值和公差值的文字高度指定比例因子。

dimtih 控制所有标注类型(坐标标注除外)的标注文字在尺寸界线内的位置。

dimtix 在尺寸界线之间绘制文字。

dimtm 在 dimtol 系统变量或 dimlim 系统变量为开的情况下,为标注文字设置最小(下)偏差。

dimtmove 设置标注文字的移动规则。

dimtofl 控制是否将尺寸线绘制在尺寸界线之间(即使文字放置在尺寸界线之外)。

dimtoh 控制标注文字在尺寸界线外的位置:0 或关,将文字与尺寸线对齐;1 或开,水平绘制文字。

dimtol 将公差附在标注文字之后。将 dimtol 设置为"开",将关闭 dimlim 系统变量。

dimtolj 设置公差值相对名词性标注文字的垂直对正方式:0. 下;1. 中间;2. 上。

dimtp 在 dimtol 或 dimlim 系统变量设置为开的情况下,为标注文字设置最大(上)偏差。dimtp 接受带符号的值。

dimtsz 指定线性标注、半径标注以及直径标注中替代箭头的小斜线尺寸。

dimtvp 控制尺寸线上方或下方标注文字的垂直位置。当 dimtad 设置为关时,autocad 将使用 dimtvp 的值。

dimtxsty 指定标注的文字样式。

dimtxt 指定标注文字的高度,除非当前文字样式具有固定的高度。

dimtzin 控制是否对公差值做消零处理。

dimunit 旧式,除用于保留脚本的完整性外没有任何影响。dimunit 被 dimlunit 和 dimfrac 系统变量代替。

dimupt 控制用户定位文字的选项。0,光标仅控制尺寸线的位置;1 或开,光标控制文字以及尺寸线的位置。

dimzin 控制是否对主单位值做消零处理。

dispsilh 控制"线框"模式下实体对象轮廓曲线的显示并控制在实体对象被消隐时是否绘制网格。0. 关;1. 开。

distance 存储 dist 命令计算的距离。

donutid 设置圆环的默认内直径。

donutod 设置圆环的默认外直径。此值不能为零。

dragmode 控制拖动对象的显示。

dragp1 设置重生成拖动模式下的输入采样率。

dragp2 设置快速拖动模式下的输入采样率。

dwgcheck 在打开图形时检查图形中的潜在问题。

dwgcodepage 存储与 syscodepage 系统变量相同的值(出于兼容性的原因)。

dwgname 存储用户输入的图形名。

dwgprefix 存储图形文件的驱动器/目录前缀。

dwgtitled　指出当前图形是否已命名：0. 图形未命名；1. 图形已命名。

edgemode　控制 trim 和 extend 命令确定边界的边和剪切边的方式。

elevation　存储当前空间当前视口中相对当前 ucs 的当前标高值。

expert　控制是否显示某些特定提示。

explmode　控制 explode 命令是否支持比例不一致(nus)的块。

extmax　存储图形范围右上角点的值。

extmin　存储图形范围左下角点的值。

extnames　为存储于定义表中的命名对象名称(例如线型和图层)设置参数。

facetratio　控制圆柱或圆锥 shapemanager 实体镶嵌面的宽高比。设置为 1 将增加网格密度以改善渲染模型和着色模型的质量。

facetres　调整着色对象和渲染对象的平滑度，对象的隐藏线被删除。有效值为 0.01～10.0。

filedia　控制与读写文件命令一起使用的对话框的显示。

filletrad　存储当前的圆角半径。

fillmode　指定图案填充(包括实体填充和渐变填充)、二维实体和宽多段线是否被填充。

fontalt　在找不到指定的字体文件时指定替换字体。

fontmap　指定要用到的字体映射文件。

frontz　按图形单位存储当前视口中前向剪裁平面到目标平面的偏移量。

fullopen　指示当前图形是否被局部打开。

gfang　指定渐变填充的角度。有效值为 0～360 度。

gfclr1　为单色渐变填充或双色渐变填充的第一种颜色指定颜色。有效值为"rgb 000，000，000"到"rgb 255，255，255"。

gfclr2　为双色渐变填充的第二种颜色指定颜色。有效值为"rgb 000，000，000"到"rgb 255，255，255"。

gfclrlum　在单色渐变填充中使颜色变淡(与白色混合)或变深(与黑色混合)。有效值为 0.0(最暗)～1.0(最亮)。

gfclrstate　指定是否在渐变填充中使用单色或者双色。0. 双色渐变填充；1. 单色渐变填充。

gfname　指定一个渐变填充图案。有效值为 1～9。

gfshift　指定在渐变填充中的图案是否居中或是向左变换移位。0. 居中；1. 向左上方移动。

gridmode　指定打开或关闭栅格。0. 关闭栅格；1. 打开栅格。

gridunit　指定当前视口的栅格间距(x 和 y 方向)。

gripblock　控制块中夹点的指定。0. 只为块的插入点指定夹点；1. 为块中的对象指定夹点。

gripcolor　控制未选定夹点的颜色。有效取值范围为 1～255。

griphot　控制选定夹点的颜色。有效取值范围为 1～255。

griphover　控制当光标停在夹点上时其夹点的填充颜色。有效取值范围为 1～255。

gripobjlimit　抑制当初始选择集包含的对象超过特定的数量时夹点的显示。

grips　控制"拉伸"、"移动"、"旋转"、"缩放"和"镜像夹点"模式中选择集夹点的使用。

gripsize　以像素为单位设置夹点方框的大小。有效取值范围为 1～255。

griptips　控制当光标在支持夹点提示的自定义对象上悬停时，其夹点提示的显示。

halogap　指定当一个对象被另一个对象遮挡时，显示一个间隙。

handles　报告应用程序是否可以访问对象句柄。因为句柄不能再被关闭，所以只用于保留脚本的完整性，没有其他影响。

hideprecision　控制消隐和着色的精度。

hidetext　指定在执行 hide 命令的过程中是否处理由 text、dtext 或 mtext 命令创建的文字对象。

highlight　控制对象的亮显，它并不影响使用夹点选定的对象。

hpang　指定填充图案的角度。

hpassoc　控制图案填充和渐变填充是否关联。

hpbound　控制 bhatch 和 boundary 命令创建的对象类型。

hpdouble　指定用户定义图案的双向填充图案。双向将指定与原始直线成 90 度角绘制的第二组直线。

hpname　设置默认填充图案，其名称最多可包含 34 个字符，其中不能有空格。

hpscale　指定填充图案的比例因子，其值不能为零。

hpspace　为用户定义的简单图案指定填充图案的线间隔，其值不能为零。

hyperlinkbase　指定图形中用于所有相对超链接的路径。如果未指定值，图形路径将用于所有相对超链接。

imagehlt　控制亮显整个光栅图像还是光栅图像边框。

indexctl　控制是否创建图层和空间索引并保存到图形文件中。

inetlocation　存储 browser 命令和"浏览 web"对话框使用的 internet 网址。

insbase　存储 base 命令设置的插入基点，以当前空间的 ucs 坐标表示。

insname　为 insert 命令设置默认块名。此名称必须符合符号命名惯例。

insunits　为从设计中心拖动并插入到图形中的块或图像的自动缩放指定图形单位值。

insunitsdefsource　设置源内容的单位值。有效范围是 0～20。

insunitsdeftarget　设置目标图形的单位值。有效范围是 0～20。

intersectioncolor　指定相交多段线的颜色。

intersectiondispla　指定相交多段线的显示。

isavebak　提高增量保存速度，特别是对于大的图形。isavebak 控制备份文件(bak)的创建。

isavepercent　确定图形文件中所能允许的耗损空间的总量。

isolines　指定对象上每个面的轮廓线的数目。有效整数值为 0～2047。

lastangle　存储相对当前空间当前 ucs 的 xy 平面输入的上一圆弧端点角度。

lastpoint　存储上一次输入的点，用当前空间的 ucs 坐标值表示；如果通过键盘输入，则应添加(@)符号。

lastprompt　存储回显在命令行的上一个字符串。

layoutregenctl　指定模型选项卡和布局选项卡上的显示列表如何更新。

lenslength　存储当前视口透视图中的镜头焦距长度(单位为毫米)。

limcheck　控制在图形界限之外是否可以创建对象。

limmax　存储当前空间的右上方图形界限,用世界坐标系坐标表示。

limmin　存储当前空间的左下方图形界限,用世界坐标系坐标表示。

lispinit　指定打开新图形时是否保留 autolisp 定义的函数和变量,或者这些函数和变量是否只在当前绘图任务中有效。

locale　显示用户运行的当前 autocad 版本的国际标准化组织(ISO)语言代码。

localrootprefix　保存完整路径至安装本地可自定义文件的根文件夹。

logfilemode　指定是否将文本窗口的内容写入日志文件。

logfilename　为当前图形指定日志文件的路径和名称。

logfilepath　为同一任务中的所有图形指定日志文件的路径。

loginname　显示加载 autocad 时配置或输入的用户名。登录名最多可以包含 30 个字符。

ltscale　设置全局线型比例因子。线型比例因子不能为零。

lunits　设置线性单位。1. 科学;2. 小数;3. 工程;4. 建筑;5. 分数。

luprec　设置所有只读线性单位和可编辑线性单位(其精度小于或等于当前 luprec 的值)的小数位位数。

lwdefault　设置默认线宽的值。默认线宽可以毫米的百分之一为单位设置为任何有效线宽。

lwdisplay　控制是否显示线宽。设置随每个选项卡保存在图形中。0. 不显示线宽;1. 显示线宽。

lwunits　控制线宽单位以英寸还是毫米显示。0. 英寸;1. 毫米。

maxactvp　设置布局中一次最多可以激活多少视口。maxactvp 不影响打印视口的数目。

maxsort　设置列表命令可以排序的符号名或块名的最大数目。如果项目总数超过了本系统变量的值,将不进行排序。

mbuttonpan　控制定点设备第三按钮或滑轮的动作响应。

measureinit　设置初始图形单位(英制或公制)。

measurement　仅设置当前图形的图形单位(英制或公制)。

menuctl　控制屏幕菜单中的页切换。

menuecho　设置菜单回显和提示控制位。

menuname　存储菜单文件名,包括文件名路径。

mirrtext　控制 mirror 命令影响文字的方式。0. 保持文字方向;1. 镜像显示文字。

modemacro　在状态行显示字符串,诸如当前图形文件名、时间/日期戳记或指定的模式。

mtexted　设置应用程序的名称用于编辑多行文字对象。

mtextfixed　控制多行文字编辑器的外观。

mtjigstring　设置当 mtext 命令使用后,在光标位置处显示样例文字的内容。

mydocumentsprefix　保存完整路径至当前登录用户的“我的文档”文件夹。

nomutt　禁止显示信息,即不进行信息反馈(如果通常情况下并不禁止显示这些信息)。

obscuredcolor　指定遮掩行的颜色。

obscuredltype　指定遮掩行的线型。

offsetdist 设置默认的偏移距离。

offsetgaptype 当偏移多段线时，控制如何处理线段之间的潜在间隙。

olehide 控制 autocad 中 ole 对象的显示。

olequality 控制嵌入 ole 对象的默认质量级别。

olestartup 控制打印嵌入 ole 对象时是否加载其源应用程序。加载 ole 源应用程序可以提高打印质量。

orthomode 限制光标在正交方向移动。

osmode 使用位码设置“对象捕捉”的运行模式。

osnapcoord 控制是否从命令行输入坐标替代对象捕捉。

paletteopaque 控制窗口透明性。

paperupdate 控制 autocad r14 或更早版本中创建的没有用 autocad 2000 或更高版本格式保存的图形的默认打印设置。

pdmode 控制如何显示点对象。

pdsize 设置显示的点对象大小。

peditaccept 抑制在使用 pedit 时，显示“选取的对象不是多段线”的提示。

pellipse 控制由 ellipse 命令创建的椭圆类型。

perimeter 存储由 area、dblist 或 list 命令计算的最后一个周长值。

pfacevmax 设置每个面顶点的最大数目。

pickadd 控制后续选定对象是替换还是添加到当前选择集。

pickauto 控制“选择对象”提示下是否自动显示选择窗口。

pickbox 以像素为单位设置对象选择目标的高度。

pickdrag 控制绘制选择窗口的方式。

pickfirst 控制在发出命令之前(先选择后执行)还是之后选择对象。

pickstyle 控制编组选择和关联填充选择的使用。

platform 指示 autocad 工作的操作系统平台。

plinegen 设置如何围绕二维多段线的顶点生成线型图案。

plinetype 指定 autocad 是否使用优化的二维多段线。

plinewid 存储多段线的默认宽度。

plotrotmode 控制打印方向。

plquiet 控制显示可选对话框以及脚本和批处理打印的非致命错误。

polaraddang 包含用户定义的极轴角。

polarang 设置极轴角增量。值可设置为 90、45、30、22.5、18、15、10 和 5。

polardist 当 snaptype 系统变量设置为 1(极轴捕捉)时，设置捕捉增量。

polarmode 控制极轴和对象捕捉追踪设置。

polysides 为 polygon 命令设置默认边数。取值范围为 3～1024。

popups 显示当前配置的显示驱动程序状态。

projectname 为当前图形指定工程名称。

projmode 设置修剪和延伸的当前“投影”模式。

proxygraphics 指定是否将代理对象的图像保存在图形中。

proxynotice　在创建代理时显示通知。0. 不显示代理警告；1. 显示代理警告。

proxyshow　控制图形中代理对象的显示。

proxywebsearch　指定 autocad 是否检查 object enabler。

psltscale　控制图纸空间的线型比例。

pstylemode　指示当前图形处于“颜色相关打印样式”还是“命名打印样式”模式。

pstylepolicy　控制对象的颜色特性是否与其打印样式相关联。

psvpscale　为所有新创建的视口设置视图比例因子。

pucsbase　存储定义正交 ucs 设置(仅用于图纸空间)的原点和方向的 ucs 名称。

qtextmode　控制文字如何显示。

rasterpreview　控制 bmp 预览图像是否随图形一起保存。

refeditname　显示正进行编辑的参照名称。

regenmode　控制图形的自动重生成。

rememberfolders　控制标准的文件选择对话框中的“查找”或“保存”选项的默认路径。

reporterror　控制如果 autocad 异常结束时是否可以寄出一个错误报告到 autodesk。

roamablerootprefix　保存完整路径至安装可移动自定义文件的根文件夹。

rtdisplay　控制实时 zoom 或 pan 时光栅图像的显示。存储当前用于自动保存的文件名。

savefilepath　指定 autocad 任务的所有自动保存文件目录的路径。

savename　在保存当前图形之后存储图形的文件名和目录路径。

savetime　以分钟为单位设置自动保存的时间间隔。

screenboxes　存储绘图区域的屏幕菜单区显示的框数。

screenmode　存储指示 autocad 显示模式的图形/文本状态的位码值。

screensize　以像素为单位存储当前视口的大小(x 和 y 值)。

sdi　控制 autocad 运行于单文档还是多文档界面。

shadedge　控制着色时边缘的着色。

shadedif　以漫反射光的百分比表示，设置漫反射光与环境光的比率(如果 shadedge 设置为 0 或 1)。

shortcutmenu　控制“默认”、“编辑”和“命令”模式的快捷菜单在绘图区域是否可用。

shpname　设置默认的形名称(必须遵循符号命名惯例)。

sigwarn　控制打开带有数字签名的文件时是否发出警告。

sketchinc　设置 sketch 命令使用的记录增量。

skpoly　确定 sketch 命令生成直线还是多段线。

snapang　为当前视口设置捕捉和栅格的旋转角。旋转角相对当前 ucs 指定。

snapbase　相对于当前 ucs 为当前视口设置捕捉和栅格的原点。

snapisopair　控制当前视口的等轴测平面。0. 左；1. 上；2. 右。

snapmode　打开或关闭“捕捉”模式。

snapstyl　设置当前视口的捕捉样式。

snaptype　设置当前视口的捕捉类型。

snapunit　设置当前视口的捕捉间距。

solidcheck　打开或关闭当前 autocad 任务中的实体校验。

sortents 控制 opti * * * * * * 命令的对象排序操作(从“用户系统配置”选项卡中执行)。

splframe 控制样条曲线和样条拟合多段线的显示。

splinesegs 设置每条样条拟合多段线(此多段线通过 pedit 命令的“样条曲线”选项生成)的线段数目。

splinetype 设置 pedit 命令的“样条曲线”选项生成的曲线类型。

standardsviolation 指定当创建或修改非标准对象时,是否通知用户当前图形中存在标准违规。

startup 控制当使用 new 和 qnew 命令创建新图形时是否显示“创建新图形”对话框。

surftab1 为 rulesurf 和 tabsurf 命令设置生成的列表数目。

surftab2 为 revsurf 和 edgesurf 命令设置在 n 方向上的网格密度。

surftype 控制 pedit 命令的“平滑”选项生成的拟合曲面类型。

surfu 为 pedit 命令的“平滑”选项设置在 m 方向的表面密度。

surfv 为 pedit 命令的“平滑”选项设置在 n 方向的表面密度。

syscodepage 指示由操作系统确定的系统代码页。

tabmode 控制数字化仪的使用。关于使用和配置数字化仪的详细信息,请参见 tablet 命令。

target 存储当前视口中目标点的位置(以 ucs 坐标表示)。

tdcreate 存储创建图形的当地时间和日期。

tdindwg 存储所有的编辑时间,即在保存当前图形之间占用的总时间。

tducreate 存储创建图形的通用时间和日期。

tdupdate 存储最后一次更新/保存图形的当地时间和日期。

tdusrtimer 存储用户消耗的时间计时器。

tduupdate 存储最后一次更新/保存图形的通用时间和日期。

tempprefix 包含用于放置临时文件的目录名(如果有的话),带路径分隔符。

texteval 控制处理使用 text 或一text 命令输入的字符串的方法。

textfill 控制打印和渲染时 truetype 字体的填充方式。

textqlty 设置打印和渲染时 truetype 字体文字轮廓的镶嵌精度。

textsize 设置以当前文本样式绘制的新文字对象的默认高度(当前文本样式具有固定高度时此设置无效)。

textstyle 设置当前文本样式的名称。

thickness 设置当前的三维厚度。

tilemode 将“模型”选项卡或最后一个布局选项卡置为当前。

tooltips 控制工具栏提示的显示:0. 不显示工具栏提示;1. 显示工具栏提示。

tracewid 设置宽线的默认宽度。

trackpath 控制显示极轴和对象捕捉追踪的对齐路径。

trayic 控制是否在状态栏上显示系统托盘。

traynotify 控制是否在状态栏系统托盘上显示服务通知。

traytimeout 控制服务通知显示的时间长短(用秒)。有效值范围为 0~10。

treedepth 指定最大深度,即树状结构的空间索引可以分出分支的最大数目。

treemax　通过限制空间索引(八叉树)中的节点数目,从而限制重生成图形时占用的内存。

trimmode　控制 autocad 是否修剪倒角和圆角的选定边。

tspacefac　控制多行文字的行间距(按文字高度的比例因子测量)。有效值为 0.25～4.0。

tspacetype　控制多行文字中使用的行间距类型。

tstackalign　控制堆叠文字的垂直对齐方式。

tstacksize　控制堆叠文字分数的高度相对于选定文字的当前高度的百分比。有效值为 25～125。

ucsaxisang　存储使用 ucs 命令的 x、y 或 z 选项绕轴旋转 ucs 时的默认角度值。

ucsbase　存储定义正交 ucs 设置的原点和方向的 ucs 名称。有效值可以是任何命名 ucs。

ucsfollow　用于从一个 ucs 转换到另一个 ucs 时生成平面视图。

ucsicon　使用位码显示当前视口的 ucs 图标。

ucsname　存储当前空间当前视口的当前坐标系名称。如果当前 ucs 尚未命名,则返回一个空字符串。

ucsorg　存储当前空间当前视口的当前坐标系原点。该值总是以世界坐标形式保存。

ucsortho　确定恢复正交视图时是否同时自动恢复相关的正交 ucs 设置。

ucsview　确定当前 ucs 是否随命名视图一起保存。

ucsvp　确定视口的 ucs 保持不变还是作相应改变以反映当前视口的 ucs 状态。

ucsxdir　存储当前空间当前视口中当前 ucs 的 x 方向。

ucsydir　存储当前空间当前视口中当前 ucs 的 y 方向。

undoctl　存储指示 undo 命令"自动"和"控制"选项状态的位码值。

undomarks　存储"标记"选项放置在 undo 控制流中的标记数目。

unitmode　控制单位的显示格式。

viewctr　存储当前视口中视图的中心点。该值用 ucs 坐标表示。

viewdir　存储当前视口的观察方向。用 ucs 坐标表示。它将相机点描述为到目标点的三维偏移量。

viewmode　使用位码值存储控制当前视口的"查看"模式。

viewsize　按图形单位存储当前视口的高度。

viewtwist　存储当前视口的视图扭转角。

visretain　控制依赖外部参照的图层的可见性、颜色、线型、线宽和打印样式(如果 pstylepolicy 设置为 0)。

vsmax　存储当前视口虚屏的右上角。该值用 ucs 坐标表示。

vsmin　存储当前视口虚屏的左下角。该值用 ucs 坐标表示。

whiparc　控制圆和圆弧是否平滑显示。

wmfbkgnd　控制 autocad 对象在其他应用程序中的背景显示是否透明。

wmfforegnd　控制 autocad 对象在其他应用程序中的前景色指定。

worlducs　指示 ucs 是否与 wcs 相同。0. ucs 与 wcs 不同;1. ucs 与 wcs 相同。

worldview　确定响应 3dorbit、dview 和 vpoint 命令的输入是相对于 wcs(默认)还是相对于当前 ucs。

writestat　指示图形文件是只读的还是可写的。开发人员需要通过 autolisp 确定文件的读写状态。

xclipframe　控制外部参照剪裁边界的可见性。0. 剪裁边界不可见；1. 剪裁边界可见。

xedit　控制当前图形被其他图形参照时是否可以在位编辑。0. 不能在位编辑参照；1. 可以在位编辑参照。

xfadectl　控制正被在位编辑的参照的褪色度百分比。有效值为 0～90。

xloadctl　打开/关闭外部参照的按需加载，并控制是打开参照图形文件还是打开参照图形文件的副本。

xloadpath　创建一个路径用于存储按需加载的外部参照文件临时副本。

xrefctl　控制 autocad 是否写入外部参照日志(xlg)文件。0. 不写入记录文件；1. 写入记录文件。

xrefnotify　控制更新或缺少外部参照时的通知。

zoomfactor　接受一个整数，有效值为 0～100。数字越大，鼠标滑轮每次前后移动引起改变的增量就越多。

附录三 AutoCAD 初学者常见问题

1）工具栏找不到

有时打开 CAD 后，界面上只显示菜单栏，还有的时候是只有很少一部分工具栏，如图 1 所示。

很多同学在打开 CAD 时，只看到了标题栏和菜单栏，或者只有一部分工具栏，如图 2 所示。

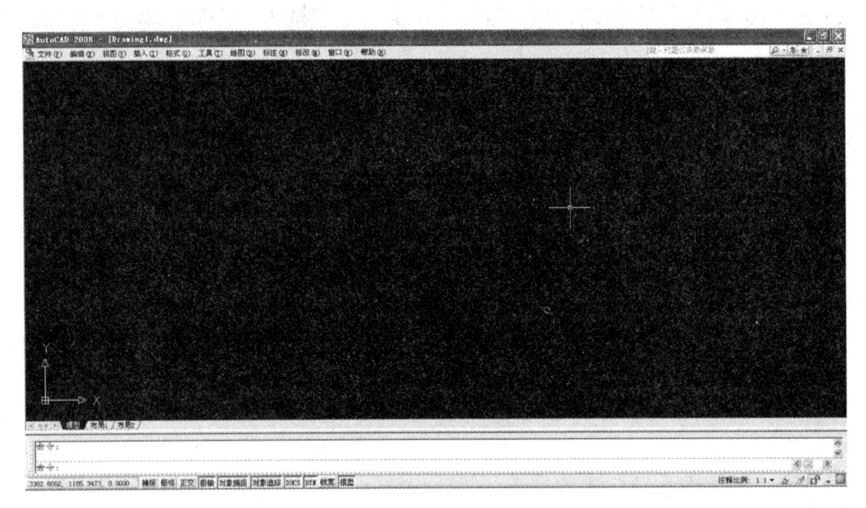

图 1

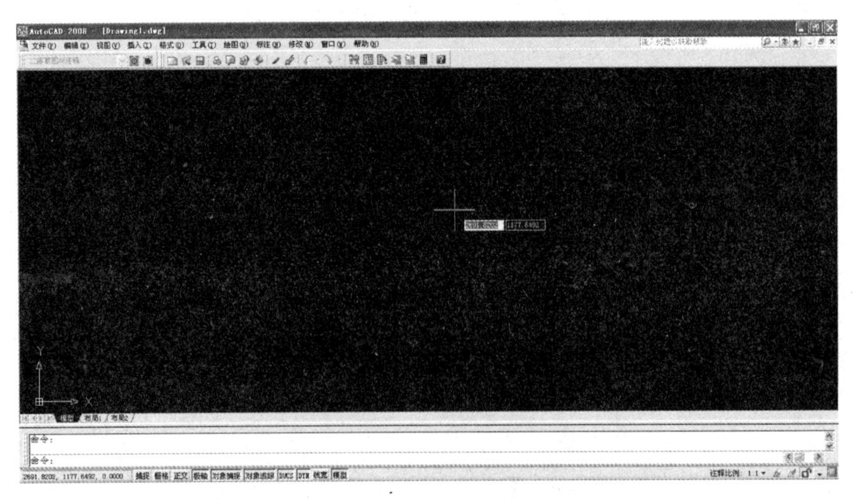

图 2

原因：工具栏不见多半因为：①误操作关闭了所有的工具栏；②菜单文件丢失。

碰到此种状况可以采用以下方法解决：

（1）当只有菜单栏时，可以用两种方法：①在命令行输入 op 命令⟶在弹出选项窗口后，点击最右侧的配置⟶在出现的配置窗口中选择重置；②在命令栏输入 menuload，待出现对话框后⟶点击浏览⟶选择 acadSampleWorkspaces. CUI 文件并打开⟶点击“加载”即可。

（2）当只有部分工具栏时，只需在工具栏上空白处右击鼠标，在弹出的下拉菜单里就可以找到需要的工具栏，如图 3 所示。

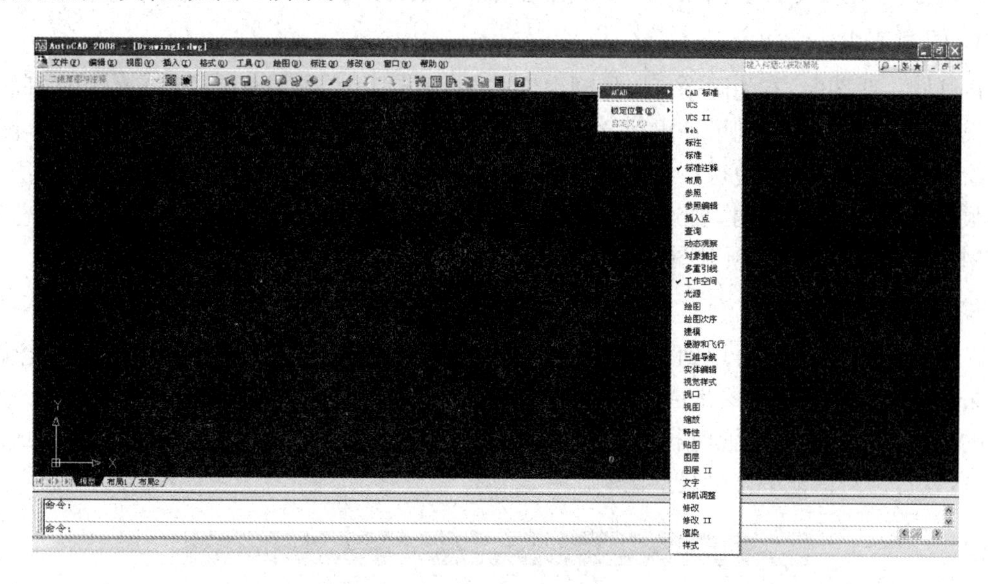

图 3

2）打开 CAD 后出现的是三维界面

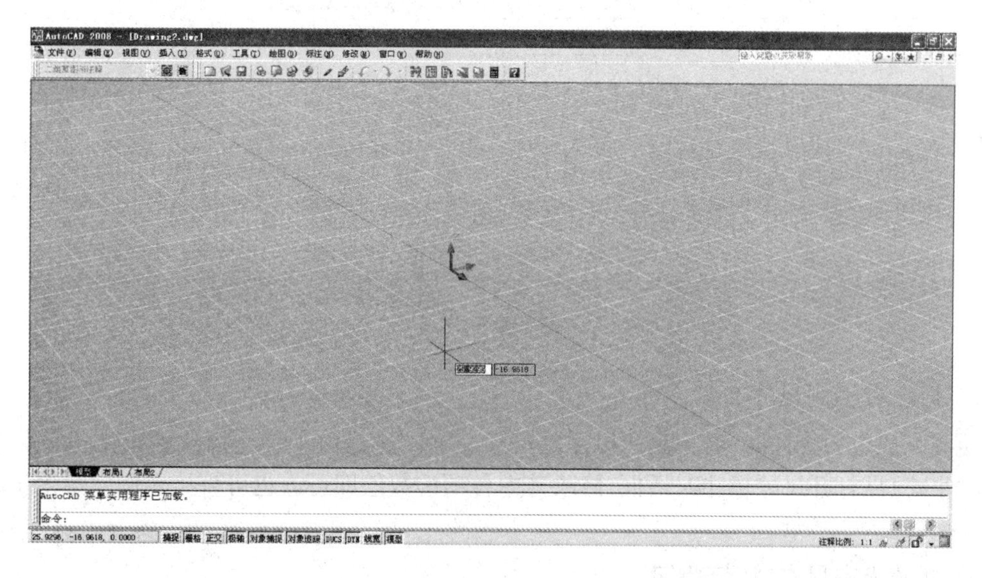

图 4

原因分析：AutoCAD 2007 以上版本强化了三维建模功能，默认的工作空间是三维的。或者我们在建立新文件的时候选择了三维模板。

解决办法：由于大多数人的习惯以及工作要求还需要我们使用二维工作空间，因此我们需要切换工作空间。

解决办法 1：新建文件时，选择了如 acadiso3D. dwt 一样带有 3D 的文件，需要重新建立文件。选择如 acad. dwt、acadiso. dwt 等的文件模板。

解决办法 2：修改工作空间。详细办法见项目二相关知识。

3）图画不上

在画同一张图时，有的同学可以做到内容齐全，大小适中，清晰明白。相反的，有的同学就画得很小，有时甚至找不到了。出现这种情况往往是图形界限设置的问题，即在开始绘图时，未对绘图区域进行设置，使得在绘图空间中不存在参考，而出现的一些混乱的现象。解决起来其实很简单，在开始绘图时，要通过 LIMITS 来进行图形界限的设置，还有就是不要忘记用 ZOOM 命令中的 ALL 选项对图纸重新规整，或者可以通过菜单栏进行。

4）线型无法显示

在绘图过程中，有时会用到一些类似 CENTER、DASHED、HIDDEN 的线，可是在绘制时看上去还是实线。这种现象是由于线型比例不合适引起的，即“线型比例”太大或太小。解决问题的方法是：打开“线型管理器”对话框，修改其“全局比例”至合适位置，如图 5 所示，或点击“线型”，在特性对话框中修改线型比例。

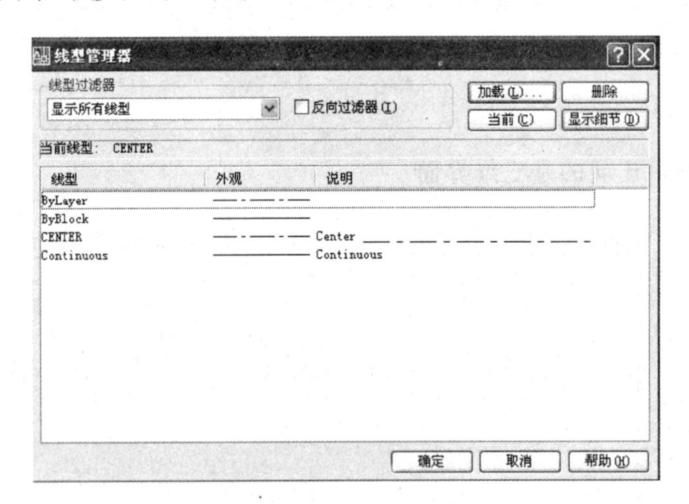

图 5

5）标注看不到尺寸文本

绘图完成进行标注时，看不到所标注的尺寸文本。这是由于尺寸标注的整体比例因子设置得太小，只需打开尺寸标注对话框，修改其中各项的数值即可。也可直接在调整菜单里修改全局比例，如图 6 所示。

6）文件没有保存，如何找回

如果你没在 CAD 设置里做过改动，而你的 CAD 图纸在打开后如果做了改动的话，就会

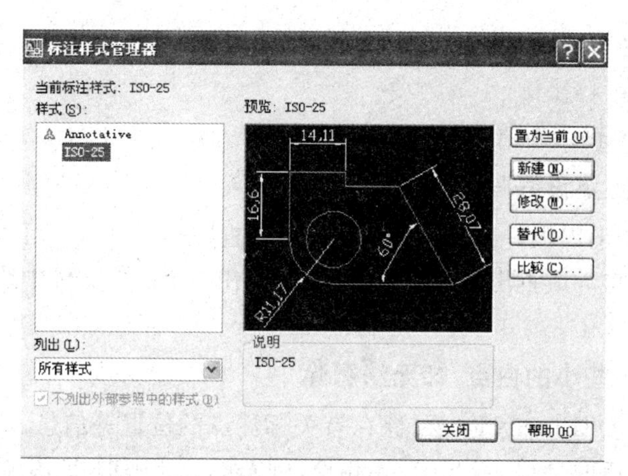

图 6

在原图纸旁边自动生成一个后缀名为 BAK 的文件，你可以试试将这个 *. bak 文件改成 *. dwg 打开看看有没有用。当然，最好的办法是用 Windows 的搜索功能，查找一个后缀名为 *. ac$ 的文件在哪里，找到它后同样要改成 *. dwg 文件，再打开看看。CAD 默认设置是 10 分钟后自动保存为 *. ac$ 文件。但是如果打开图纸不到 10 分钟就死机了，也没办法。如果你的计算机经常在不到 10 分钟就死机的话，一是建议你换一台计算机，二是把自动保存时间改短一点。首先在选项里把自动保存的时间设短一点，然后可以在其自动保存的地方找系统自动保存的文件。

修改自动保存时间间隔操作方法为：工具⟶草图设置⟶选项⟶打开和保存⟶修改自动保存时间间隔(默认 10 分钟)。查看自动保存文件地址操作方法为：工具⟶草图设置⟶选项⟶文件⟶点击自动保存文件，就可以看到自动保存文件地址。

7）光标在屏幕上“跳动”

有的人在画图时可能出现光标不能连续移动，而是在跳动的，定位不准。这是由于在操作过程中误打开“捕捉”功能引起的，只需关掉状态栏的捕捉功能即可。如图 7 所示。

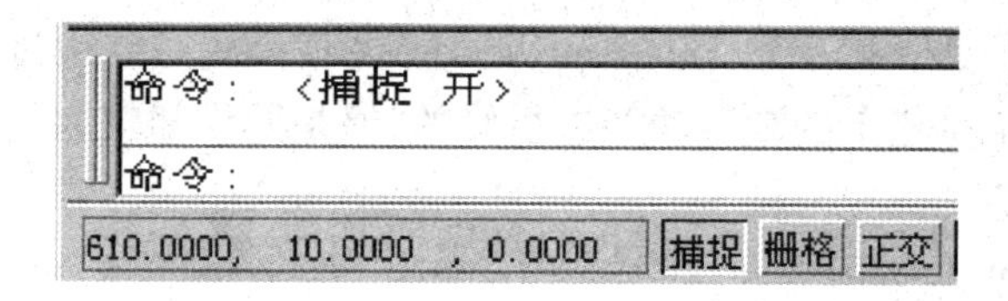

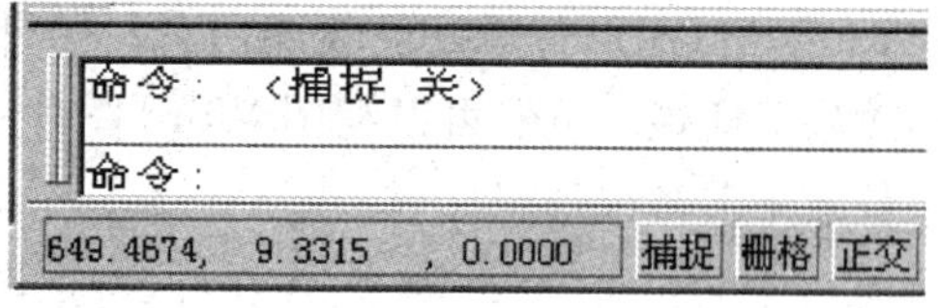

图 7

8）图案无法填充

原因 1：添充模式不正确。

解决办法：将 FILLMODE 设置成 1 即可填充了。

原因 2：边界不闭合。

解决办法：检查边界，保证边界是闭合的。

9）按中键出现捕捉菜单而不是平移

CAD 中的这个系统变量：MBUTTONPAN 控制定点设备第三按钮或滑轮的动作响应。

0. 支持菜单(. mnu)文件定义的动作

1. 当按住并拖动按钮或滑轮时，支持平移操作

在 CAD 中运行 MBUTTONPA 命令，输入新值 1 即可。

10）绘图前，绘图界限(LIMITS)一定要设好吗

画新图最好按国标图幅设置图界。图形界限好比图纸的幅面，画图时就在图界内，一目了然。按图界绘的图打印很方便，还可实现自动成批出图。当然，有人习惯在一个图形文件中绘制多张图，这样设置图界就没有太大的意义了。

11）尺寸标注后，图形中有时出现一些小的白点，却无法删除

AutoCAD 在标注尺寸时自动生成一 DEFPOINTS 层，保存有关标注点的位置等信息，该层一般是冻结的。由于某种原因，这些点有时会显示出来。要删掉，可先将 DEFPOINTS 层解冻后再删除。但要注意，如果删除了与尺寸标注还有关联的点，将同时删除对应的尺寸标注。

12）如何减少文件大小

在图形完稿后，执行清理(PURGE)命令，清理掉多余的数据，如无用的块、没有实体的图层，未用的线型、字体、尺寸样式等，可以有效减少文件大小。一般彻底清理需要 PURGE 2～3 次。

另外，缺省情况下，在 R14 中存盘是追加方式的，这样比较快一些。如果需要释放磁盘空间，则必须设置 ISAVEPERCENT 系统变量为 0，来关闭这种逐步保存特性，这样，当第二次存盘时，文件尺寸就减少了。

13）如何在 Word 中插入 AutoCAD 图形

在平时的工作中，我们有时需要在 Word 中绘制一些图形文件，但是 Word 软件的绘图功能实在有限，这时我们便可以借助强大的图形设计软件 AutoCAD 来完成，AutoCAD 功能强大，是专业的绘图软件，非常适合绘制比较复杂的专业图形。

具体方法是用 AutoCAD 提供的 EXPORT 功能先将 AutocAD 图形以 BMP 或 WMF 等格式输出，然后插入 Word 文档，也可以先将 AutoCAD 图形拷贝到剪贴板，再在 Word 文档中粘贴。须注意的是，由于 AutoCAD 默认背景颜色为黑色，而 Word 背景颜色为白色，首先应将 AutoCAD 图形背景颜色改成白色。另外，AutoCAD 图形插入 Word 文档后，往往空边过大，效果不理想。虽然可以利用 Word 图片工具栏上的裁剪功能进行修整，但是操作却较为复杂，且效果不是很理想。

14）CAD 图 DWG 格式转 JPG 等图片格式的方法

关于将 CAD 图纸转化为 jpg 等图片格式的方法有如下几种：

(1) 打印法(以打印设置为核心，之后转存图片格式)

方法 1：添选 postscript level 1 打印机，输出 eps 文件，Photoshop 转存为图片格式。

具体步骤如下：

① 下拉菜单“文件”>>“打印机管理器”>>弹出窗口里双击“添加打印机向导”>>“简介”下一步>>“开始”下一步>>“打印机型号”默认(生产商 Adobe 型号 postscript level 1)下一步>>“输入 PCP 或 PC2”下一步>>“端口”里把右上角的点为“打印到文件”下一步>>“打印机名称”下一步>>“完成”。

② 然后准备将画好的 CAD 图进行打印，在“打印设备”里下拉选择“Postscript Level 1”，

在右下方勾选“打印到文件”，并选择要保存的EPS文件路径。

③ 确认其他打印设置，内容、颜色、线宽等，之后确定。

④ 用Photoshop打开导出的EPS文件，设置相应的分辨率。文件打开后，根据自己的需要调整、修改，最后合并图层，另存为想要的图片格式即可。

方法2：用PbulishToWeb JPG. pc3打印机，直接打印输出JPG文件。

具体步骤：

① 准备画好的CAD图，之后点“打印图标”，弹出对话框。

② 在“打印设备”里点下拉，选择“PbulishToWeb JPG. pc3”打印机。

③ 在“打印设置”里下拉选择其中一个尺寸，最后点“确定”。

此方法比较简便，但有时输出的大文件质量不是很理想。

方法3：将打印出的CAD图纸，用扫描仪扫描成图片。

(2) 抓图法

方法1：键盘特殊功能键[Print Screen Sys Rq]，按键抓图。

具体步骤：①键盘上[Print Screen Sys Rq]键(距F12键很近)，点击可将屏幕显示内容抓下。②打开Windos自带的“画图”软件或其他绘图软件，Ctrl+V复制进去，另存即可。

方法2：用专业抓图软件。

此类小工具繁多，视各个软件自身来定。

(3) 软件法(以绘图软件之间的兼容格式为核心，导出、导入之后转存图片格式)

方法1：从AutoCAD输出位图格式，由ACDSee看图软件打开后转存图片格式。

具体步骤：把画好的CAD图形，调整屏幕大小(屏幕显示的就好比出图效果)。然后，下拉菜单“文件”>>“输出”>>选“位图(*bmp)”格式>>保存文件。用ACDSee看图软件打开输出的bmp文件>>找下拉菜单“更改”里的“转换文件格式”工具>>在弹出的对话框里选择要转换的格式>>调整“格式设置”和“矢量设置”>>下一步选择保存路径>>下一步开始转换>>即可。

方法2：直接另存为DXF格式，导入SKETCHUP(草图大师)里，编辑后输出图片格式。

15) 为什么打开CAD图纸会显示问号

弹出这个对话框问题的意思非常明显，意思就是电脑中没有这张图纸中所用到的字体，下面就介绍一下基本的解决办法。

AutoCAD的字体文件格式是.shx格式，需要拷贝或者从网上下载一些常用的字体文件保存到AutoCAD安装目录下的Fonts目录即可。

当无法找到对应的字体文件时也可以采用替换的方式，将找不到的字体替换成你自己电脑中已有的字体。

16) CAD文件保存关闭后，第二次打开出现“图形文件无效”

原因1：出现这类情况一般是软件版本兼容性问题。有的时候CAD图形是用高版本软件绘制的，用低版本打开时会出现“图形文件无效”。

解决办法：是用高版本画完图后另存为低版本的格式即可用低版本打开。

原因2：图形文件损坏，以至于打开时出现“图形文件无效”。

解决办法：修改图形文件，试图解决。

参考文献

[1] 冯健. 土木工程 CAD. 南京:东南大学出版社,2014
[2] 游普元. 建筑 CAD. 重庆:重庆大学出版社,2014
[3] 孙洪洋. 建筑 CAD. 北京:冶金工业出版社,2013
[4] 夏玲涛. 建筑 CAD. 北京:中国建筑工业出版社,2010
[5] 刘耀芳. 建筑 CAD 应用教程. 大连:大连理工大学出版社,2011
[6] 陈超. 建筑 CAD 项目工作手册. 北京:中国建筑工业出版社,2014
[7] 张渝生. 土建 CAD 教程. 北京:中国建筑工业出版社,2004
[8] 任安忠. 建筑 CAD. 南京:南京大学出版社,2011
[9] 陈顺和. AutoCAD 施工图绘制. 南京:南京大学出版社,2015
[10] 陈菲. AutoCAD 计算机制图. 南京:南京大学出版社,2014
[11] 赖文辉. AutoCAD 2006 基础与应用. 北京:中国计划出版社,2008
[12] 高恒聚. 建筑 CAD. 北京:北京邮电大学出版社,2014
[13] 郭大州. 建筑 CAD. 北京:中国水利水电出版社,2010
[14] 刘琼昕. 建筑工程 CAD. 北京:清华大学出版社,2009
[15] 袁晔. 工程制图与 CAD. 天津:天津大学出版社,2013
[16] 国家质量技术监督局. CAD 工程制图规则(GB/T 18229—2000). 北京:中国标准出版社,2001
[17] 中国建筑标准设计研究院. 建筑制图标准(GB 50104—2010). 北京:中国标准出版社,2011